住房和城乡建设部“十四五”规划教材
职业教育装配式建筑工程技术系列教材

装配式混凝土结构识图

（第二版）

司振民　王　刚　主编

中国建筑工业出版社

图书在版编目(CIP)数据

装配式混凝土结构识图 / 司振民，王刚主编. —2版. —北京：中国建筑工业出版社，2023.7（2024.6 重印）
住房和城乡建设部“十四五”规划教材　职业教育装配式建筑工程技术系列教材
ISBN 978-7-112-28625-6

Ⅰ.①装…　Ⅱ.①司…②王…　Ⅲ.①装配式混凝土结构-识图-职业教育-教材　Ⅳ.①TU37

中国国家版本馆 CIP 数据核字(2023)第 066114 号

本书重点突出任务教学，主要内容包括：绪论、任务 1　识读结构平面布置图、任务 2　识读预制内墙板构件详图、任务 3　识读预制外墙板构件详图、任务 4　识读叠合板和梯段板详图、任务 5　识读预制墙连接节点详图、任务 6　识读楼盖连接节点详图，并后附装配式建筑识图仿真实训介绍。另外，每个教学环节都配备了微课视频，学生可以通过扫描二维码观看，实现多种形式的学习。

本书可作为高等职业院校土建施工类建筑工程技术、装配式建筑工程技术、建设工程管理、工程造价及相关专业的教学用书，也可作为本科院校、中等职业院校、培训机构及土建类工程技术人员的参考用书。

为方便教师授课，本教材作者自制免费课件并提供习题答案，索取方式为：1. 邮箱 jckj@cabp. com. cn；2. 电话（010）58337285；3. 建工书院 https://edu. cabplink. com。

责任编辑：李天虹　李　阳
责任校对：党　蕾

住房和城乡建设部“十四五”规划教材
职业教育装配式建筑工程技术系列教材
装配式混凝土结构识图（第二版）
司振民　王　刚　主编
*
中国建筑工业出版社出版、发行(北京海淀三里河路 9 号)
各地新华书店、建筑书店经销
北京科地亚盟排版公司制版
天津安泰印刷有限公司印刷
*
开本：787 毫米×1092 毫米　1/16　印张：14½　字数：331 千字
2023 年 7 月第二版　2024 年 6 月第二次印刷
定价：**43.00** 元（赠教师课件）
ISBN 978-7-112-28625-6
（41059）

出版说明

党和国家高度重视教材建设。2016年，中办国办印发了《关于加强和改进新形势下大中小学教材建设的意见》，提出要健全国家教材制度。2019年12月，教育部牵头制定了《普通高等学校教材管理办法》和《职业院校教材管理办法》，旨在全面加强党的领导，切实提高教材建设的科学化水平，打造精品教材。住房和城乡建设部历来重视土建类学科专业教材建设，从“九五”开始组织部级规划教材立项工作，经过近30年的不断建设，规划教材提升了住房和城乡建设行业教材质量和认可度，出版了一系列精品教材，有效促进了行业部门引导专业教育，推动了行业高质量发展。

为进一步加强高等教育、职业教育住房和城乡建设领域学科专业教材建设工作，提高住房和城乡建设行业人才培养质量，2020年12月，住房和城乡建设部办公厅印发《关于申报高等教育职业教育住房和城乡建设领域学科专业“十四五”规划教材的通知》（建办人函〔2020〕656号），开展了住房和城乡建设部“十四五”规划教材选题的申报工作。经过专家评审和部人事司审核，512项选题列入住房和城乡建设领域学科专业“十四五”规划教材（简称规划教材）。2021年9月，住房和城乡建设部印发了《高等教育职业教育住房和城乡建设领域学科专业“十四五”规划教材选题的通知》（建人函〔2021〕36号）。为做好“十四五”规划教材的编写、审核、出版等工作，《通知》要求：（1）规划教材的编著者应依据《住房和城乡建设领域学科专业“十四五”规划教材申请书》（简称《申请书》）中的立项目标、申报依据、工作安排及进度，按时编写出高质量的教材；（2）规划教材编著者所在单位应履行《申请书》中的学校保证计划实施的主要条件，支持编著者按计划完成书稿编写工作；（3）高等学校土建类专业课程教材与教学资源专家委员会、全国住房和城乡建设职业教育教学指导委员会、住房和城乡建设部中等职业教育专业指导委员会应做好规划教材的指导、协调和审稿等工作，保证编写质量；（4）规划教材出版单位应积极配合，做好编辑、出版、发行等工作；（5）规划教材封面和书脊应标注“住房和城乡建设部‘十四五’规划教材”字样和统一标识；（6）规划教材应在“十四五”期间完成出版，逾期不能完成的，不再作为《住房和城乡建设领域学科专业“十四五”规划教材》。

住房和城乡建设领域学科专业“十四五”规划教材的特点，一是重点以修订教育部、住房和城乡建设部“十二五”“十三五”规划教材为主；二是严格按照专业标准规范要求编写，体现新发展理念；三是系列教材具有明显特点，满足不同层次和类型的学校专业教学要求；四是配备了数字资源，适应现代化教学的要求。规划教材的出版凝聚了作者、主审及编辑的心血，得到了有关院校、出版单位的大力支持，教材建设管理过程有严格保障。希望广大院校及各专业师生在选用、使用过程中，对规划教材的编写、出版质量进行反馈，以促进规划教材建设质量不断提高。

住房和城乡建设部“十四五”规划教材办公室

2021年11月

第二版前言

党的二十大报告指出，高质量发展是全面建设社会主义现代化国家的首要任务。推动经济社会发展绿色化、低碳化是实现高质量发展的关键环节。发展绿色低碳产业，加快节能降碳先进技术研发和推广应用，推动形成绿色低碳的生产方式。

节约资源、保护环境、减少污染的绿色建筑是建筑工程领域的绿色低碳生产方式。采用符合工业化建造要求的结构体系与建筑构件，即主体结构采用装配式混凝土结构，是评价绿色建筑的重要加分项。装配式混凝土结构在建筑工程领域得到广泛的推广与发展。

本教材第一版填补了装配式混凝土结构识图类教材的空白，为土建施工类专业师生进行装配式混凝土结构识图教学提供了教材依托。自出版发行以来，受到广大高职院校师生的欢迎和好评，并获评“住房和城乡建设部‘十四五’规划教材”。

为方便教学应用，结合教材第一版在使用过程中收到的反馈意见，本教材进行了第二版修订编写。第二版修订的主要内容为：

1. 融入课程思政元素。在教学目标中明确思政要求，为教师进行课程思政教学提供参考。

2. 理清知识衔接脉络。在绪论部分充实装配式建筑基础认知的相关内容，补充结构施工图识读基础的相关内容，做好与前置课程的知识衔接，同时便于零基础教学的开展。

3. 完善课堂练习内容。在每个教学任务部分修订任务训练内容，统一调整为选择题形式，并根据教学进度调整题目考查要点，形成课程训练题库。

4. 引用最新规范图集。对照《混凝土结构通用规范》GB 55008—2021、22G101 系列图集等规范图集的规定，更新相关内容。

5. 优化训练配套软件。对课程配套的装配式建筑识图实训软件进行界面优化、架构调整和题库更新，方便课堂辅助教学和课程实训教学的开展。

本教材由德州职业技术学院和山东新之筑信息科技有限公司合作编写，由德州职业技术学院司振民、王刚主编，德州职业技术学院姚玲云、济南工程职业技术学院肖明和、山东新之筑信息可以有限公司辛秀梅、周忠忍任副主编。德州职业技术学院董克齐、刘秋玲、赵晓静参与修订编写。

由于编者水平有限，教材中难免有不足之处，敬请专家、读者批评指正。

前言

随着我国职业教育事业快速发展，体系建设稳步推进，国家对职业教育越来越重视，并先后发布了《国务院关于加快发展现代职业教育的决定》（国发〔2014〕19号）和《教育部关于学习贯彻习近平总书记重要指示和全国职业教育工作会议精神的通知》（教职成〔2014〕6号）等文件。同时，随着建筑业的转型升级，“产业转型、人才先行”。国家陆续印发了《关于大力发展装配式建筑的指导意见》（国办发〔2016〕71号）、住房和城乡建设部《建筑业发展“十三五”规划》（2016年）和《“十三五”装配式建筑行动方案》（2017年）等文件，文件中提及要加快培养与装配式建筑发展相适应的技术和管理人才，包括行业管理人才、企业领军人才、专业技术人员、经营管理人员和产业工人队伍。因此，为适应建筑职业教育新形势的需求，编写组深入企业一线，结合企业需求及装配式建筑发展趋势，重新调整了建筑工程技术和工程造价专业的人才培养定位，使岗位标准与培养目标、生产过程与教学过程、工作内容与教学项目对接，实现“近距离顶岗、零距离上岗”的培养目标。

本教材根据高职高专院校土建类专业的人才培养目标、教学计划，装配式混凝土结构识图课程的教学特点和要求，结合装配式建筑专业群建设，以《装配式混凝土建筑技术标准》GB/T 51231—2016、《装配式混凝土结构技术规程》JGJ 1—2014、《装配式混凝土结构表示方法及示例（剪力墙结构）》15G107-1、《预制混凝土剪力墙外墙板》15G365-1、《预制混凝土剪力墙内墙板》15G365-2、《桁架钢筋混凝土叠合板（60mm厚底板）》15G366-1、《预制钢筋混凝土板式楼梯》15G367-1、《装配式混凝土结构连接节点构造》15G310-1～2等为主要依据编写而成，重点突出任务教学及新之筑装配式建筑识图软件的信息化教学应用。识图实训软件采用三维虚拟仿真技术，融合二维图纸和三维仿真模型，符合国家规范。软件主要分为PC工厂构件识图和工程结构识图，从简单构件入手到具体典型建筑识图，配套资源、试题、答案详解训练。每个教学环节的任务拓展均通过软件平台进行发布和实施，学生可以通过软件平台实现自主学习，教师也可借助软件平台中的资源辅助课堂教学。另外，每个教学环节都配备了讲解视频，学生可通过扫描教材中二维码观看，实现多种形式的学习。

根据不同专业需求，本课程建议安排48～64学时。

本教材由德州职业技术学院王刚、司振民主编；济南工程职业技术学院肖明和，德州职业技术学院姚玲云，山东新之筑信息科技有限公司辛秀梅、周忠忍任副主编；德州职业技术学院董克齐、刘秋玲、赵晓静，山东新之筑信息科技有限公司万守钊参与编写；由山东万斯达建筑科技股份有限公司董事长张波主审。山东万斯达建筑科技股份有限公司前总工程师潘英烈对本书的编写提出了宝贵的指导意见，在此表示衷心的感谢。

本教材在编写过程中参考了国内外同类教材和相关的资料，已在参考文献中注明。山东新之筑信息科技有限公司提供软件技术支持，并对本书提出很多建设性的宝贵意见，在此深表感谢。由于编者水平有限，书中难免有不足之处，敬请专家、读者批评指正。联系 E-mail：jckj@cabp.com.cn，教材使用的装配式建筑识图实训软件咨询电话：(010) 58337285。

目 录

目录

绪 论

【教学目标】 熟悉装配式混凝土结构的概念和分类，熟悉装配式混凝土结构的构件组成和构件连接方式，熟悉装配式混凝土结构施工图纸组成，掌握装配式混凝土结构施工图识读基础，能够正确认知装配式混凝土结构施工图。树立职业理想，培育和弘扬工匠精神。

0.1 装配式混凝土结构概述

0.1.1 装配式建筑的概念

装配式建筑是指“结构系统、外围护系统、设备与管线系统、内装系统的主要部分采用预制部品部件集成的建筑”。通俗地讲，装配式建筑是把传统建筑施工中大量的现场作业转移到工厂车间内进行，在工厂内制作好楼板、墙板、楼梯、阳台板等建筑部品部件，运输到建筑施工现场，通过可靠的连接方式在现场装配安装而成的建筑。

教学视频

装配式建筑是一个系统工程，是将预制构件和部品部件通过模数协调、模块组合、接口连接、节点构造和施工工法等用装配式的集成方法，在工地高效、可靠装配并做到建筑围护、主体结构、机电装修一体化的建筑。

装配式建筑遵循建筑全寿命周期的可持续性原则，采用标准化设计、工厂化生产、装配化施工、一体化装修、信息化管理和智能化应用的方式，提升建筑工程质量安全水平、提高劳动生产效率、节约资源能源、减少施工污染和实现建筑的可持续发展。

0.1.2 装配式混凝土结构的概念和分类

按照结构材料的不同，装配式建筑可分为装配式钢结构建筑（图 0-1）、装配式混凝土建筑、装配式木结构建筑（图 0-2）、装配式复合材料建筑等。其中，建筑物的结构系统由混凝土部件（预制构件）构成的装配式建筑称为装配式混凝土建筑。在结构工程中，这类建筑被称为装配式混凝土结构，简称装配式结构。

图 0-1　装配式钢结构建筑

图 0-2　装配式木结构建筑

按照预制构件间连接方式的不同，装配式混凝土结构包括装配整体式混凝土结构、全装配式混凝土结构等。

由预制混凝土构件通过可靠的方式进行连接并与现场后浇混凝土、水泥基灌浆料形成整体的装配式混凝土结构称为装配整体式混凝土结构，简称装配整体式结构（图 0-3）。装配整体式混凝土结构具有较好的整体性和抗震性，是目前大多数多层和高层装配式建筑采用的结构形式。

图 0-3　装配整体式混凝土结构（构件间存在后浇混凝土连接接缝）

全装配式混凝土结构是指预制构件通过干法连接形成整体的装配式结构。我国传统施工现场具有湿作业多、施工精度差、工序复杂、建造周期长、依赖现场工人水平和施工质量难以保证等问题，干式工法作业可实现高精度、高效率和高品质。

全部或部分框架梁、柱采用预制构件构建成的装配整体式混凝土结构称为装配整体式混凝土框架结构（图 0-4）。全部或部分剪力墙采用预制墙板构建成的装配整体式混凝土结构称为装配整体式混凝土剪力墙结构（图 0-5）。另外，筒体结构、框架-剪力墙结构等建筑结构体系都可以采用装配式。本书主要关注装配整体式混凝土剪力墙结构。

图 0-4　装配整体式混凝土框架结构

图 0-5　装配整体式混凝土剪力墙结构（预制墙板吊装）

0.1.3 装配式混凝土结构的现浇部位

目前，为保证装配整体式混凝土结构的整体性，并不是把整个建筑的结构体系全部由预制构件装配而成，而是保留了部分现浇部位。国家规范和行业标准规定的装配整体式结构的现浇部位与要求如下：

（1）高层装配整体式结构宜设置地下室，地下室宜采用现浇混凝土。

（2）剪力墙结构底部加强部位的剪力墙宜采用现浇混凝土。

（3）框架结构首层柱宜采用现浇混凝土，顶层宜采用现浇楼盖结构。

（4）剪力墙结构屋顶层建议采用现浇构件。

（5）结构转换层和作为上部结构嵌固部位的楼层宜采用现浇楼盖。

（6）住宅标准层卫生间、电梯前室、公共交通走廊宜采用现浇结构。

（7）电梯井、楼梯间剪力墙宜采用现浇结构，折板楼梯宜采用现浇结构。

具体工程中的现浇和装配部位都会在图纸中明确标出，需要认真读取。现浇部位仍然遵循传统图示方法，教材中不详细介绍。

0.1.4 装配式混凝土结构施工流程

装配式结构图纸设计完成后，预制构件生产厂家根据图纸要求及现场安装进度需求进行各类构件的生产。生产完成并检验合格的预制构件按照安装顺序运抵施工现场，进行进场验收。各类预制构件按其不同的吊装工艺要求进行吊装，一般先吊装外墙板，再吊装内墙板，然后吊装叠合楼板、阳台板、空调板等水平构件。吊装完成后，按照图纸要求进行节点与后浇区的钢筋绑扎与模板支设，以及各类设备管线的预埋，浇筑各后浇段的混凝土，完成本层装配式结构主体施工。

构件预制工艺参见本系列教材中的《装配式建筑混凝土构件生产》，现场装配工艺参见本系列教材中的《装配式建筑施工技术》。

0.2 装配式混凝土结构构件

0.2.1 装配式混凝土结构的构件组成

装配整体式混凝土剪力墙结构的主要预制构件有预制外墙板（图 0-6）、预制内墙板、叠合楼板（图 0-7）、预制连梁、预制楼梯（图 0-8）、预制阳台板、预制空调板等。装配整体式混凝土框架结构的主要预制构件有预制柱（图 0-9）、预制梁（图 0-10）、叠合楼板、预制外挂墙板、预制楼梯等。

预制混凝土剪力墙外墙板按照构造形式可分为单叶外墙板、夹心保温外墙板、装饰一体化外墙板等。其中，现有图集中针对的多为常用的夹心保温外墙板，由内叶墙板、保温层和外叶墙板组成，是非组合式承重预制混凝土夹心保温外墙板，简称预制外墙板，通常被称为“三明治板”（图 0-6）。

图 0-6　预制混凝土夹心保温外墙板

图 0-7　桁架钢筋混凝土叠合板

图 0-8　预制混凝土板式楼梯

图 0-9　混凝土预制柱的吊装

图 0-10　混凝土预制叠合梁

预制混凝土夹心保温外墙板的内叶墙板是承重实心墙板，外叶墙板作为荷载通过拉结件与承重内叶墙板相连，对中间保温层起保护作用。一般内叶墙板侧面预留外伸钢筋与其他预制墙板或现浇边缘构件连接，底部通过钢筋灌浆套筒与下层剪力墙外伸钢筋相连。

按照墙体上门窗洞口形式的不同，预制外墙板可分为无洞口外墙板（图 0-6）、高窗台外墙板、矮窗台外墙板、两窗洞外墙板（图 0-11）和门洞外墙板等几种形式。

根据断面结构形式，预制外墙板可分为实心墙外墙板（图 0-6）、双面叠合外墙板（图 0-12）和圆孔板外墙板等。

预制混凝土剪力墙内墙板一般为单叶板，实心墙板形式，其侧面留筋方式与预制混凝土剪力墙外墙板基本相同。按照墙体上门洞口形式的不同，预制内墙板可分为无洞口内墙板（图 0-13）、固定门垛内墙板（图 0-14）、中间门洞内墙板和刀把式内墙板等几种形式。

图 0-11　两窗洞预制外墙板的吊装

图 0-12　双面叠合外墙板

图 0-13　无洞口内墙板

图 0-14　固定门垛内墙板

叠合楼板是由下部预制混凝土底板和上部后浇钢筋混凝土层叠合而成的装配整体式楼板。常见的叠合楼板形式有两种，桁架钢筋混凝土叠合板和带肋底板混凝土叠合板。

桁架钢筋混凝土叠合板（图 0-7）下部为预制混凝土底板，上露桁架钢筋。现场施工时先将预制底板安装到位，后进行上部叠合层混凝土的浇筑。桁架钢筋和预制混凝土底板的粗糙表面保证预制底板与后浇叠合层混凝土的有效粘结。

预制楼梯（图 0-8）是将梯段整体预制，通过预留的销键孔与梯梁上的预留筋形成连接。预制楼梯有不带平台板的板式楼梯和带平台板的折板式楼梯等形式，适用于剪力墙结构的板式楼梯多为双跑楼梯或剪刀楼梯。

0.2.2 湿连接

装配式混凝土结构的各预制构件通过不同的连接方式装配在一起，才能形成整个建筑物的结构体系。预制构件之间的连接是保证装配式结构整体性的关键。装配式混凝土结构的连接方式分为两大类：湿连接和干连接。

湿连接是指混凝土或水泥基浆料与钢筋结合形成的连接。常用的湿连接形式有套筒灌浆、后浇混凝土等，主要适用于装配整体式混凝土结构的连接。

套筒灌浆连接是将需要连接的钢筋插入金属套筒内对接，在套筒内注入高强早强且有微膨胀特性的灌浆料，灌浆料在套筒筒壁与钢筋之间形成较大的正向应力，在钢筋带肋的粗糙表面产生较大的摩擦力，由此得以传递钢筋的轴向力。

套筒灌浆连接包括全灌浆套筒连接和半灌浆套筒连接两种形式（图 0-15）。前者套筒两端均采用灌浆方式与钢筋连接，后者套筒一端采用灌浆方式与钢筋连接，另一端采用非灌浆方式与钢筋连接（通常采用螺纹连接）。

装配整体式混凝土剪力墙结构中墙体竖向钢筋的连接多采用半灌浆套筒连接方式，即上层墙体底部预埋半灌浆套筒（上层墙体竖向钢筋与半灌浆套筒机械连接），对应下层墙体竖向钢筋插入并灌入水泥基灌浆料（图 0-16），从而实现上下层墙体竖向钢筋的连接。

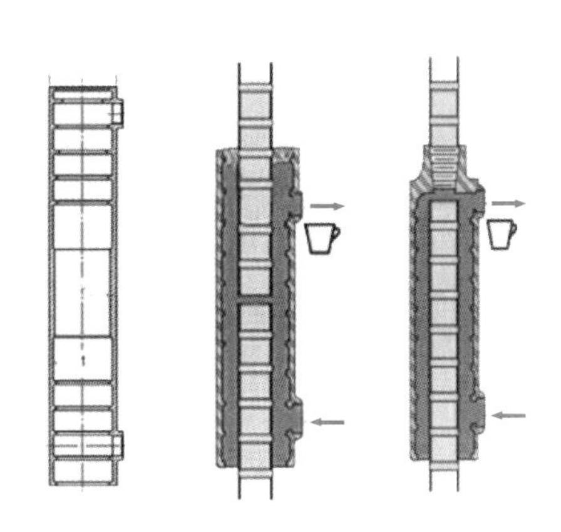

图 0-15　全灌浆套筒连接和半灌浆套筒连接

图 0-16　预制剪力墙吊装

浆锚搭接是指在预制混凝土构件中预留孔道，在孔道中插入需搭接的钢筋，再灌入水泥基灌浆料而实现的钢筋连接方式。孔道旁边是预埋在构件中的受力钢筋，插入的钢筋与之形成有距离的“搭接”。

后浇混凝土连接是湿连接的一种形式，是指需要连接的预制构件就位，连接的钢筋预埋件等连接完毕后，浇筑混凝土，形成连接。为保证后浇混凝土与预制构件的整体性，预制构件与后浇接触面需要设置键槽面或粗糙面，同时辅以连接钢筋、型钢螺栓等形式。

0.2.3 干连接

干连接主要借助于金属连接件，如螺栓连接、焊接等，主要适用于全装配式混凝土结构的连接或装配整体式混凝土结构中的外挂墙板等非承重构件的连接。

螺栓连接是用螺栓和预埋件将预制构件与预制构件或预制构件与主体结构进行连接。螺栓连接是全装配式混凝土结构的主要连接方式，在装配整体式混凝土结构中，螺栓连接仅用于外挂墙板和楼梯等非主体结构构件的连接。

螺栓连接构件一般不伸出钢筋，便于生产和运输。安装无需钢筋绑扎、混凝土浇筑等现场湿作业，不受温度限制，操作简单，施工速度快。但螺栓连接形成的结构整体性差，抗震性能较装配整体式建筑低。

焊接连接是在预制混凝土构件中预埋钢板，构件之间用焊接方式进行连接。焊接连接在全装配式混凝土结构中可用于结构构件的连接，在装配整体式混凝土结构中，仅用于非结构构件的连接。焊接连接在混凝土结构建筑中应用较少。

0.3 装配式混凝土结构施工图

0.3.1 装配式混凝土结构施工图纸组成

教学视频

从国家建筑标准设计图集《装配式混凝土结构住宅建筑设计示例（剪力墙结构）》15J939-1 和《装配式混凝土结构表示方法及示例（剪力墙结构）》15G107-1 中给出的图纸样例，可以看出装配式混凝土剪力墙结构施工图纸的基本组成，以及其与传统现浇结构施工图纸的差异。

和传统现浇结构施工图组成相同，装配式混凝土剪力墙结构施工图纸也是由建筑施工图、结构施工图和设备施工图（图集中未详细给出）组成。除传统现浇结构的基本图纸组成外，装配式混凝土剪力墙结构施工图纸还增加了与装配化施工相关的各种图示与说明。

在建筑设计总说明中，添加了装配式建筑设计专项说明。在进行装配施工的楼层平面图和相关详图中，需要分别表示出预制构件和后浇混凝土部分。对各类预制构件给出尺寸控制图。根据项目需要，提供 BIM 模型图。

在结构设计总说明中添加装配式结构专项说明，对构件预制生产和现场装配施工的相关要求进行专项说明。对各类预制构件给出模板图和配筋图。

装配式混凝土建筑标准层平面图示例如图 0-17 所示，平面详图示例如图 0-18 所示。

装配式混凝土建筑剪力墙平面布置图示例如图 0-19、图 0-20 所示，板结构平面图示例见图 0-21，外墙板模板图示例如图 0-22 所示，外墙板配筋图示例如图 0-23 所示。

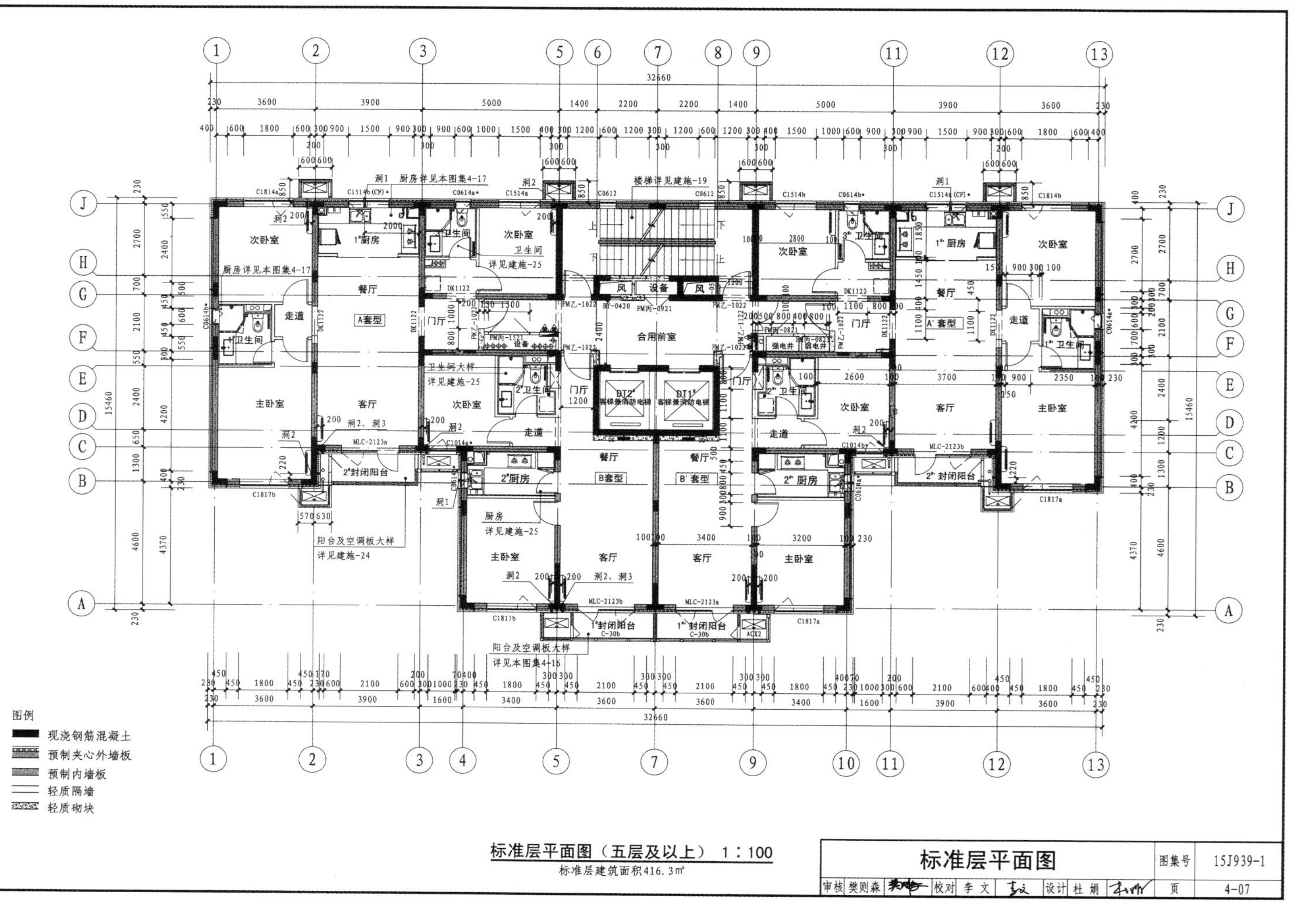

图0-17 标准层平面图示例（注：本图摘自15J939-1）

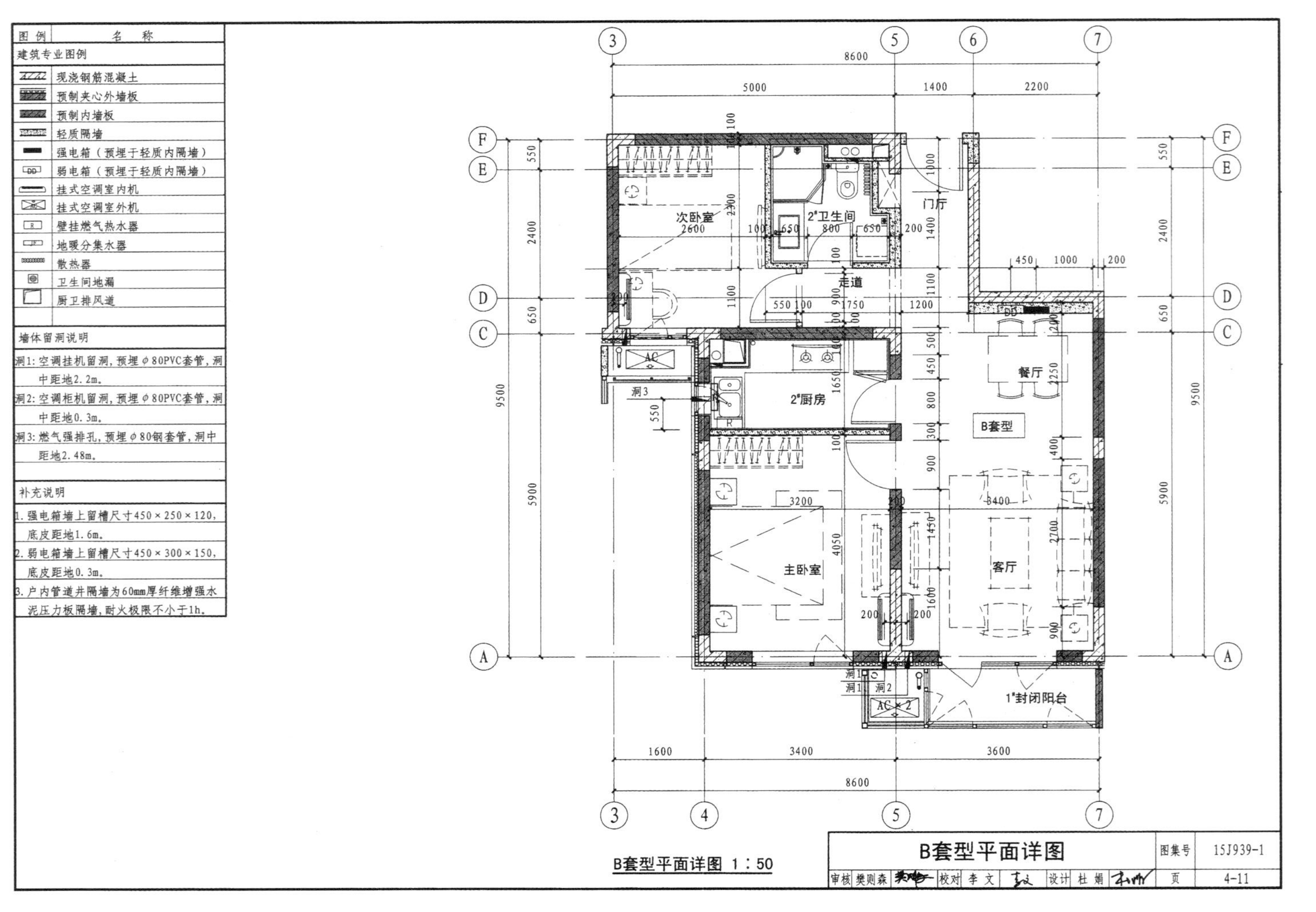

图0-18 平面详图示例（注：本图摘自15J939-1）

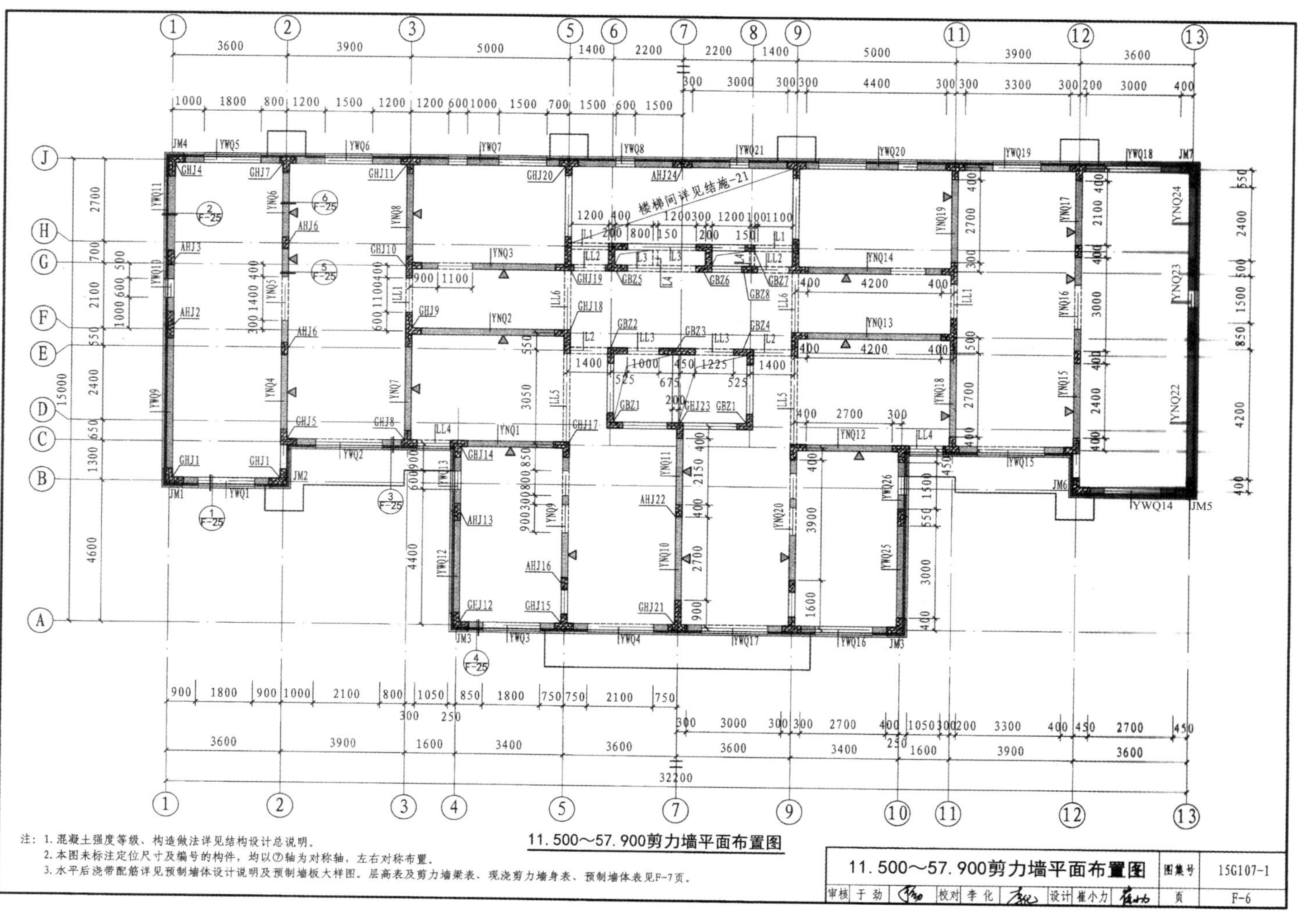

图 0-19　剪力墙平面布置图示例（注：本图摘自15G107-1）

层号	标高(m)	层高(m)
屋面2	65.200	
屋面1	60.900	4.300
21	57.900	3.000
20	55.000	2.900
19	52.100	2.900
18	49.200	2.900
17	46.300	2.900
16	43.400	2.900
15	40.500	2.900
14	37.600	2.900
13	34.700	2.900
12	31.800	2.900
11	28.900	2.900
10	26.000	2.900
9	23.100	2.900
8	20.200	2.900
7	17.300	2.900
6	14.400	2.900
5	11.500	2.900
4	8.600	2.900
3	5.700	2.900
2	2.800	2.900
1	−0.100	2.900
−1	−2.750	2.650
−2	−5.450	2.700

底部加强部位

约束边缘构件区域

结构层楼面标高
结构层高

上部结构嵌固部位：
−0.100

剪力墙梁表

编号	所在楼层号	梁顶相对标高高差	梁截面 $b\times h$	上部纵筋	下部纵筋	箍筋
LL1	5~16	0.000	200×600	2⌀22	2⌀20	⌀12@100(2)
	17~20	0.000	200×600	2⌀18	2⌀18	⌀10@100(2)
LL2	5~20	0.000	200×600	2⌀20	2⌀20	⌀10@100(2)
LL3	5~20	0.000	200×600	2⌀16	2⌀16	⌀8@100(2)
LL4	5~20	1.000	200×1500	4⌀16 2/2	4⌀16 2/2	⌀8@100(2)
LL5	5~20	0.000	200×400	2⌀18	2⌀18	⌀8@100(2)
LL6	5~20	0.000	200×500	2⌀22	2⌀22	⌀8@100(2)

梁表

编号	所在楼层号	梁顶相对标高高差	梁截面 $b\times h$	上部纵筋	下部纵筋	箍筋
L1	5~20	0.000	200×500	3⌀20	3⌀22	⌀12@200(2)
L2	5~20	0.000	200×400	2⌀20	2⌀20	⌀10@200(2)
L3	5~20	0.000	200×500	2⌀22	2⌀22	⌀8@200(2)
L4	5~20	0.000	150×400	2⌀14	2⌀14	⌀8@200(2)

现浇剪力墙身表

编号	标高	墙厚	水平分布筋	垂直分布筋	拉筋
Q1	11.500~57.900	200	⌀8@200	⌀8@200	Φ6@600@600

预制外墙模板表（部分）

平面图中编号	所在层号	所在轴号	外叶墙板厚度	构件重量(t)	数量	构件详图页码(图号)
JM1	5~20	Ⓑ/①	60	0.51	16	结施-10，本图集略
JM2	5~20	Ⓑ/②	60	0.81	16	结施-10，本图集略
JM3	5~20	Ⓐ/④ Ⓐ/⑩	60	0.49	32	15G365-1，228
JM4	5~20	Ⓙ/①	60	0.55	16	结施-10，本图集略

预制墙板索引表（部分）

平面图中编号	选用构件	外叶墙板	管线预埋	所在层号	所在轴号	墙厚(内叶墙)	构件重量(t)	数量	构件详图页码(图号)
YWQ1	WQCA-3329-1817	wy-2 a=20 b=20 c_L=140 d_L=150	——	5~20	①~②/Ⓑ	200	2.89	16	15G365-1，142、143
YWQ2	WQM-3929-2123	wy-2 a=500 b=230 c=3720 d=150	中区X_R=130	5~20	②~③/Ⓒ	200	3.02	16	15G365-1，200、201
YWQ3	——	——	——	5~20	④~⑤/Ⓐ	200	3.01	16	结施-24 本图集略
YWQ4	WQM-3629-2123	wy-2 a=290 b=290 c=3580 d=150	中区X_R=130	5~20	⑤~⑦/Ⓐ	200	2.41	16	15G365-1，198、199
YWQ5	WQC1-3629-1814	wy-2 a=20 b=190 c_R=590 d_R=100	——	5~20	①~②/Ⓙ	200	3.86	16	15G365-1，88、89
YWQ6	——	——	——	5~20	②~③/Ⓙ	200	4.83	16	结施-25 本图集略
YWQ7	——	——	——	5~20	③~⑤/Ⓙ	200	6.27	16	结施-26 本图F-17、F-18
YWQ8	——	——	——	5~20	⑤~⑦/Ⓙ	200	5.11	16	结施-27 本图集略
YWQ9	——	——	——	5~20	Ⓑ~Ⓕ/①	200	7.76	16	结施-28 本图集略
YWQ10	——	——	——	5~20	Ⓕ~Ⓖ/①	200	2.44	16	结施-29 本图集略
YWQ11	WQ-3029	wy-1 a=240 b=20	中区X=1350	5~20	Ⓖ~Ⓙ/①	200	4.44	16	15G365-1，32、33
YWQ12	WQ-3629	wy-1 a=20 b=290	低区X=600；X=2250，Y=710；低区X=2550；低区X=2850	5~20	Ⓐ~Ⓒ/④-1	200	5.54	16	15G365-1，36、37
YWQ13	——	——	——	5~20	Ⓐ~Ⓒ/④-2	200	2.38	16	结施-30 本图集略
YNQ1	NQ-2729	——	——	5~20	④~⑤/Ⓒ	200	3.70	16	15G365-2，30、31
YNQ2	——	——	——	5~20	③~⑤/Ⓕ	200	3.47	16	结施-31 本图集略
YNQ3	——	——	——	5~20	③~⑤/Ⓖ	200	3.47	16	结施-32 本图集略
YNQ4	NQ-2429	——	中区X=150；低区X=1050；低区X=1350	5~20	Ⓒ~Ⓙ/②-1	200	3.29	16	15G365-2，28、29
YNQ5	——	——	——	5~20	Ⓒ~Ⓙ/②-2	200	2.51	16	结施-33 本图集略
YNQ6	NQ-2129	——	低区 X=1650	5~20	Ⓒ~Ⓙ/②-3	200	2.88	16	15G365-2，28、29
YNQ7	NQ-2729	——	低区X=450；低区X=1950；低区X=2250	5~20	Ⓒ~Ⓕ/③	200	3.70	16	15G365-2，30、31
YNQ8	NQ-2729	——	X=1950，Y=1130；X=2100，Y=1880	5~20	Ⓖ~Ⓙ/③	200	3.70	16	15G365-2，30、31
YNQ9	——	——	——	5~20	Ⓐ~Ⓒ/⑤	200	3.41	16	结施-34 本图集略
YNQ10	NQ-2729	——	低区X'=150；X'=450，Y'=610；低区X'=750；低区X'=1950	5~20	Ⓐ~Ⓓ/⑦-1	200	3.70	16	15G365-2，30、31
YNQ11	——	——	——	5~20	Ⓐ~Ⓓ/⑦-2	200	1.69	16	结施-35 本图F-19、F-20

注：1. 未注明的现浇剪力墙均为Q1。
2. 保温层厚度为70。
3. 表中所选标准墙板管线预埋具体做法详图。

11.500~57.900剪力墙平面布置图	图集号	15G107-1
审核 于劲 校对 李化 设计 崔小力	页	F-7

图0-20　剪力墙平面布置图示例续（注：本图摘自15G107-1）

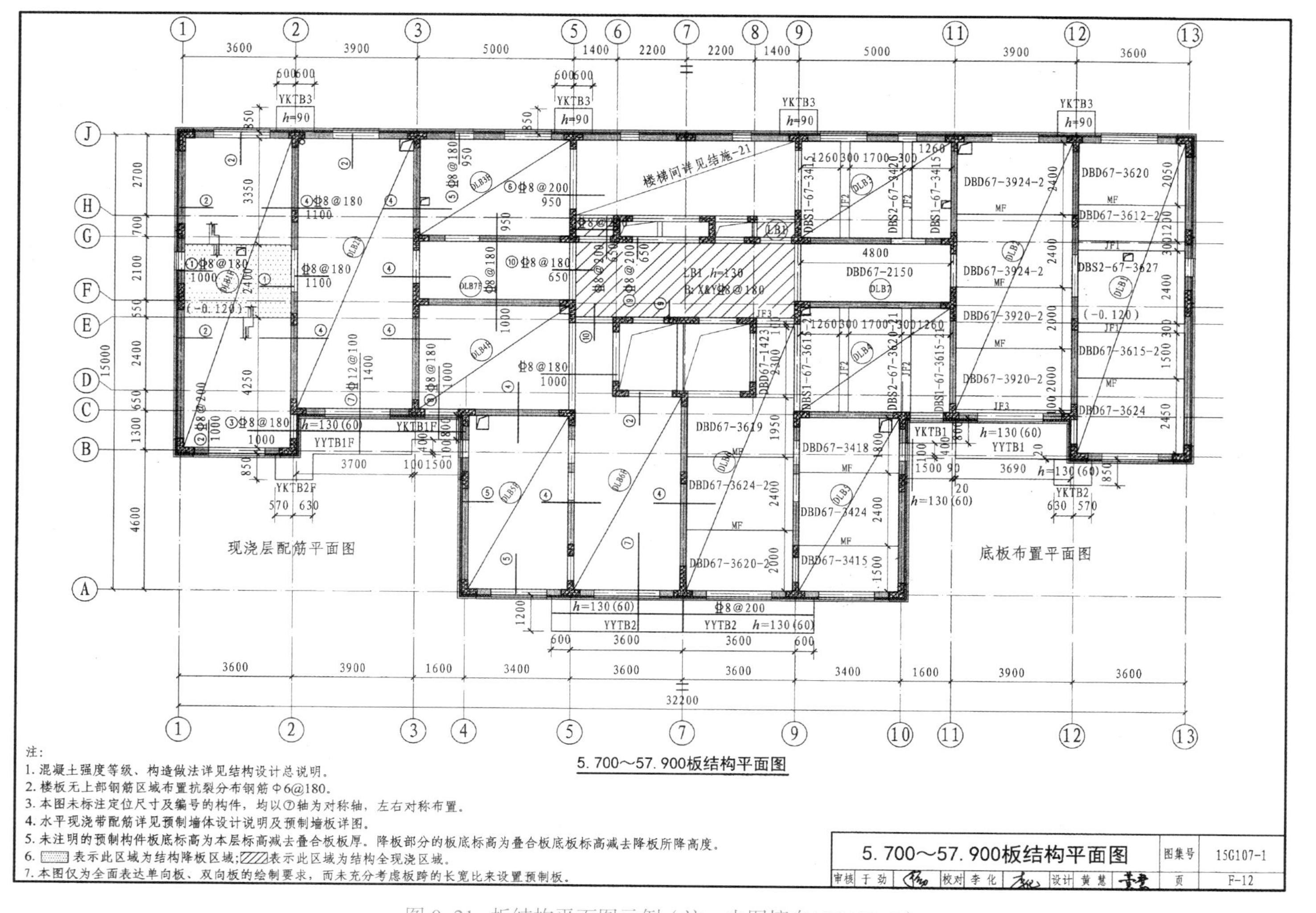

图 0-21　板结构平面图示例（注：本图摘自15G107-1）

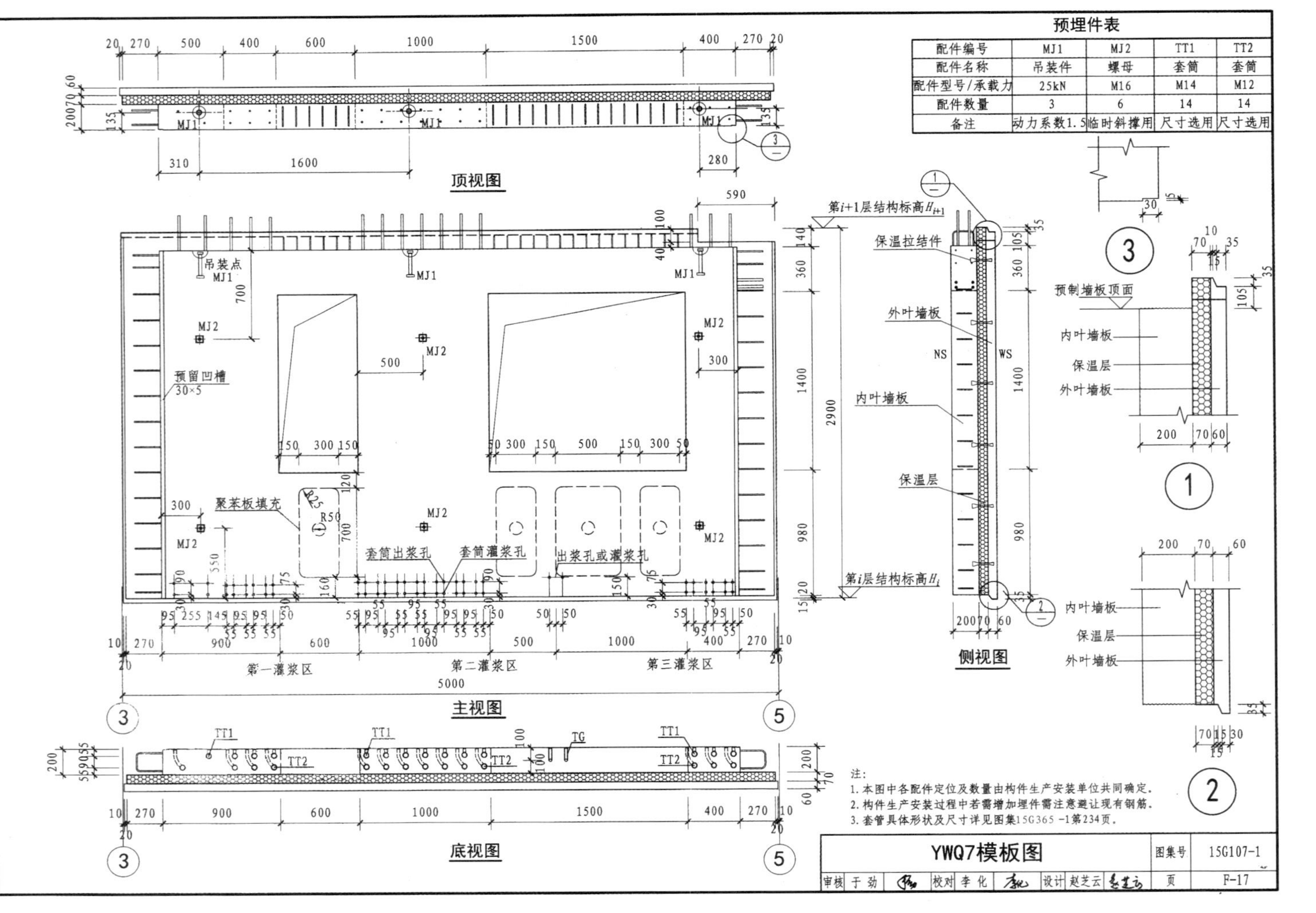

图 0-22 外墙板模板图示例（注：本图摘自15G107-1）

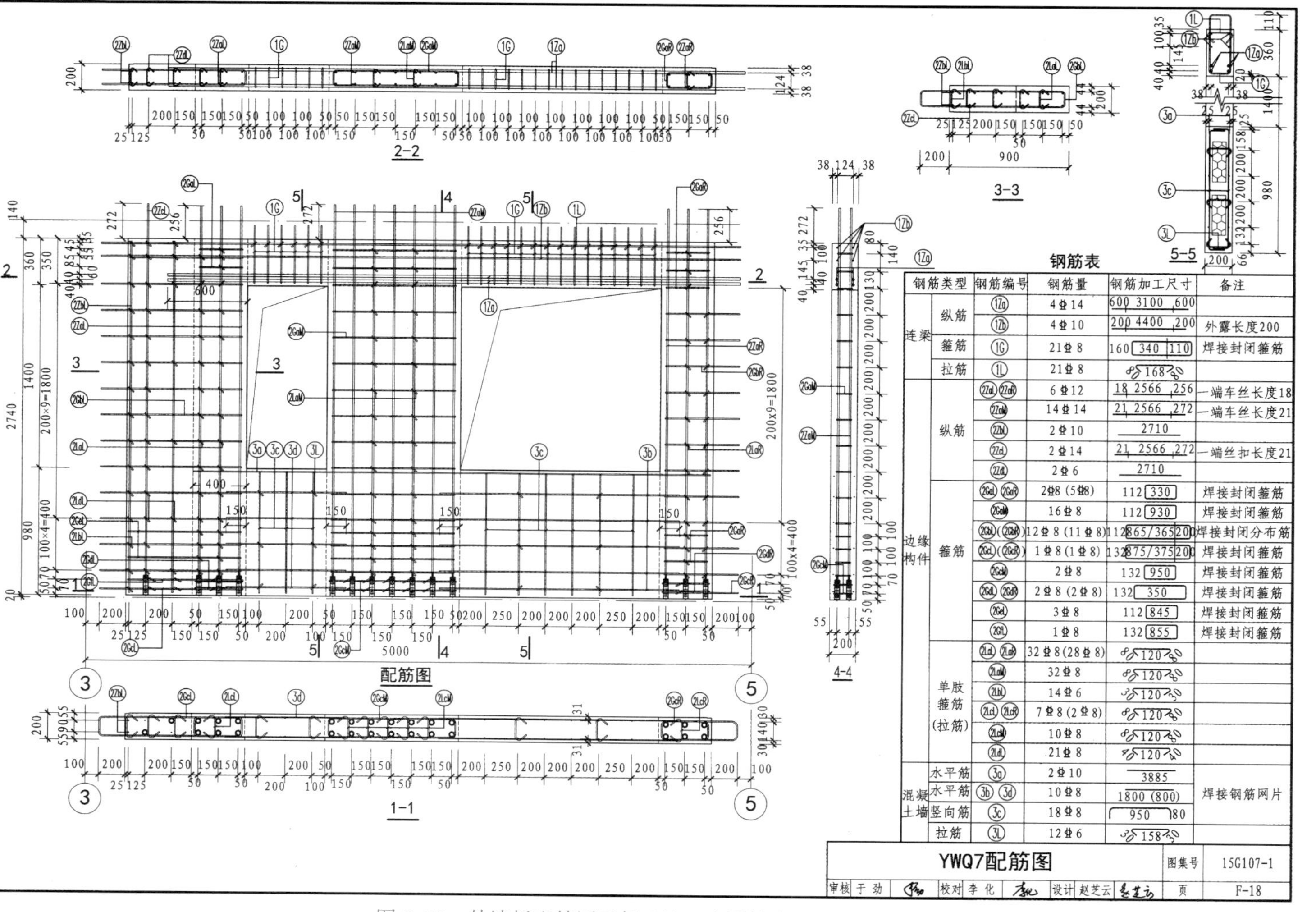

钢筋表

钢筋类型		钢筋编号	钢筋量	钢筋加工尺寸	备注
连梁	纵筋	1Za	4⌀14	600 3100 600	
		1Zb	4⌀10	200 4400 200	外露长度200
	箍筋	1G	21⌀8	160 340 110	焊接封闭箍筋
	拉筋	1L	21⌀8	168	
边缘构件	纵筋	2ZaL 2ZaR	6⌀12	18 2566 256	一端车丝长度18
		2ZaM	14⌀14	21 2566 272	一端车丝长度21
		2ZbL	2⌀10	2710	
		2Zd	2⌀14	21 2566 272	一端丝扣长度21
		2Ze	2⌀6	2710	
	箍筋	2GaL 2GaR	2⌀8（5⌀8）	112 330	焊接封闭箍筋
		2GaM	16⌀8	112 930	焊接封闭箍筋
		2GbL（2GbR）	12⌀8（11⌀8）	112 865/365 200	焊接封闭分布筋
		2GcL（2GcR）	1⌀8（1⌀8）	132 875/375 200	焊接封闭箍筋
		2GcM	2⌀8	132 950	焊接封闭箍筋
		2GdL 2GdR	2⌀8（2⌀8）	132 350	焊接封闭箍筋
		2GeL	3⌀8	112 845	焊接封闭箍筋
		2GfL	1⌀8	132 855	焊接封闭箍筋
	单肢箍筋（拉筋）	2LaL 2LaR	32⌀8（28⌀8）	120	
		2LaM	32⌀8	120	
		2LbL	14⌀6	120	
		2LcL 2LcR	7⌀8（2⌀8）	120	
		2LcM	10⌀8	120	
		2Ld	21⌀8	120	
混凝土墙	水平筋	3a	2⌀10	3885	
	水平筋	3b 3d	10⌀8	1800（800）	焊接钢筋网片
	竖向筋	3c	18⌀8	950 80	
	拉筋	3L	12⌀6	158	

图 0-23　外墙板配筋图示例（注：本图摘自15G107-1）

0.3.2 装配式混凝土结构施工图识读基础

钢筋混凝土结构主要利用的是混凝土的抗压强度。混凝土强度等级按立方体抗压强度标准值确定，用符号 C 表示，例如 C20、C25、C30、C35、C40、C45、C50、C55、C60、C65、C70、C75、C80，级差为 5N/mm^2。

钢筋混凝土结构主要使用的是热轧钢筋。热轧钢筋按其表面形状分为光圆钢筋和带肋钢筋两种，按其抗拉强度大小分为 HPB300、HRB400、HRBF400、RRB400、HRB500、HRBF500 等不同的级别。

在结构施工图中，将 HPB300 钢筋用符号Φ表示，将 HRB400、HRBF400、RRB400 钢筋分别用符号Ф、Ф^{F}、Ф^{R} 表示，将 HRB500、HRBF500 钢筋分别用符号Ф̄、Ф̄^{F} 表示。

在结构施工图中，需标注钢筋的级别、直径和数量或钢筋中心距等信息，一般采用以下两类标注方法。一是标注钢筋的根数、等级和直径，如：3Φ16 表示 3 根直径为 16mm 的 HPB300 钢筋；二是标注钢筋的等级、直径和中心距，如：Φ8@200 表示直径为 8mm 的 HPB300 钢筋，平行排列，间距 200mm。

在结构施工图中需要表示出钢筋形状时，其长度方向用单根粗实线表示，断面钢筋用圆黑点表示。长、短钢筋投影重叠时，短钢筋端部用 45°斜画线表示。在结构楼板中配置双层钢筋时，底层钢筋的弯钩向上或向左，顶层钢筋的弯钩向下或向右。

断面图中不能表示清楚的钢筋布置，应在断面外加画钢筋大样图。箍筋、环筋布置较复杂时，可加画钢筋大样图并给出说明。

0.4 装配式建筑识图实训软件

装配式建筑识图实训软件是由山东新之筑信息科技有限公司开发的，该公司面向国内职业院校和应用型本科院校，提供装配化施工方向的装配式建筑虚拟仿真实训系统。与本课程配套软件适用于建筑工程技术专业装配化方向识图课程的教学实训，产品以国家标准图集中的典型构件及真实工程案例为设计依据，以“教、学、训、考”为设计目标，结合教材使用，可满足教师课堂教学，学生认知、自主练习、综合实训及智能化考核等需求。

教学视频

装配式建筑识图实训软件采用三维虚拟仿真技术，融合二维图纸和三维仿真模型，有效实现多维联动、全方位识图训练。二维图纸内容清晰、标准、符合国家规范，三维模型高度逼真、全角度及透视化浏览、部件细致化拆分，方便教师课堂素材教学及学生认知、实训。

装配式建筑识图实训软件主要分PC构件识图和工程结构识图，从简单构件入手到具体典型建筑识图，由浅入深逐序训练；从构件配套教材资源认知学习到三维结合二维识图试题、答案详解训练再到纯二维图纸构件识图、工程节点识图考核，由易到难逐级提升。既丰富了教学资源，降低了教师的教学压力，又全方位多角度训练提升了学生的识图能力，为学生走出校园步入建设岗位打下良好基础。

本教材最后附有装配式建筑识图实训软件操作演示，以帮助学生尽快掌握本软件的操作技巧。

任务1

识读结构平面布置图

【教学目标】 了解剪力墙平面布置图和叠合楼盖平面布置图图示内容，熟悉剪力墙平面布置图和叠合楼盖平面布置图制图规则，熟悉预制外墙板、预制内墙板、叠合板底板、预制阳台板、预制空调板和预制女儿墙的编号规则，掌握剪力墙平面布置图和叠合楼盖平面布置图的识读方法，能够正确识读剪力墙平面布置图和叠合楼盖平面布置图。树立标准意识，培养严谨细致的工作作风。

在装配式混凝土剪力墙结构的施工图中，现浇结构及基础施工图可参照《混凝土结构施工图平面整体表示方法制图规则和构造详图（现浇混凝土框架、剪力墙、梁、板）》22G101-1 和《混凝土结构施工图平面整体表示方法制图规则和构造详图（独立基础、条形基础、筏形基础及桩基承台）》22G101-3 等的相关规定进行识读。

装配式混凝土剪力墙结构施工图采用平面表示方法，包括结构平面布置图、各类预制构件详图和连接节点详图等图纸。其中结构平面布置图包括剪力墙平面布置图、屋面层女儿墙平面布置图、板结构平面布置图等。预制构件详图包括预制外墙板模板图和配筋图、预制内墙板模板图和配筋图、叠合板模板图和配筋图、阳台板模板图和配筋图、预制楼梯模板图和配筋图等。连接节点详图包括预制墙竖向接缝构造、预制墙水平接缝构造、连梁及楼（屋）面梁与预制墙的连接构造、叠合板连接构造、叠合梁连接构造和预制楼梯连接构造等。

任务 1.1 识读剪力墙平面布置图

1.1.1 剪力墙平面布置图识读要求

教学视频

识读给出的剪力墙平面布置图样例（图 1-1），读懂各类预制构件的制图规则，明确各类预制构件的平面布置情况。

1.1.2 剪力墙施工图制图规则

1. 预制混凝土剪力墙基本制图规则

预制混凝土剪力墙（简称“预制剪力墙”）平面布置图按标准层绘制，内容包括预制剪力墙、现浇混凝土墙体、后浇段、现浇梁、楼面梁、水平后浇带和圈梁等。

剪力墙平面布置图应标注结构楼层标高表，并注明上部嵌固部位位置。在平面布置图中，应标注未居中承重墙体与轴线的定位，需标明预制剪力墙的门窗洞口、结构洞的尺寸和定位，还需标明预制剪力墙的装配方向。在平面布置图中，还应标注水平后浇带和圈梁的位置。

2. 预制混凝土剪力墙编号规定

预制剪力墙编号由墙板代号、序号组成，表达形式应符合表 1-1 的规定。

【例】YWQ1：表示预制外墙，序号为 1。

【例】YNQ5a：某工程有一块预制混凝土内墙板与已编号的 YNQ5 除线盒位置外，其他参数均相同。为方便起见，将该预制内墙板序号编为 YNQ5a。

3. 标准图集中内叶墙板编号及示例

当选用标准图集的预制混凝土外墙板时，可选类型详见《预制混凝土剪力墙外墙

屋面2	61.900	
屋面1	58.800	3.100
21	55.900	2.900
20	53.100	2.800
19	50.300	2.800
18	47.500	2.800
17	44.700	2.800
16	41.900	2.800
15	39.100	2.800
14	36.300	2.800
13	33.500	2.800
12	30.700	2.800
11	27.900	2.800
10	25.100	2.800
9	22.300	2.800
8	19.500	2.800
7	16.700	2.800
6	13.900	2.800
5	11.100	2.800
4	8.300	2.800
3	5.500	2.800
2	2.700	2.800
1	-0.100	2.800
-1	-8.150	2.700
-2	-5.450	2.700
-3	-8.150	2.700
层号	标高(m)	层高(m)

结构层楼面标高
结 构 层 高
上部结构嵌固部位：-0.100

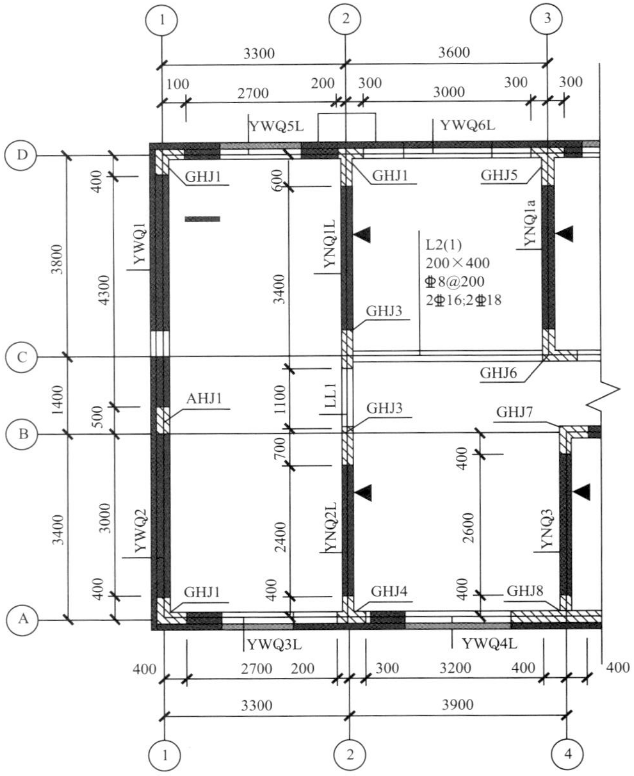

8.300~55.900剪力墙平面布置图

剪力墙梁表

编号	所在层号	梁顶相对标高高差	梁截面 $b \times h$	上部纵筋	下部纵筋	箍筋
LL1	4~20	0.000	200×500	2⌀16	2⌀16	⌀8@100(2)

预制墙板表

平面图中编号	内叶墙板	外叶墙板	管线预埋	所在层号	所在轴号	墙厚(内叶墙)	构件重量(t)	数量	构件详图页码(图号)
YWQ1	——	——		4~20	Ⓑ~Ⓓ/①	200	6.9	17	结施-01
YWQ2	——	——		4~20	Ⓐ~Ⓑ/①	200	5.3	17	结施-02
YWQ3L	WQC1-3328-1514	wy-1 a=190 b=20	低区X=450 高区X=280	4~20	①~②/Ⓐ	200	3.4	17	15G365-1，60、61
YWQ4L	——	——		4~20	②~④/Ⓐ	200	3.8	17	结施-03
YWQ5L	WQC1-3328-1514	wy-2 a=20 b=190 c_R=590 d_R=80	低区X=450 高区X=280	4~20	①~②/Ⓓ	200	3.9	17	15G365-1，60、61
YWQ6L	WQC1-3628-1514	wy-2 a=290 b=290 c_L=590 d_L=80	低区X=450 高区X=280	4~20	②~③/Ⓓ	200	4.5	17	15G365-1，64、65
YNQ1	NQ-2428	——	低区X=450 高区X=280	4~20	Ⓒ~Ⓓ/②	200	3.6	17	15G365-1，16、17
YNQ2L	NQ-2428	——	低区X=450 高区X=280	4~20	Ⓐ~Ⓑ/②	200	3.2	17	15G365-2，14、15
YNQ3	——	——		4~20	Ⓐ~Ⓑ/④	200	3.5	17	结施-04
YNQ3a	NQ-2728	——	低区X=750 高区X=750	4~20	Ⓒ~Ⓓ/③	200	3.6	17	15G365-2，16、17

预制外墙模板表

平面图中编号	所在层号	所在轴号		外叶墙板厚度	构件重量(t)	数量	构件详图页码(图号)
JM1	4~20	Ⓐ/①	Ⓓ/①	60	0.47	34	15G365-1,228

注：1. 水平后浇带配筋详见装配式结构专项说明及预制墙板详图。
2. 本图中各配筋仅为示例，实际工程中详具体设计。
3. 未注明墙体均为轴线居中，墙体厚度为200mm。

图 1-1　剪力墙平面布置图样例（注：本图摘自15G107-1）

预制混凝土剪力墙编号 **表 1-1**

预制墙板类型	代号	序号
预制外墙	YWQ	××
预制内墙	YNQ	××

注：1. 在编号中，如若干预制剪力墙的模板、配筋、各类预埋件完全一致，仅墙厚与轴线的关系不同，也可将其编为同一预制剪力墙编号，但应在图中注明与轴线的几何关系。
2. 序号可为数字，或数字加字母。

板》15G365-1。标准图集的预制混凝土剪力墙外墙由内叶墙板、保温层和外叶墙板组成，工程中常用内叶墙板类型区分不同的外墙板。

标准图集中的内叶墙板共有 5 种类型，编号规则见表 1-2，编号示例见表 1-3。

标准图集中外墙板编号 **表 1-2**

预制内叶墙板类型	示意图	编号
无洞口外墙		WQ - ×× ×× WQ：无洞口外墙；××：标志宽度；××：层高
一个窗洞高窗台外墙	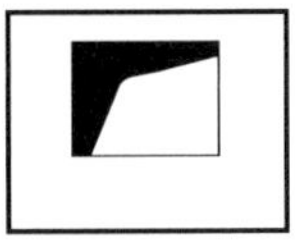	WQC1 - ×× ×× - ×× ×× WQC1：一窗洞外墙（高窗台）；××：标志宽度；××：层高；××：窗宽；××：窗高
一个窗洞矮窗台外墙	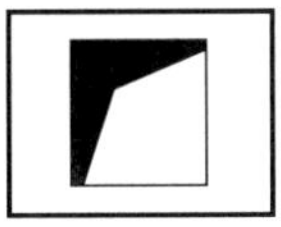	WQCA - ×× ×× - ×× ×× WQCA：一窗洞外墙（矮窗台）；××：标志宽度；××：层高；××：窗宽；××：窗高
两窗洞外墙	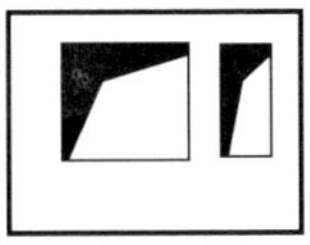	WQC2 - ×× ×× - ×× ×× - ×× ×× WQC2：两窗洞外墙；××：标志宽度；××：层高；××：左窗宽；××：左窗高；××：右窗宽；××：右窗高
一个门洞外墙	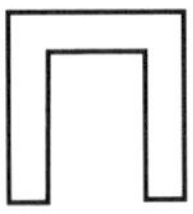	WQM - ×× ×× - ×× ×× WQM：一门洞外墙；××：标志宽度；××：层高；××：门宽；××：门高

标准图集中外墙板编号示例（mm） **表 1-3**

预制墙板类型	示意图	编号	标志宽度	层高	门/窗宽	门/窗高	门/窗宽	门/窗高
无洞口外墙		WQ-1828	1800	2800	—	—	—	—
一个窗洞高窗台外墙	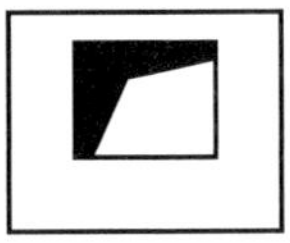	WQC1-3028-1514	3000	2800	1500	1400	—	—

续表

预制墙板类型	示意图	编号	标志宽度	层高	门/窗宽	门/窗高	门/窗宽	门/窗高
一个窗洞矮窗台外墙		WQCA-3028-1518	3000	2800	1500	1800	—	—
两窗洞外墙		WQC2-4828-0614-1514	4800	2800	600	1400	1500	1400
一个门洞外墙		WQM-3628-1823	3600	2800	1800	2300	—	—

（1）无洞口外墙：WQ-××××。WQ 表示无洞口外墙板；四个数字中前两个数字表示墙板标志宽度（dm），后两个数字表示墙板适用层高（dm）。

（2）一个窗洞高窗台外墙：WQC1-××××-××××。WQC1 表示一个窗洞高窗台外墙板（从楼层建筑标高起算，窗台高度 900mm）；第一组四个数字，前两个数字表示墙板标志宽度（dm），后两个数字表示墙板适用层高（dm）；第二组四个数字，前两个数字表示窗洞口宽度（dm），后两个数字表示窗洞口高度（dm）。

（3）一个窗洞矮窗台外墙：WQCA-××××-××××。WQCA 表示一个窗洞矮窗台外墙板（从楼层建筑标高起算，窗台高度 600mm）；第一组四个数字，前两个数字表示墙板标志宽度（dm），后两个数字表示墙板适用层高（dm）；第二组四个数字，前两个数字表示窗洞口宽度（dm），后两个数字表示窗洞口高度（dm）。

（4）两窗洞外墙：WQC2-××××-××××-××××。WQC2 表示两个窗洞外墙板；第一组四个数字，前两个数字表示墙板标志宽度（dm），后两个数字表示墙板适用层高（dm）；第二组四个数字，前两个数字表示左侧窗洞口宽度（dm），后两个数字表示左侧窗洞口高度（dm）；第三组四个数字，前两个数字表示右侧窗洞口宽度（dm），后两个数字表示右侧窗洞口高度（dm）。

（5）一个门洞外墙：WQM-××××-××××。WQM 表示一个门洞外墙板；第一组四个数字，前两个数字表示墙板标志宽度（dm），后两个数字表示墙板适用层高（dm）；第二组四个数字，前两个数字表示门洞口宽度（dm），后两个数字表示门洞口高度（dm）。

4. 标准图集中外叶墙板类型及图示

当图纸选用的预制外墙板的外叶板与标准图集中不同时，需给出外叶墙板尺寸。标准图集中的外叶墙板共有两种类型（图 1-2）：

（1）标准外叶墙板 wy-1（a、b），其中 a 和 b 分别是外叶墙板与内叶墙板左右两侧的尺寸差值。

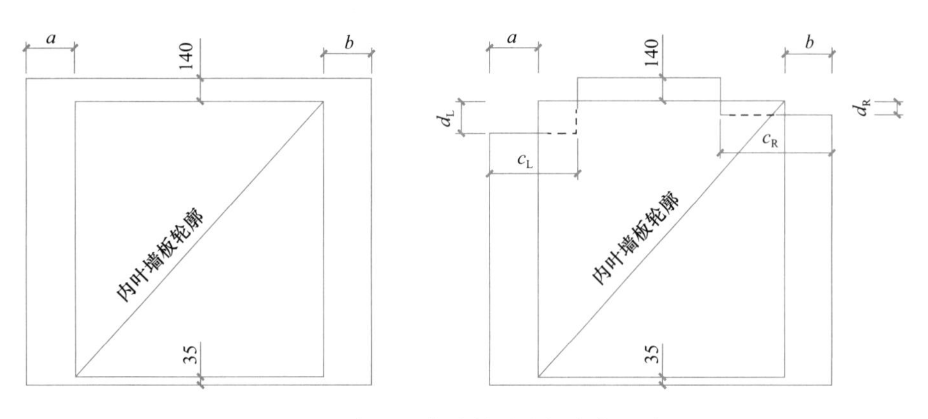

图1-2 标准图集中外叶墙板内表面图

（2）带阳台板外叶墙板 wy-2（a、b、c_L 或 c_R、d_L 或 d_R），其中 c_L 或 c_R、d_L 或 d_R 分别是阳台板处外叶墙板缺口尺寸。

5. 标准图集中内墙板编号及示例

图纸选用标准图集的预制混凝土内墙板时，可选类型将在构件详图识读中介绍，具体可参考《预制混凝土剪力墙内墙板》15G365-2。

标准图集中的预制内墙板共有 4 种类型，分别为：无洞口内墙、固定门垛内墙、中间门洞内墙和刀把内墙。预制内墙板编号规则及墙板示意图见表1-4，编号示例见表1-5。

标准图集中内墙板编号　　表1-4

预制内墙板类型	示意图	编号
无洞口内墙		NQ-×××× NQ：无洞口内墙；××：标志宽度；××：层高
固定门垛内墙		NQM1-××××-×××× NQM1：一门洞内墙(固定门垛)；××：标志宽度；××：层高；××：门宽；××：门高
中间门洞内墙		NQM2-××××-×××× NQM2：一门洞内墙(中间门洞)；××：标志宽度；××：层高；××：门宽；××：门高
刀把内墙		NQM3-××××-×××× NQM3：一门洞内墙(刀把内墙)；××：标志宽度；××：层高；××：门宽；××：门高

标准图集中内墙板编号示例（mm）　　表 1-5

预制墙板类型	示意图	编号	标志宽度	层高	门/窗宽	门/窗高
无洞口内墙		NQ-2128	2100	2800	—	—
固定门垛内墙		NQM1-3028-0921	3000	2800	900	2100
中间门洞内墙		NQM2-3029-1022	3000	2900	1000	2200
刀把内墙		NQM3-3329-1022	3300	2900	1000	2200

（1）无洞口内墙：NQ-××××。NQ 表示无洞口内墙板；四个数字中前两个数字表示墙板标志宽度（dm），后两个数字表示墙板适用层高（dm）。

（2）固定门垛内墙：NQM1-××××-××××。NQM1 表示固定门垛内墙板（门洞位于墙板一侧，有固定宽度门垛）；第一组四个数字，前两个数字表示墙板标志宽度（dm），后两个数字表示墙板适用层高（dm）；第二组四个数字，前两个数字表示门洞口宽度（dm），后两个数字表示门洞口高度（dm）。

（3）中间门洞内墙：NQM2-××××-××××。NQM2 表示中间门洞内墙板（门洞位于墙板中间）；第一组四个数字，前两个数字表示墙板标志宽度（dm），后两个数字表示墙板适用层高（dm）；第二组四个数字，前两个数字表示门洞口宽度（dm），后两个数字表示门洞口高度（dm）。

（4）刀把内墙：NQM3-××××-××××。NQM3 表示刀把内墙板（门洞位于墙板侧边，无门垛，墙板似刀把形状）；第一组四个数字，前两个数字表示墙板标志宽度（dm），后两个数字表示墙板适用层高（dm）；第二组四个数字，前两个数字表示门洞口宽度（dm），后两个数字表示门洞口高度（dm）。

6. 后浇段的表示

后浇段编号由后浇段类型代号和序号组成，表达形式应符合表 1-6 的规定。

后浇段编号　　表 1-6

后浇段类型	代号	序号
约束边缘构件后浇段	YHJ	××
构造边缘构件后浇段	GHJ	××
非边缘构件后浇段	AHJ	××

注：在编号中，如若干后浇段的截面尺寸与配筋均相同，仅截面与轴线关系不同时，可将其编为同一后浇段号；约束边缘构件后浇段包括有翼墙和转角墙两种；构造边缘构件后浇段包括构造边缘翼墙、构造边缘转角墙、边缘暗柱三种。

【例】YHJ1：表示约束边缘构件后浇段，编号为1。

【例】GHJ5：表示构造边缘构件后浇段，编号为5。

【例】AHJ3：表示非边缘暗柱后浇段，编号为3。

后浇段信息一般会集中注写在后浇段表中，后浇段表中表达的内容包括：

(1) 注写后浇段编号，绘制该后浇段的截面配筋图，标注后浇段几何尺寸。

(2) 注写后浇段的起止标高，自后浇段根部往上以变截面位置或截面未变但配筋改变处为界分段注写。

(3) 注写后浇段的纵向钢筋和箍筋，注写值应与表中绘制的截面配筋对应一致。纵向钢筋注纵筋直径和数量；后浇段箍筋、拉筋的注写方式与现浇剪力墙结构墙柱箍筋的注写方式相同。

(4) 预制墙板外露钢筋尺寸应标注至钢筋中线，保护层厚度应标注至箍筋外表面。

后浇段中的配筋信息将在节点详图识读中介绍。

7. 预制混凝土叠合梁编号

预制混凝土叠合梁编号由代号和序号组成，表达形式应符合表1-7的规定。

预制混凝土叠合梁编号　　表1-7

名称	代号	序号
预制叠合梁	DL	××
预制叠合连梁	DLL	××

注：在编号中，如若干预制叠合梁的截面尺寸与配筋均相同，仅梁与轴线关系不同时，可将其编为同一叠合梁编号，但应在图中注明与轴线的几何关系。

【例】DL1：表示预制叠合梁，编号为1。

【例】DLL3：表示预制叠合连梁，编号为3。

8. 预制外墙模板编号

当预制外墙节点处需设置连接模板时，可采用预制外墙模板。预制外墙模板编号由类型代号和序号组成，表达形式应符合表1-8的规定。

预制外墙模板编号　　表1-8

名称	代号	序号
预制外墙模板	JM	××

注：序号可为数字，或数字加字母。

【例】JM1：表示预制外墙模板，编号为1。

预制外墙模板表内容包括：平面图中编号、所在层号、所在轴号、外叶墙板厚度、构件重量、数量、构件详图页码（图号）。

1.1.3　剪力墙平面布置图识读训练

识读给出的剪力墙平面布置图样例（图1-1），完成下列图纸识读练习。

(1) 1轴墙体的组成构件不包括（　　）。

A. YWQ1　B. YWQ2　C. GHJ1　D. GHJ2

（2）2 轴墙体的组成构件不包括（　　）。

A. GHJ1　B. GHJ2　C. GHJ3　D. GHJ4

（3）3 轴墙体的组成构件不包括（　　）。

A. GHJ5　B. GHJ6　C. YNQ1a　D. YNQ3

（4）YWQ3L 采用的内叶墙板为（　　）。

A. YWQ3L　B. WQC1-3328-1514

C. WQC1-3628-1514　D. NQ-2428

（5）YNQ3a 采用的内叶墙板为（　　）。

A. YNQ3a　B. NQ-2428　C. NQ-2728　D. YNQ3

（6）YNQ1L 的长度尺寸为（　　）。

A. 700mm　B. 1100mm　C. 2700mm　D. 3400mm

（7）LL1 的长度尺寸为（　　）。

A. 200mm　B. 500mm　C. 1100mm　D. 1400mm

（8）LL1 所在轴号为（　　）。

A. B～C/1　B. B～C/2　C. 1～2/B　D. 1～2/C

（9）L2 所在轴号为（　　）。

A. B～C/1　B. B～C/2　C. 1～2/B　D. 2～3/C

（10）AHJ1 的厚度尺寸为（　　）。

A. 200mm　B. 500mm　C. 700mm　D. 未给出

任务 1.2　识读楼板平面布置图

1.2.1　楼板平面布置图识读要求

识读给出的叠合楼盖平面布置图示例（图 1-3），读懂各类预制构件的制图规则，明确各类预制构件的平面布置情况。

教学视频

1.2.2　叠合楼盖施工图制图规则

叠合楼盖施工图主要包括预制底板平面布置图、现浇层配筋图、水平后浇带或圈梁布置图。叠合楼盖的制图规则适用于以剪力墙、梁为支座的叠合楼（屋）面板施工图。

1. 叠合楼盖施工图的表示方法

所有叠合板块应逐一编号，相同编号的板块可择其一做集中标注，其他仅注写置于

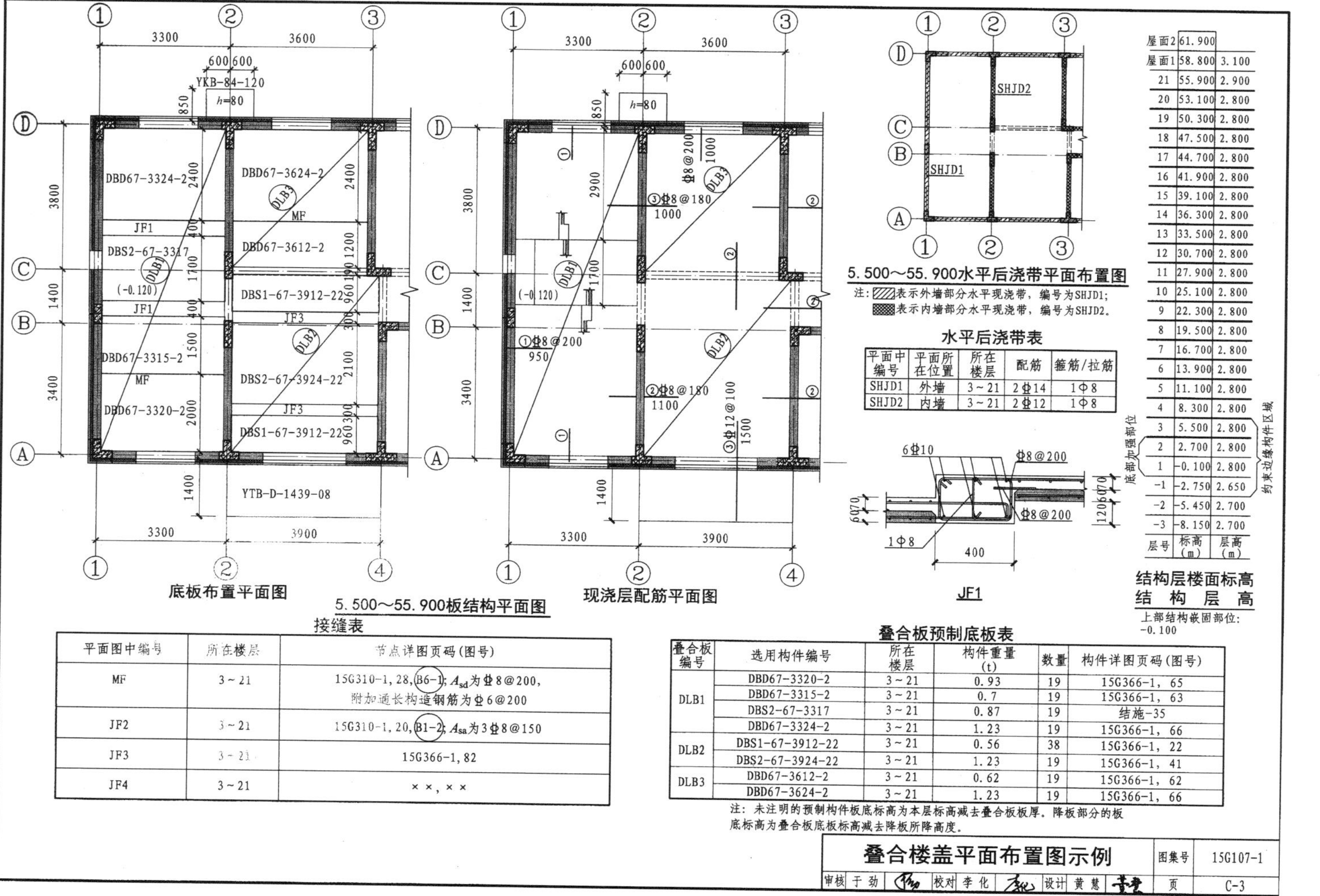

接缝表

平面图中编号	所在楼层	节点详图页码（图号）
MF	3～21	15G310-1，28，B6-1；A_{sd}为⌀8@200，附加通长构造钢筋为⌀6@200
JF2	3～21	15G310-1，20，B1-2；A_{sa}为3⌀8@150
JF3	3～21	15G366-1，82
JF4	3～21	××，××

水平后浇带表

平面中编号	平面所在位置	所在楼层	配筋	箍筋/拉筋
SHJD1	外墙	3～21	2⌀14	1⌀8
SHJD2	内墙	3～21	2⌀12	1⌀8

叠合板预制底板表

叠合板编号	选用构件编号	所在楼层	构件重量（t）	数量	构件详图页码（图号）
DLB1	DBD67-3320-2	3～21	0.93	19	15G366-1，65
	DBD67-3315-2	3～21	0.7	19	15G366-1，63
	DBS2-67-3317	3～21	0.87	19	结施-35
	DBD67-3324-2	3～21	1.23	19	15G366-1，66
DLB2	DBS1-67-3912-22	3～21	0.56	38	15G366-1，22
	DBS2-67-3924-22	3～21	1.23	19	15G366-1，41
DLB3	DBD67-3612-2	3～21	0.62	19	15G366-1，62
	DBD67-3624-2	3～21	1.23	19	15G366-1，66

层号	标高（m）	层高（m）
屋面2	61.900	
屋面1	58.800	3.100
21	55.900	2.900
20	53.100	2.800
19	50.300	2.800
18	47.500	2.800
17	44.700	2.800
16	41.900	2.800
15	39.100	2.800
14	36.300	2.800
13	33.500	2.800
12	30.700	2.800
11	27.900	2.800
10	25.100	2.800
9	22.300	2.800
8	19.500	2.800
7	16.700	2.800
6	13.900	2.800
5	11.100	2.800
4	8.300	2.800
3	5.500	2.800
2	2.700	2.800
1	-0.100	2.800
-1	-2.750	2.650
-2	-5.450	2.700
-3	-8.150	2.700

图1-3 叠合楼盖平面布置图示例（注：本图摘自15G107-1）

圆圈内的板编号。当板面标高不同时，在板编号的斜线下标注标高高差，下降为负（－）。叠合板编号由叠合板代号和序号组成，表达形式应符合表 1-9 的规定。

叠合板编号 **表 1-9**

叠合板类型	代号	序号
叠合楼面板	DLB	××
叠合屋面板	DWB	××
叠合悬挑板	DXB	××

注：序号可为数字，或数字加字母。

【例】DLB3：表示楼板为叠合板，编号为 3。

【例】DWB2：表示屋面板为叠合板，编号为 2。

【例】DXB1：表示悬挑板为叠合板，编号为 1。

2. 叠合楼盖现浇层的标注

叠合楼盖现浇层注写方法与《混凝土结构施工图平面整体表示方法制图规则和构造详图（现浇混凝土框架、剪力墙、梁、板）》22G101-1 的“有梁楼盖板平法施工图的表示方法”相同，同时应标注叠合板编号。

3. 标准图集中叠合板底板编号

预制底板平面布置图中需要标注叠合板编号、预制底板编号、各块预制底板尺寸和定位。当选用标准图集中的预制底板时，可选类型详见《桁架钢筋混凝土叠合板（60mm 厚底板）》15G366-1，可直接在板块上标注标准图集中的底板编号。当自行设计预制底板时，可参照标准图集的编号规则进行编号（表 1-10）。标准图集中预制底板编号规则如下：

叠合底板编号 **表 1-10**

叠合板底板类型	编号
单向板	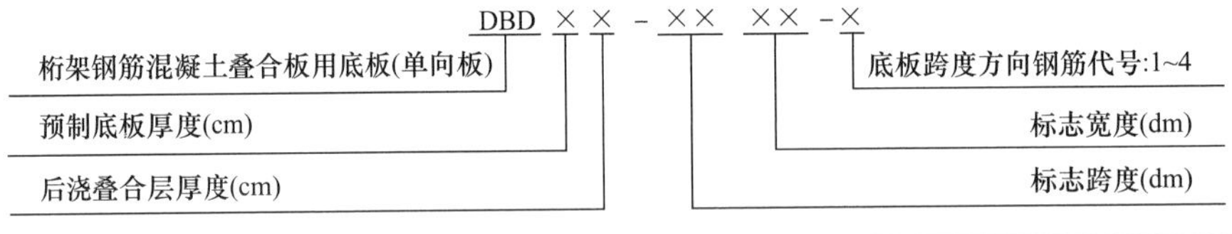 DBD ×× -×× ×× -× 桁架钢筋混凝土叠合板用底板(单向板) 预制底板厚度(cm) 后浇叠合层厚度(cm) 底板跨度方向钢筋代号:1~4 标志宽度(dm) 标志跨度(dm)
双向板	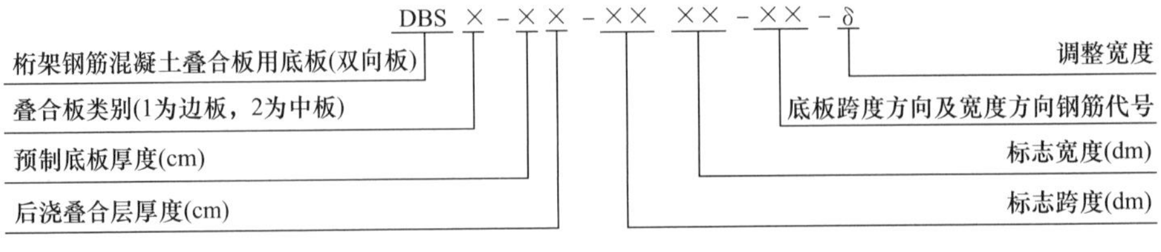 DBS × -×× -×× ×× -×× -δ 桁架钢筋混凝土叠合板用底板(双向板) 叠合板类别(1为边板，2为中板) 预制底板厚度(cm) 后浇叠合层厚度(cm) 调整宽度 底板跨度方向及宽度方向钢筋代号 标志宽度(dm) 标志跨度(dm)

（1）单向板：DBD××-××××-×：DBD 表示桁架钢筋混凝土叠合板用底板（单向板），DBD 后第一个数字表示预制底板厚度（cm），DBD 后第二个数字表示后浇叠合

层厚度（cm）；第一组四个数字中，前两个数字表示预制底板的标志跨度（dm），后两个数字表示预制底板的标志宽度（dm）；第二组数字表示预制底板跨度方向钢筋代号（具体配筋见表1-11）。

单向板底板钢筋编号　　表1-11

代号	1	2	3	4
受力钢筋规格及间距	⌀8@200	⌀8@150	⌀10@200	⌀10@150
分布钢筋规格及间距	⌀6@200	⌀6@200	⌀6@200	⌀6@200

（2）双向板：DBS×-××-××××-××-δ：DBS表示桁架钢筋混凝土叠合板用底板（双向板），DBS后面的数字表示叠合板类型，其中1为边板，2为中板；第一组两个数字中，第一个数字表示预制底板厚度（cm），第二个数字表示后浇叠合层厚度（cm）；第二组四个数字中，前两个数字表示预制底板的标志跨度（dm），后两个数字表示预制底板的标志宽度（dm）；第三组两个数字表示预制底板跨度及宽度方向钢筋代号（具体配筋见表1-12）；最后的δ表示调整宽度（指后浇缝的调整宽度）。

双向板底板跨度、宽度方向钢筋代号组合表　　表1-12

编号 / 宽度方向钢筋 / 跨度方向钢筋	⌀8@200	⌀8@150	⌀10@200	⌀10@150
⌀8@200	11	21	31	41
⌀8@150	—	22	32	42
⌀8@100	—	—	—	43

预制底板为单向板时，应标注板边调节缝和定位。预制底板为双向板时，应标注接缝尺寸和定位。当板面标高不同时，标注底板标高高差，下降为负（—）。同时应绘出预制底板表。

预制底板表中需要标明叠合板编号、板块内的预制底板编号及其与叠合板编号的对应关系、所在楼层、构件重量和数量、构件详图页码（自行设计构件为图号）、构件设计补充内容（线盒、预留洞位置等）。

【例】DBD67-3324-2：表示单向受力叠合板用底板，预制底板厚度为60mm，后浇叠合层厚度为70mm，预制底板的标志跨度为3300mm，预制底板的标志宽度为2400mm，底板跨度方向配筋为⌀8@150。

【例】DBS1-67-3924-22：表示双向受力叠合板用底板，拼装位置为边板，预制底板厚度为60mm，后浇叠合层厚度为70mm，预制底板的标志跨度为3900mm，预制底板的标志宽度为2400mm，底板跨度方向、宽度方向配筋均为⌀8@150。

4. 叠合底板接缝

叠合楼盖预制底板接缝需要在平面上标注其编号、尺寸和位置，并需给出接缝的详图，接缝编号规则见表 1-13，底板接缝钢筋构造将在节点详图识读中介绍。

叠合板底板接缝编号 **表 1-13**

名称	代号	序号
叠合板底板接缝	JF	××
叠合板底板密拼接缝	MF	—

（1）当叠合楼盖预制底板接缝选用标准图集时，可在接缝选用表中写明节点选用图集号、页码、节点号和相关参数。

（2）当自行设计叠合楼盖预制底板接缝时，需由设计单位给出节点详图。

【例】JF1：表示叠合板之间的接缝，编号为 1。

5. 水平后浇带和圈梁标注

需在平面上标注水平后浇带或圈梁位置，水平后浇带编号由代号和序号组成（表 1-14）。水平后浇带信息可集中注写在水平后浇带表中，表的内容包括：平面中的编号、所在平面位置、所在楼层及配筋。水平后浇带和圈梁钢筋构造将在节点详图识读中介绍。

水平后浇带编号 **表 1-14**

类型	代号	序号
水平后浇带	SHJD	××

【例】SHJD3：表示水平后浇带，编号为 3。

1.2.3 叠合楼盖施工图识读训练

识读给出的叠合楼盖平面布置图示例（图 1-3），完成下列图纸识读练习。

（1）叠合楼面板 DLB1 所包含的预制底板不包括（ ）。

A. DBD67-3324-2　　B. DBD67-3624-2

C. DBD67-3315-2　　D. DBD67-3320-2

（2）以下预制底板中属于叠合楼面板 DLB2 所选用底板的是（ ）。

A. DBS1-67-3912-22　　B. DBS2-67-3317-22

C. DBD67-3315-2　　D. DBD67-3612-2

（3）以下预制底板中属于叠合楼面板 DLB3 所选用底板的是（ ）。

A. DBS1-67-3912-22　　B. DBS2-67-3317-22

C. DBD67-3315-2　　D. DBD67-3612-2

（4）叠合楼面板 DLB1 的预制底板接缝中 JF1 有（ ）道。

A. 0　　B. 1　　C. 2　　D. 3

（5）叠合楼面板 DLB2 的预制底板接缝中 JF3 有（ ）道。

A. 0　　B. 1　　C. 2　　D. 3

(6) 叠合楼面板 DLB3 的预制底板接缝中 MF 有（　　）道。

A. 0　　B. 1　　C. 2　　D. 3

(7) 叠合楼面板 DLB1 的现浇层配筋中不包括（　　）。

A. ①号筋　　B. ②号筋　　C. ③号筋　　D. ④号筋

(8) 以下关于预制底板 DBS1-67-3912-22 的描述中不正确的是（　　）。

A. 双向板底板　　B. 用做中板

C. 预制底板厚度为 6cm　　D. 后浇叠合层厚度为 6cm

(9) 以下关于预制底板 DBD67-3315-2 的描述中不正确的是（　　）。

A. 单向板底板　　B. 后浇叠合层厚度为 70mm

C. 标志跨度 33cm　　D. 标志宽度 150cm

(10) 预制底板接缝 JF1 两侧的板顶高差是（　　）。

A. 60mm　　B. 70mm　　C. 120mm　　D. 未给出

任务 1.3　识读阳台板、空调板和女儿墙平面布置图

1.3.1　预制钢筋混凝土阳台板、空调板及女儿墙图纸识读要求

识读给出的预制钢筋混凝土阳台板、空调板及女儿墙示例图（图 1-4～图 1-6），读懂各类预制构件的制图规则，明确构件的平面分布情况。

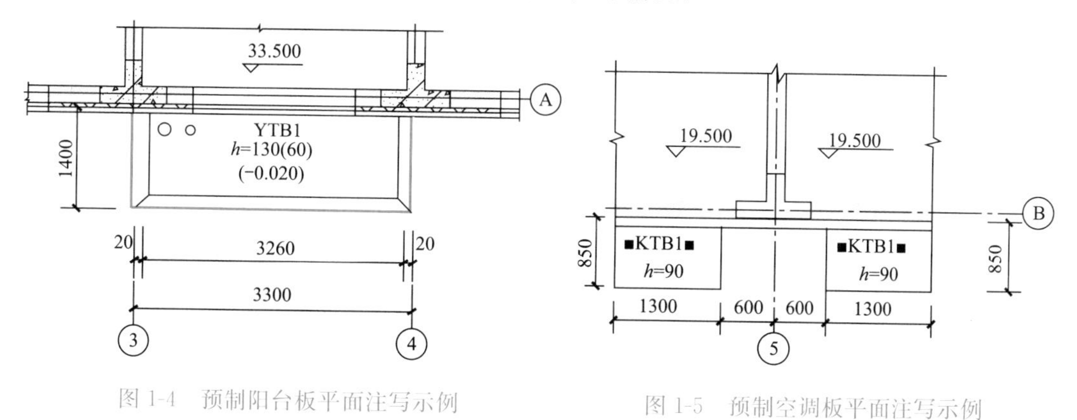

图 1-4　预制阳台板平面注写示例

图 1-5　预制空调板平面注写示例

1.3.2　预制钢筋混凝土阳台板、空调板及女儿墙制图规则

预制钢筋混凝土阳台板、空调板及女儿墙（简称“预制阳台板、预制空调板及预制

女儿墙”）的制图规则适用于装配式剪力墙结构中的预制钢筋混凝土阳台板、空调板及女儿墙的施工图设计。

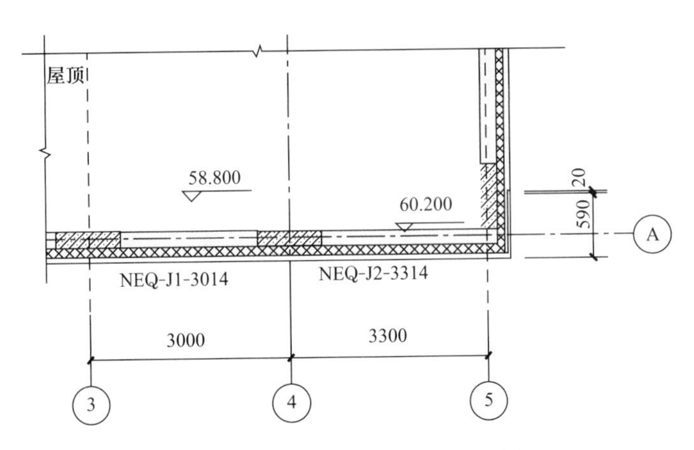

图 1-6　预制女儿墙平面注写示例

1. 预制阳台板、空调板及女儿墙的编号

预制阳台板、空调板及女儿墙施工图应包括按标准层绘制的平面布置图、构件选用表。平面布置图中需要标注预制构件编号、定位尺寸及连接做法。

叠合式预制阳台板现浇层注写方法与《混凝土结构施工图平面整体表示方法制图规则和构造详图（现浇混凝土框架、剪力墙、梁、板）》22G101-1 的“有梁楼盖板平法施工图的表示方法”相同，同时应标注叠合楼盖编号。

预制阳台板、空调板及女儿墙的编号由构件代号、序号组成，编号规则符合表 1-15 要求。

预制阳台板、空调板及女儿墙的编号　　**表 1-15**

预制构件类型	代号	序号
阳台板	YYTB	××
空调板	YKTB	××
女儿墙	YNEQ	××

注：在女儿墙编号中，如若干女儿墙的厚度尺寸和配筋均相同，仅墙厚与轴线关系不同时，可将其编为同一墙身号，但应在图中注明与轴线的位置关系。序号可为数字，或数字加字母。

【例】YKTB2：表示预制空调板，编号为 2。

【例】YYTB3a：某工程有一块预制阳台板与已编号的 YYTB3 除洞口位置外，其他参数均相同，为方便起见，将该预制阳台板序号编为 3a。

【例】YNEQ5：表示预制女儿墙，编号为 5。

2. 标准图集中预制阳台板的编号

当选用标准图集中的预制阳台板、空调板及女儿墙时，可选型号参见《预制钢筋混凝土阳台板、空调板及女儿墙》15G368-1（表 1-16）。标准图集中的预制阳台板规格及编号形式为：YTB-×-××××-××，各参数意义如下：

标准图集中预制阳台板、空调板及女儿墙的编号　　表1-16

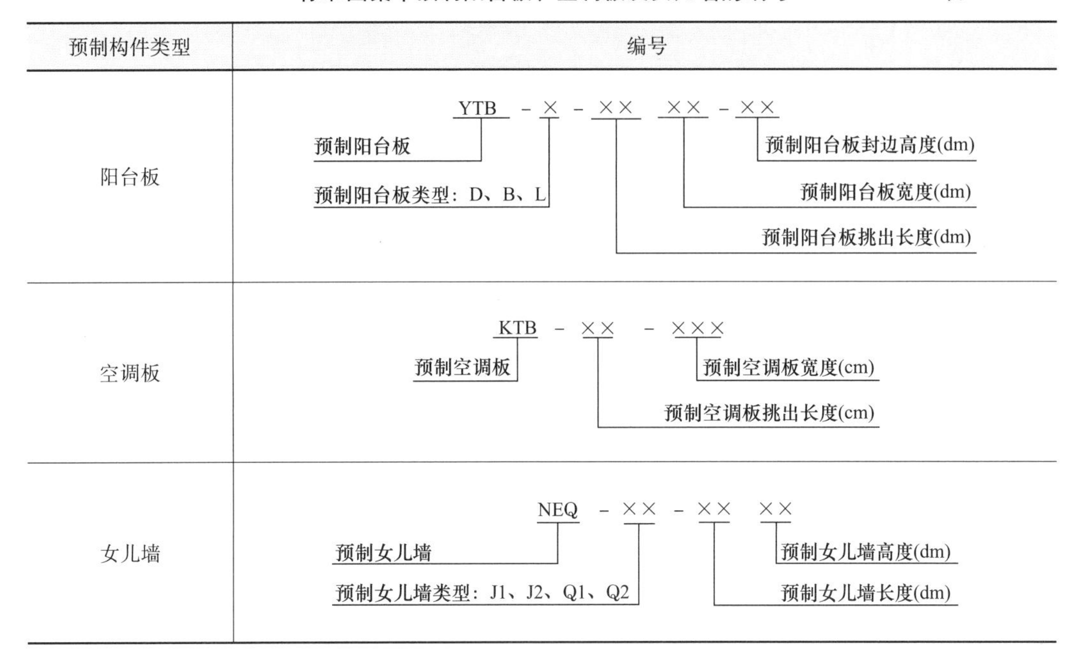

预制构件类型	编号
阳台板	YTB -×-×× ××-×× 预制阳台板 预制阳台板类型：D、B、L 预制阳台板封边高度(dm) 预制阳台板宽度(dm) 预制阳台板挑出长度(dm)
空调板	KTB -×× -××× 预制空调板 预制空调板宽度(cm) 预制空调板挑出长度(cm)
女儿墙	NEQ -××-×× ×× 预制女儿墙 预制女儿墙类型：J1、J2、Q1、Q2 预制女儿墙高度(dm) 预制女儿墙长度(dm)

（1）YTB表示预制阳台板。

（2）YTB后第一组为单个字母D、B或L，表示预制阳台板类型。其中，D表示叠合板式阳台，B表示全预制板式阳台，L表示全预制梁式阳台。

（3）YTB后第二组四个数字，表示阳台板尺寸。其中，前两个数字表示阳台板悬挑长度（dm，从结构承重墙外表面算起），后两个数字表示阳台板宽度对应房间开间的轴线尺寸（dm）。

（4）YTB后第三组两个数字，表示预制阳台封边高度（dm）。04表示封边高度为400mm，08表示封边高度为800mm，12表示封边高度为1200mm。当为全预制梁式阳台时，无此项。

【例】YTB-D-1024-08：表示预制叠合板式阳台，挑出长度为1000mm，阳台开间为2400mm，封边高度800mm。

3. 标准图集中预制空调板编号规则

标准图集中的预制空调板规格及编号形式为：KTB-××-×××，各参数意义如下：

（1）KTB表示预制空调板。

（2）KTB后第一组两个数字，表示预制空调板长度（cm，挑出长度从结构承重墙外表面算起）。

（3）KTB后第二组三个数字，表示预制空调板宽度（cm）。

【例】KTB-84-130：表示预制空调板，构件长度为840mm，宽度为1300mm。

4. 标准图集中预制女儿墙编号规则

标准图集中的预制女儿墙规格及编号形式为：NEQ-××-××××，各参数意义如下：

（1）NEQ 表示预制女儿墙。

（2）NEQ 后第一组两个数字，预制女儿墙类型，分别为 J1、J2、Q1 和 Q2 型。其中，J1 型代表夹心保温式女儿墙（直板）、J2 型代表夹心保温式女儿墙（转角板）、Q1 型代表非保温式女儿墙（直板）、Q2 型代表非保温式女儿墙（转角板）。

（3）NEQ 后第二组四个数字，预制女儿墙尺寸。其中，前两个数字表示预制女儿墙长度（dm），后两个数字表示预制女儿墙高度（dm）。

【例】NEQ-J1-3614：表示夹心保温式女儿墙，长度为 3600mm，高度为 1400mm。

5. 预制阳台板、空调板及女儿墙平面布置图注写内容

（1）预制构件编号。

（2）各预制构件的平面尺寸、定位尺寸。

（3）预留洞口尺寸及相对于构件本身的定位（与标准构件中留洞位置一致时可不标）。

（4）楼层结构标高。

（5）预制钢筋混凝土阳台板、空调板结构完成面与结构标高不同时的标高高差。

（6）预制女儿墙厚度、定位尺寸、女儿墙墙顶标高。

6. 预制女儿墙表主要内容

（1）平面图中的编号。

（2）选用标准图集的构件编号，自行设计构件可不写。

（3）所在层号和轴线号，轴号标注方法与外墙板相同。

（4）内叶墙厚。

（5）构件重量。

（6）构件数量。

（7）构件详图页码：选用标准图集构件需注写图集号和相应页码，自行设计构件需注写施工图图号。

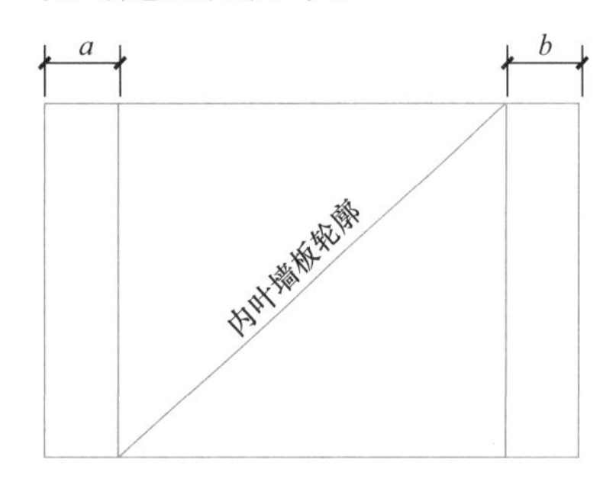

图 1-7　女儿墙外叶墙板调整选用示意

（8）如果女儿墙内叶墙板与标准图集中的一致，外叶墙板有区别，可对外叶墙板调整后选用，调整参数（a、b）如图 1-7 所示。

（9）备注中可标明该预制构件是“标准构件”“调整选用”或“自行设计”。

7. 预制阳台板、空调板构件表主要内容

（1）预制构件编号。

（2）选用标准图集的构件编号，自行设计构件可不写。

（3）板厚（mm），叠合式还需注写预制底板厚度，表示方法为×××（××）。

（4）构件重量。

（5）构件数量。

（6）所在层号。

（7）构件详图页码：选用标准图集构件需注写图集号和相应页码，自行设计构件需注写施工图图号。

（8）备注中可标明该预制构件是“标准构件”或“自行设计”。

小　结

通过本部分的学习，要求学生掌握以下内容：

1. 掌握预制外墙板和内墙板编号规则，能够在剪力墙平面布置图中明确各墙板构件的平面布置情况。

2. 掌握叠合楼板、后浇带和楼板接缝等的编号规则，能够在叠合楼盖平面布置图中明确各构件的平面布置情况。

3. 熟悉预制阳台板、空调板和女儿墙的编号规则，能够在相关图纸中明确构件的平面布置情况。

任务2

识读预制内墙板构件详图

【教学目标】 熟悉无洞口内墙板、固定门垛内墙板、中间门洞内墙板和刀把内墙板的基本尺寸和配筋情况，掌握各种类型内墙板模板图和配筋图的识读方法，能够正确识读各种类型内墙板的模板图和配筋图。树立质量意识，培养精益求精的工作态度。

预制构件详图包括预制外墙板模板图和配筋图、预制内墙板模板图和配筋图、叠合板模板图和配筋图、阳台板模板图和配筋图、预制楼梯模板图和配筋图等。

识读预制构件详图，需要从图纸中明确各预制构造的基本尺寸和配筋情况，主要服务于构件的生产预制阶段。根据不同图纸的绘制深度，部分预制构件的安装节点构造会在构件详图中一并给出，本任务部分不做详细解读，待识读节点详图章节介绍。

本学习任务选取标准图集《预制混凝土剪力墙内墙板》15G365-2 中的典型内墙板构件进行图纸识读任务练习。通过任务训练，使学生熟悉图集中标准内墙板构件的基本尺寸和配筋情况，掌握内墙板模板图和配筋图的识读方法，为识读实际工程相关图纸打好基础。

标准图集《预制混凝土剪力墙内墙板》15G365-2 中的预制内墙板共有 4 种类型，分别为：无洞口内墙板、固定门垛内墙板、中间门洞内墙板和刀把内墙板。上下层预制内墙板的竖向钢筋采用套筒灌浆连接，相邻预制内墙板之间的水平钢筋采用整体式接缝连接。

图集中的预制内墙板层高分为 2.8m、2.9m 和 3.0m 三种，门窗洞口宽度尺寸采用的模数均为 3M。预制内墙板厚度为 200mm。

预制内墙板的混凝土强度等级不应低于 C30，钢筋均采用 HRB400（⏀）。钢材采用 Q235-B 级钢材。预制内墙板按室内一类环境类别设计，配筋图中已标明钢筋定位，如有调整，钢筋最小保护层厚度不应小于 15mm。预制内墙板与后浇混凝土的结合面按粗糙面设计，粗糙面的凹凸深度不应小于 6mm。预制墙板侧面也可设置键槽。预制内墙板与后浇混凝土相连的部位，墙板两侧预留凹槽 30mm×5mm，既是保障预制混凝土与后浇混凝土接缝处外观平整度的措施，同时也能够防止后浇混凝土漏浆。

预制内墙板吊点在构件重心两侧（宽度和厚度两个方向）对称布置原则，在模板图中标注吊点数量和位置。预埋吊件 MJ1 采用吊钉，实际工程图纸可能选用其他设置。预制内墙板模板图中推荐了预埋电线盒的位置，可根据需要进行位置选用。构件详图中并未设置后浇混凝土模板固定所需预埋件，设计人员应与生产单位、施工单位协调，根据实际施工方案，在预制内墙板详图中补充相关的预埋件。

任务 2.1 识读无洞口内墙板详图

2.1.1 无洞口内墙板详图识读要求

识读给出的无洞口内墙板模板图和配筋图，明确内墙板的基本尺寸和配筋情况。

2.1.2 无洞口内墙板 NQ-1828 基本构造

下面以无洞口内墙板 NQ-1828 为例，通过模板图（图 2-1）和配筋图（图 2-2）识读其基本尺寸和配筋情况。

教学视频（1）

教学视频（2）

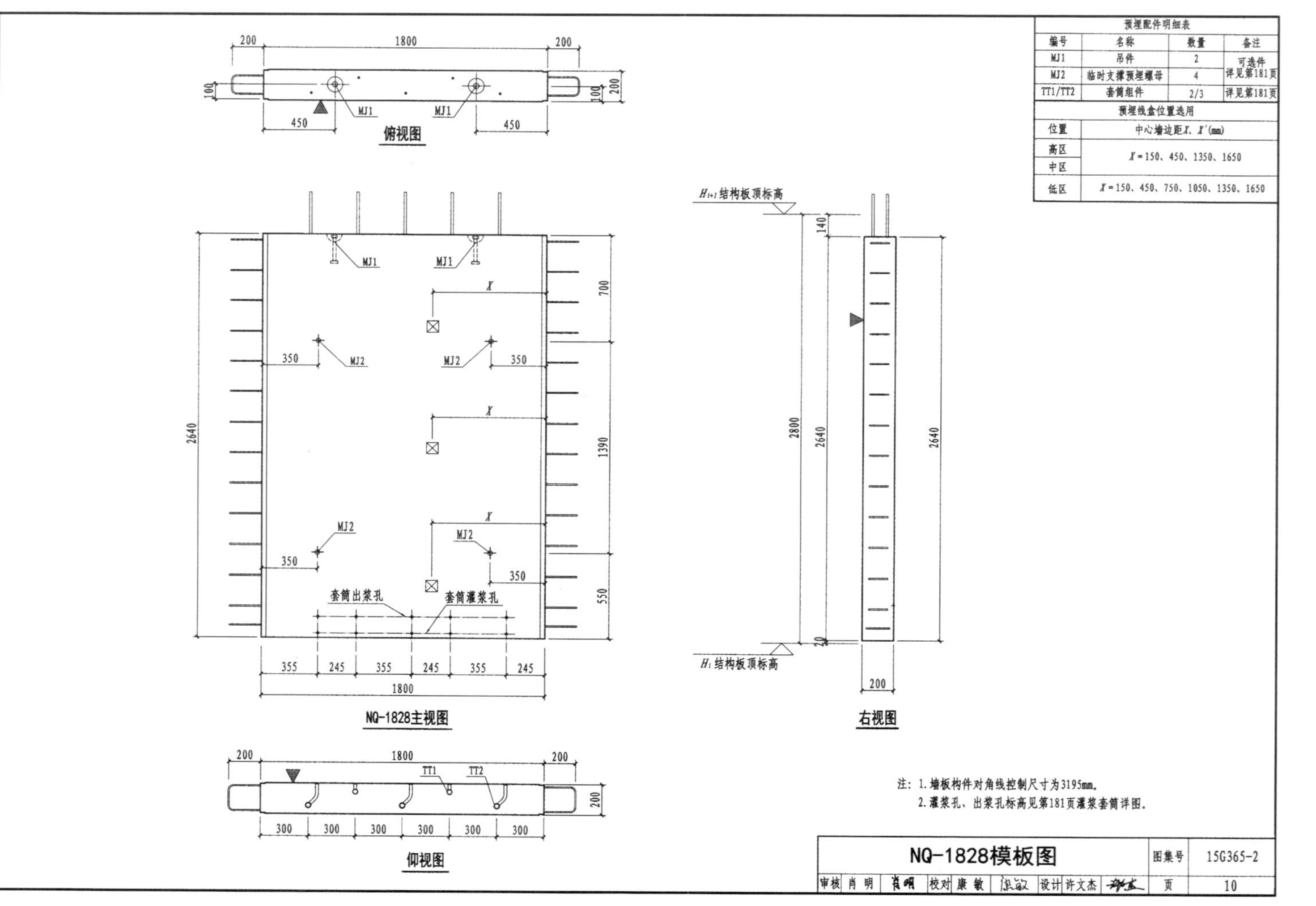

图 2-1 NQ-1828模板图（注：本图摘自15G365-2）

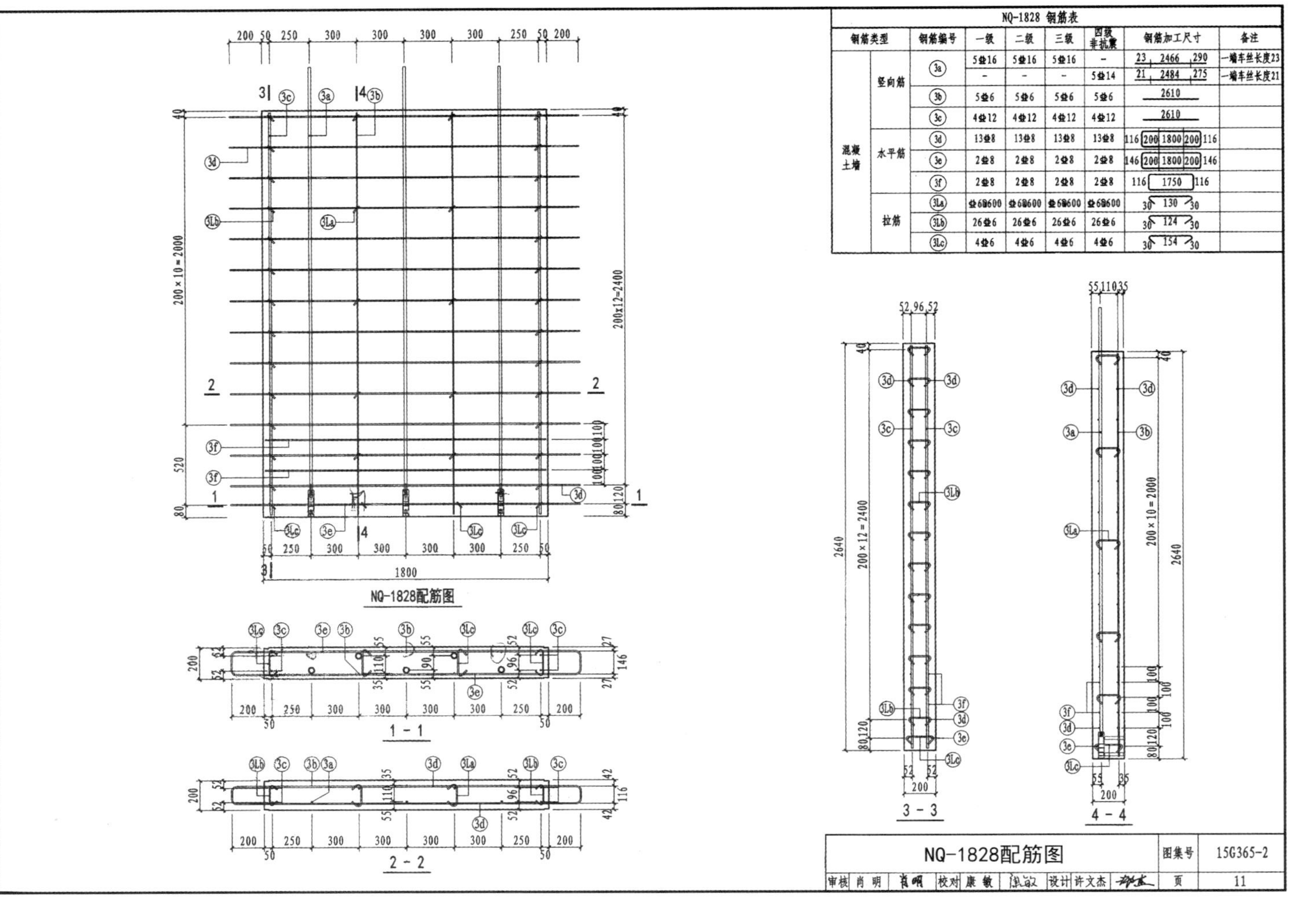

NQ-1828 钢筋表								
钢筋类型		钢筋编号	一级	二级	三级	四级非抗震	钢筋加工尺寸	备注
混凝土墙	竖向筋	3a	5Ф16	5Ф16	5Ф16	-	23 2466 290	一端车丝长度23
			-	-	-	5Ф14	21 2484 275	一端车丝长度21
		3b	5Ф6	5Ф6	5Ф6	5Ф6	2610	
		3c	4Ф12	4Ф12	4Ф12	4Ф12	2610	
	水平筋	3d	13Ф8	13Ф8	13Ф8	13Ф8	116 200 1800 200 116	
		3e	2Ф8	2Ф8	2Ф8	2Ф8	146 200 1800 200 146	
		3f	2Ф8	2Ф8	2Ф8	2Ф8	116 1750 116	
	拉筋	3La	Ф6@600	Ф6@600	Ф6@600	Ф6@600	30 130 30	
		3Lb	26Ф6	26Ф6	26Ф6	26Ф6	30 124 30	
		3Lc	4Ф6	4Ф6	4Ф6	4Ф6	30 154 30	

图 2-2　NQ-1828配筋图（注：本图摘自15G365-2）

1. NQ-1828 模板图基本信息

从模板图中可以读出以下信息：

（1）基本尺寸：墙板宽 1800mm（不含出筋），高 2640mm（不含出筋，底部预留 20mm 高灌浆区，顶部预留 140mm 高后浇区，合计层高为 2800mm），厚 200mm。

（2）预埋灌浆套筒：墙板底部预埋 5 个灌浆套筒，在墙板宽度方向上均匀布置（间距 300mm），两层钢筋网片上的套筒交错布置，图示内侧 2 个，外侧 3 个。套筒灌浆孔和出浆孔均设置在墙板内侧面上（设置墙板临时斜支撑的一侧，下同）。同一个套筒的灌浆孔和出浆孔竖向布置，灌浆孔在下，出浆孔在上。灌浆孔和出浆孔间距因不同工程墙板配筋直径不同会有所不同，但灌浆孔和出浆孔均应各自都处在同一水平高度上，灌浆孔间和出浆孔间的水平间距不均匀。

（3）预埋吊件：墙板顶部有 2 个预埋吊件，编号 MJ1。在墙板厚度上居中布置，在墙板宽度上位于两侧四分之一位置处。

（4）预埋螺母：墙板内侧面有 4 个临时支撑预埋螺母，编号 MJ2。矩形布置，距离墙板两侧边均为 350mm，下部两螺母距离墙板下边缘 550mm，上部两螺母与下部两螺母间距 1390mm。

（5）预埋电气线盒：墙板内侧面有 3 个预埋电气线盒，线盒中心位置与墙板外边缘间距可根据工程实际情况从预埋线盒位置选用表中选取。

（6）其他：墙板两侧边出筋长度均为 200mm，墙板两侧均预留凹槽 30mm×5mm，构件对角线控制尺寸为 3195mm。

构件详图中并未设置后浇混凝土模板固定所需预埋件。

2. NQ-1828 配筋图基本信息

从配筋图中可以读出以下信息（仅读取位置及分布信息，钢筋具体尺寸参见钢筋表）：

（1）基本形式：内外两层钢筋网片，水平分布筋在外，竖向分布筋在内。

（2）13 ⌀ 8 墙体水平分布筋 3d：自墙板顶部 40mm 处（中心距）开始，间距 200mm 布置，单侧共计 13 根水平分布筋。水平分布筋在墙体两侧各外伸 200mm，同高度处的两根水平分布筋外伸后形成预留外伸 U 形筋的形式。

（3）2 ⌀ 8 灌浆套筒顶部水平加密筋 3f：灌浆套筒顶部以上至少 300mm 范围，与原有水平分布筋一起，形成间距 100mm 的加密区。图中单侧设置 2 根水平加密筋，不外伸，同高度处的两根水平加密筋做成封闭箍筋形式。

（4）1 ⌀ 8 灌浆套筒处水平分布筋 3e：自墙板底部 80mm 处（中心距）布置一根，在墙体两侧各外伸 200mm，同高度处的两根水平加密筋外伸后形成预留外伸 U 形筋的形式。需注意的是，因灌浆套筒尺寸关系，该处的水平加密筋并不在钢筋网片平面内，其外伸后形成的 U 形筋端部尺寸与其他水平筋不同。

（5）5 ⌀ 16 竖向分布筋 3a：与灌浆套筒连接的竖向分布筋，当为四级抗震要求时可选用 5 ⌀ 14，具体尺寸也会发生变化。下端车丝，与本墙板中的灌浆套筒机械连接。上端外伸，与上一层墙板中的灌浆套筒连接。自墙板边 300mm 开始布置，间距 300mm，两侧隔一设一，本图中墙板内侧设置 3 根，外侧设置 2 根，共计 5 根。

（6）5Φ 6 竖向分布筋 3b：与竖向分布筋 3a 对应的竖向分布筋。不连接灌浆套筒，不外伸，沿墙板高度通长布置。自墙板边 300mm 开始布置，间距 300mm，与竖向分布筋 3a 间隔布置，本图中墙板内侧设置 2 根，外侧设置 3 根，共计 5 根。

（7）4Φ 12 端部竖向构造筋 3c：距墙板边 50mm，沿墙板高度通长布置。每端设置 2 根，共计 4 根。

（8）Φ6@600 墙体拉结筋 3La：矩形布置，间距 600mm。墙体高度上自顶部节点向下布置（底部水平筋加密区，因高度不满足 2 倍间距要求，实际布置间距变小）。墙体宽度方向上因有端部拉结筋 3Lb，自第三列节点开始布置，共计 10 根。

（9）26Φ 6 端部拉结筋 3Lb：与端部竖向构造筋节点对应的拉结筋，每节点均设置，两端共计 26 根。

（10）4Φ 6 底部拉结筋 3Lc：与灌浆套筒处水平分布筋节点对应的拉结筋，自端节点起隔一布一，共计 4 根。

注意，各拉结筋因所拉结钢筋的直径及位置关系，具体尺寸并不相同。

3. 预制内墙板电气预留示意图

墙板单侧设置预埋电气线盒时（图 2-3），一般不得影响墙体竖向钢筋。若预埋位置处水平钢筋被截断，被截断的水平筋在线盒槽口边弯起 $12d$，线盒槽口内需设置与原水平筋直径相同的附加水平筋，附加水平筋伸入线盒槽口两侧墙体混凝土内的锚固长度不小于抗震锚固长度 l_{aE}。

低区和中区预埋电气线盒一般向下连接预埋线管，线盒预埋位置预制墙板下部需预留线路连接槽口。连接槽口尺寸：130mm×90mm×200mm（墙宽方向×墙厚方向×墙高方向），根据电气需要设置在墙板内侧或外侧。连接槽口处水平筋可截断处理，靠近槽口顶部的水平筋可弯折处理。

高区预埋电气线盒一般向上连接预埋线管，与水平后浇带或后浇圈梁中的电气管线连接。

2.1.3 无洞口内墙板详图识读训练

识读图集中给出的无洞口内墙板 NQ-3030 配筋图（图 2-4），完成下列图纸识读练习。

（1）与灌浆套筒连接的竖向纵筋根数为（　　）。

A. 2　　B. 3　　C. 5　　D. 9

（2）编号为 3c 的竖向筋与墙板侧边间距为（　　）mm。

A. 100　　B. 50　　C. 35　　D. 85

（3）编号为 3b 的竖向筋长度为（　　）mm。

A. 2200　　B. 2400　　C. 2810　　D. 3000

（4）二级抗震要求时，编号为 3a 的竖向分布筋的车丝长度为（　　）mm。

A. 21　　B. 23　　C. 275　　D. 290

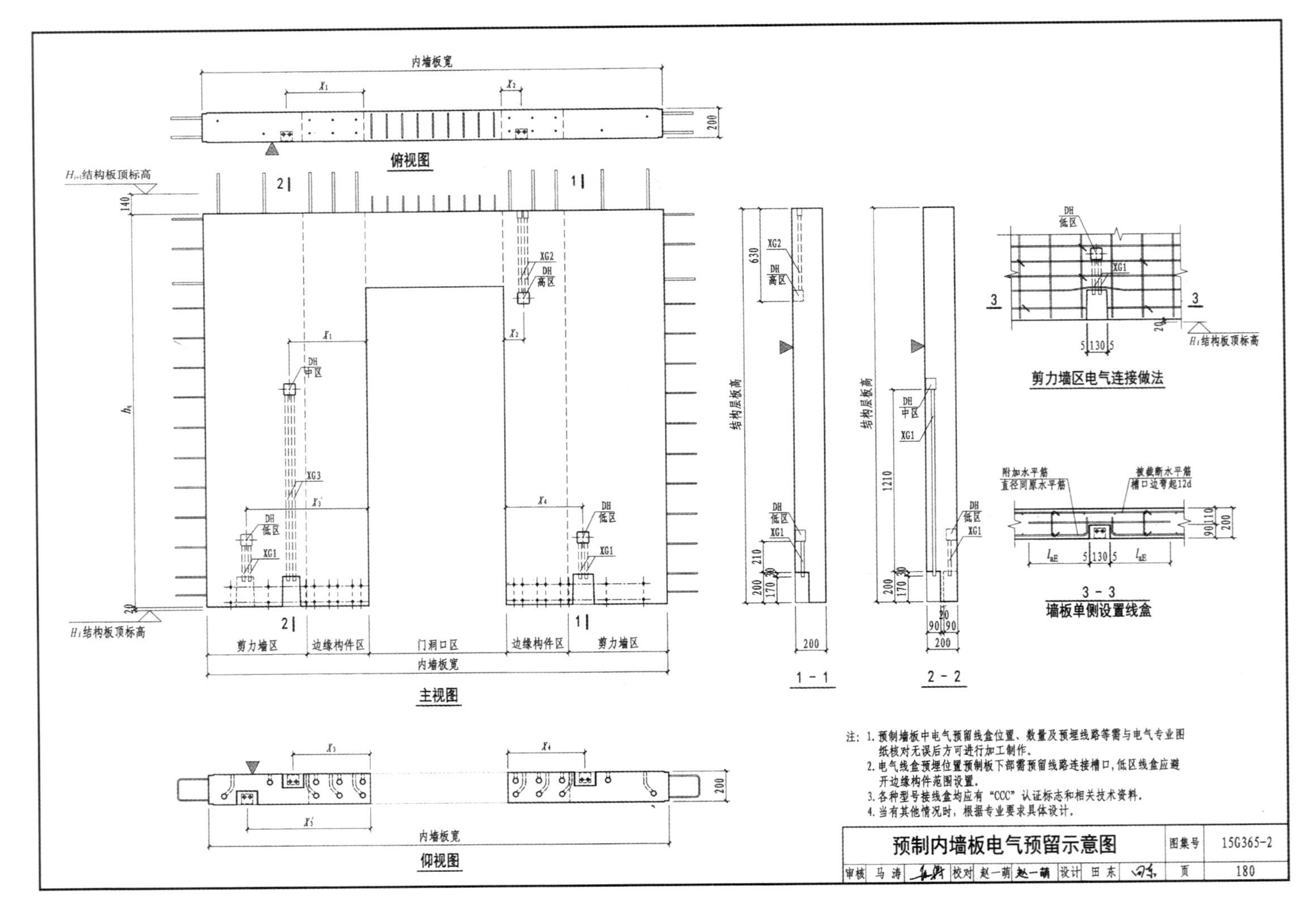

图 2-3 预制内墙板电气预留示意图（注：本图摘自15G365-2）

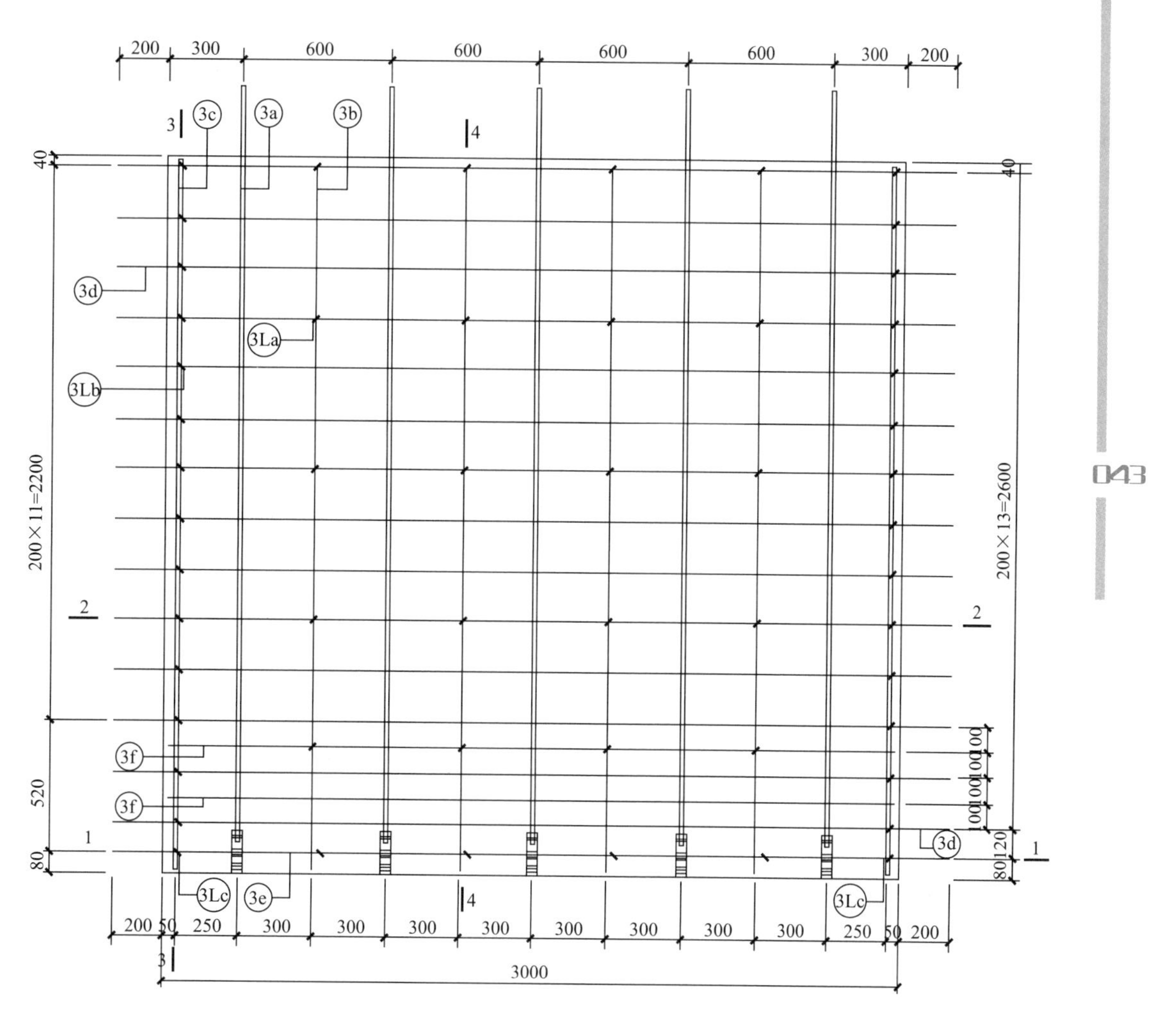

NQ-3030 钢筋表								
钢筋类型		钢筋编号	一级	二级	三级	四级非抗震	钢筋加工尺寸	备注
混凝土墙	竖向筋	3a	9Φ16	9Φ16	9Φ16	—	23 2666 290	一端车丝长度23
			—	—	—	9Φ14	21 2684 275	一端车丝长度21
		3b	9Φ6	9Φ6	9Φ6	9Φ6	2810	
		3c	4Φ12	4Φ12	4Φ12	4Φ18	2810	
	水平筋	3d	14Φ8	14Φ8	14Φ8	14Φ8	116 200 3000 200 116	
		3e	1Φ8	1Φ8	1Φ8	1Φ8	146 200 3000 200 146	
		3f	2Φ8	2Φ8	2Φ8	2Φ8	116 2950 116	
	拉筋	3La	Φ6@600	Φ6@600	Φ6@600	Φ6@600	30 130 30	
		3Lb	28Φ6	28Φ6	28Φ6	28Φ6	30 124 30	
		3Lc	28Φ6	6Φ6	6Φ6	6Φ6	30 154 30	

图 2-4 NQ-3030 配筋图（注：本图摘自 15G365-2）

(5) 四级抗震要求时，编号为3a的竖向分布筋的外伸长度为（　　）mm。

A. 21　　B. 23　　C. 275　　D. 290

(6) 编号为3d的水平筋间距为（　　）mm。

A. 100　　B. 200　　C. 250　　D. 300

(7) 编号为3e的水平筋与墙板底边间距为（　　）mm。

A. 40　　B. 50　　C. 80　　D. 100

(8) 编号为3La的拉筋弯钩长度为（　　）mm。

A. 30　　B. 124　　C. 130　　D. 154

(9) 上下相邻两墙板间需要进行连接处理的竖向钢筋是（　　）。

A. 3a　　B. 3b　　C. 3c　　D. 未设置

(10) 墙板中设置的不外伸的水平筋为（　　）。

A. 13⌀8　　B. 1⌀8　　C. 2⌀8　　D. 未设置

任务 2.2　识读固定门垛内墙板详图

2.2.1　固定门垛内墙板详图识读要求

识读给出的固定门垛内墙板模板图和配筋图，明确内墙板的基本尺寸和配筋情况。

2.2.2　固定门垛内墙板 NQM1-2128-0921 基本构造

下面以固定门垛内墙板 NQM1-2128-0921 为例，通过模板图（图 2-5）和配筋图（图 2-6）识读其基本尺寸和配筋情况。

教学视频（1）

教学视频（2）

1. NQM1-2128-0921 模板图基本信息

从模板图中可以读出以下信息：

(1) 基本尺寸：墙板宽 2100mm（不含出筋），高 2640mm（不含出筋），厚 200mm。门洞口宽 900mm，高 2130mm（当建筑面层为 100mm 时，门洞口高 2180mm）。门洞口不居中布置，一侧墙板宽 450mm，另一侧墙板宽 750mm。

(2) 预埋灌浆套筒：墙板底部预埋 13 个灌浆套筒。其中，门洞两侧的 3 排竖向筋均设置灌浆套筒，且两层网片的竖向筋同时设置，计 12 个灌浆套筒。门洞区域外按间距 300mm，两层钢筋网片上交错布置的形式设置了 1 个灌浆套筒，图示设置在了外侧网片竖向筋上，以上合计 13 个灌浆套筒。套筒灌浆孔和出浆孔均设置在墙板内侧面上（设置墙板临时斜支撑的一侧，下同）。同一个套筒的灌浆孔和出浆孔竖向布置，灌浆孔

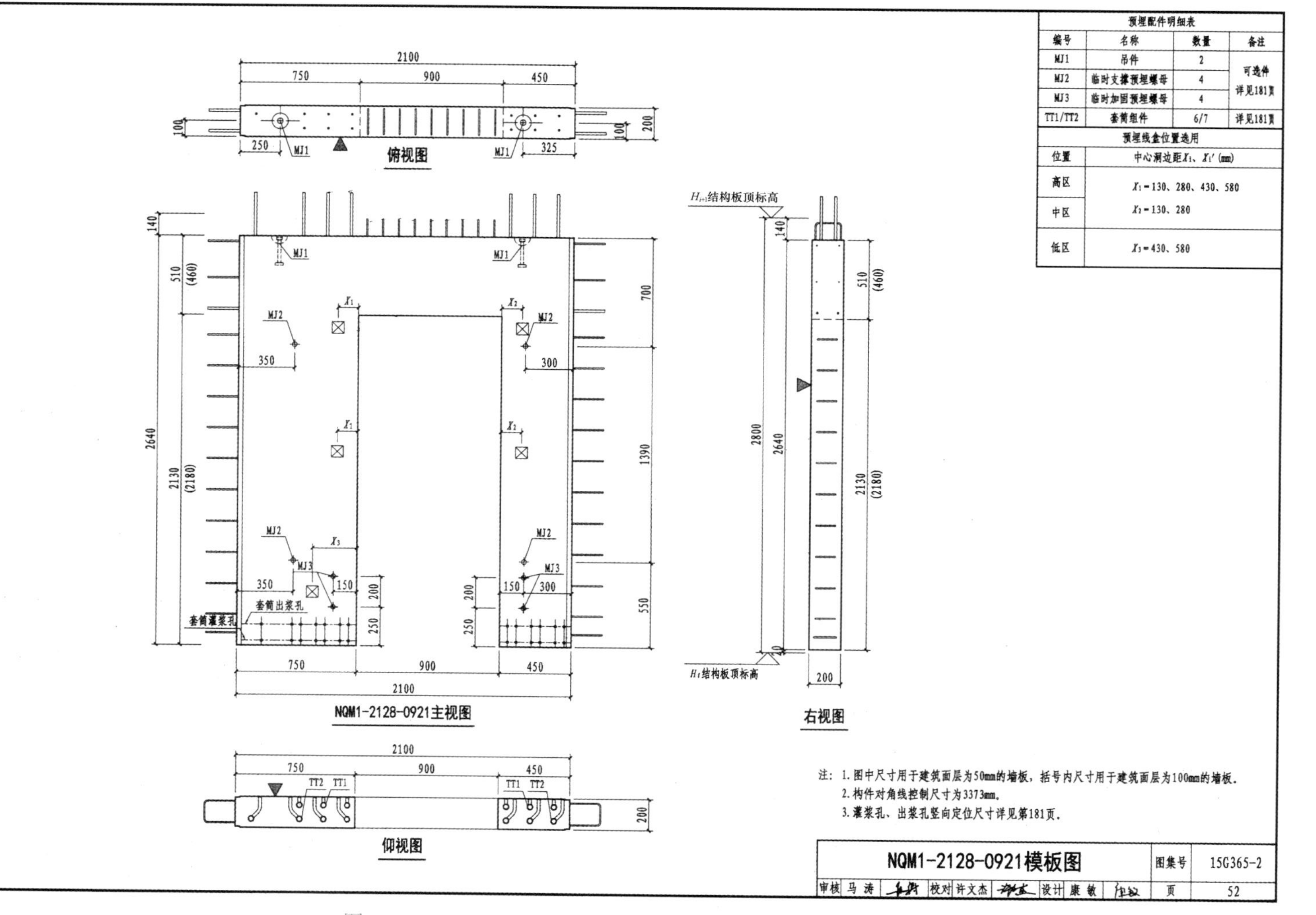

预埋配件明细表

编号	名称	数量	备注
MJ1	吊件	2	可选件 详见181页
MJ2	临时支撑预埋螺母	4	
MJ3	临时加固预埋螺母	4	
TT1/TT2	套筒组件	6/7	详见181页

预埋线盒位置选用

位置	中心洞边距 X_1、X_1' (mm)
高区	X_1=130、280、430、580
中区	X_2=130、280
低区	X_3=430、580

图 2-5　NQM1-2128-0921模板图（注：本图摘自15G365-2）

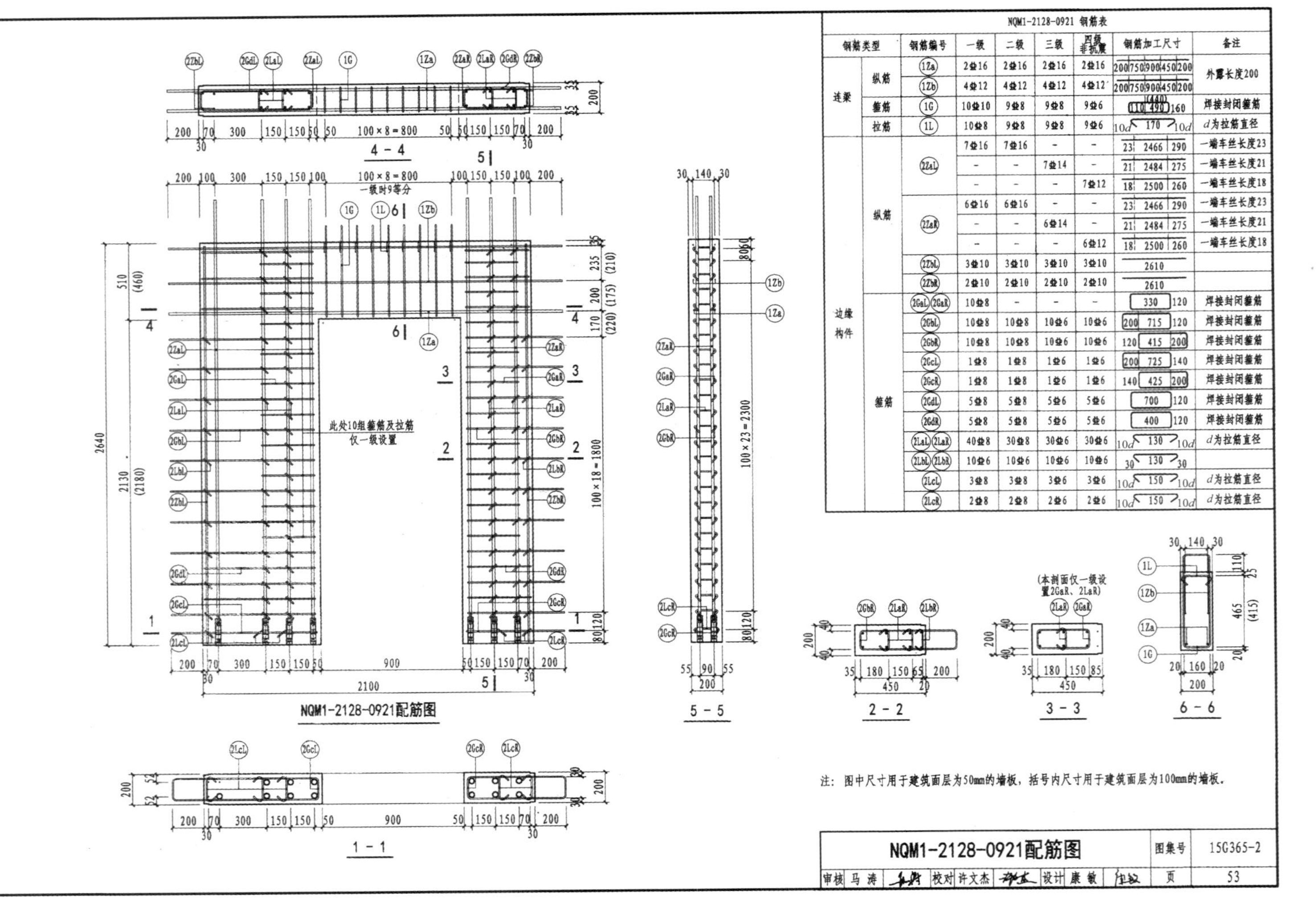

NQM1-2128-0921 钢筋表

钢筋类型		钢筋编号	一级	二级	三级	四级非抗震	钢筋加工尺寸	备注
连梁	纵筋	1Za	2Φ16	2Φ16	2Φ16	2Φ16	200 750 900 450 200	外露长度200
		1Zb	4Φ12	4Φ12	4Φ12	4Φ12	200 750 900 450 200	
	箍筋	1G	10Φ10	9Φ8	9Φ8	9Φ6	110 490 (440) 160	焊接封闭箍筋
	拉筋	1L	10Φ8	9Φ8	9Φ8	9Φ6	10d 170 10d	d为拉筋直径
边缘构件	纵筋	2ZaL	7Φ16	7Φ16	-	-	23 2466 290	一端车丝长度23
			-	-	7Φ14	-	21 2484 275	一端车丝长度21
			-	-	-	7Φ12	18 2500 260	一端车丝长度18
		2ZaR	6Φ16	6Φ16	-	-	23 2466 290	一端车丝长度23
			-	-	6Φ14	-	21 2484 275	一端车丝长度21
			-	-	-	6Φ12	18 2500 260	一端车丝长度18
		2ZbL	3Φ10	3Φ10	3Φ10	3Φ10	2610	
		2ZbR	2Φ10	2Φ10	2Φ10	2Φ10	2610	
	箍筋	2GaL 2GaR	10Φ8	-	-	-	330 120	焊接封闭箍筋
		2GbL	10Φ8	10Φ8	10Φ6	10Φ6	200 715 120	焊接封闭箍筋
		2GbR	10Φ8	10Φ8	10Φ6	10Φ6	120 415 200	焊接封闭箍筋
		2GcL	1Φ8	1Φ8	1Φ6	1Φ6	200 725 140	焊接封闭箍筋
		2GcR	1Φ8	1Φ8	1Φ6	1Φ6	140 425 200	焊接封闭箍筋
		2GdL	5Φ8	5Φ8	5Φ6	5Φ6	700 120	焊接封闭箍筋
		2GdR	5Φ8	5Φ8	5Φ6	5Φ6	400 120	焊接封闭箍筋
		2LaL 2LaR	40Φ8	30Φ8	30Φ6	30Φ6	10d 130 10d	d为拉筋直径
		2LbL 2LbR	10Φ6	10Φ6	10Φ6	10Φ6	30 130 30	
		2LcL	3Φ8	3Φ8	3Φ6	3Φ6	10d 150 10d	d为拉筋直径
		2LcR	2Φ8	2Φ8	2Φ6	2Φ6	10d 150 10d	d为拉筋直径

图 2-6 NQM1-2128-0921配筋图（注：本图摘自15G365-2）

在下，出浆孔在上。灌浆孔和出浆孔均应各自都处在同一水平高度上。灌浆孔间和出浆孔间的水平间距不均匀。

（3）预埋吊件：墙板顶部有 2 个预埋吊件，编号 MJ1，在墙板厚度上居中布置。因门洞导致墙板重心不居中，MJ1 在墙板宽度上不对称布置，门洞一侧 MJ1 中心与墙板侧边间距 325mm，另一侧 MJ1 中心与墙板侧边间距 250mm。

（4）预埋螺母：墙板内侧面有 4 个临时支撑预埋螺母，编号 MJ2。矩形布置，门洞一侧 MJ2 中心与墙板侧边间距 300mm，另一侧 MJ2 中心与墙板侧边间距 350mm。下部两螺母距离墙板下边缘 550mm，上部两螺母与下部两螺母间距 1390mm。

（5）预埋临时加固螺母：门洞两侧墙板下部有 4 个预埋临时加固螺母，每侧 2 个，对称布置，编号 MJ3。矩形布置，MJ3 与门洞口侧边间距 150mm，下部两螺母距离墙板下边缘 250mm，上部两螺母与下部两螺母间距 200mm。

（6）预埋电气线盒：门洞两侧各有 2 个预埋电气线盒，墙板下部有 1 个预埋电气线盒，共计 5 个。

（7）其他：构件对角线控制尺寸为 3373mm。墙板两侧均预留凹槽 30mm×5mm。构件详图中并未设置后浇混凝土模板固定所需预埋件。

2. NQM1-2128-0921 配筋图基本信息

从配筋图中可以读出以下信息（仅读取位置及分布信息，钢筋具体尺寸参见钢筋表）：

（1）基本形式：门洞上设置连梁，门洞两侧设置边缘构件。墙体内外两层钢筋网片，水平分布筋在外，竖向分布筋在内。

（2）2 ⌀ 16 连梁底部纵筋 1Za：墙宽通长布置，两侧均外伸 200mm。

（3）4 ⌀ 12 连梁腰筋 1Zb：墙宽通长布置，上下 2 排，各 2 根，两侧均外伸 200mm。上排筋中心与墙板顶部距离 35mm，上排筋与下排筋间距 235mm（当建筑面层为 100mm 时间距 210mm），下排筋与底部纵筋间距 200mm（当建筑面层为 100mm 时间距 175mm）。

（4）10 ⌀ 10 连梁箍筋 1G：焊接封闭箍筋，箍住连梁底部纵筋和腰筋，上部外伸 110mm 至水平后浇带或圈梁混凝土内。门洞正上方，距离门洞边缘 50mm 开始，等间距设置。一级抗震要求时为 10 ⌀ 10，二、三级抗震要求时为 9 ⌀ 8，四级抗震要求时为 9 ⌀ 6。

（5）10 ⌀ 8 连梁拉筋 1L：拉结连梁上排腰筋和箍筋。弯钩平直段长度为 $10d$。一级抗震要求时为 10 ⌀ 8，二、三级抗震要求时为 9 ⌀ 8，四级抗震要求时为 9 ⌀ 6。

（6）6 ⌀ 16 门洞右侧边缘构件竖向纵筋 2ZaR：与灌浆套筒连接的竖向分布筋，距离门洞边缘 50mm 开始布置，间距 150mm，两层网片对应布置 3 排，共 6 根竖向筋。一、二级抗震要求时为 6 ⌀ 16，下端车丝，长度 23mm，与灌浆套筒机械连接。上端外伸 290mm，与上一层墙板中的灌浆套筒连接。三级抗震要求时为 6 ⌀ 14，下端车丝长度 21mm，上端外伸 275mm。四级抗震要求时为 6 ⌀ 12，下端车丝长度 18mm，上端外伸 260mm。

（7）7⌀16 门洞左侧与灌浆套筒连接的竖向纵筋 2ZaL：包含 6 根边缘构件竖向筋和 1 根墙身竖向筋。边缘构件竖向筋距离门洞边缘 50mm 开始布置，间距 150mm，两层网片对应布置 3 排，共 6 根竖向筋。墙身竖向筋距墙边 100mm 布置，图示设置在外侧网片竖向筋上。以上合计 7 根竖向筋 2ZaL。一、二级抗震要求时为 7⌀16，三级抗震要求时为 7⌀14，四级抗震要求时为 7⌀12，下端车丝长度和上端外伸长度与门洞右侧边缘构件竖向纵筋 2ZaR 相同。

（8）2⌀10 墙体右端端部竖向构造纵筋 2ZbR：距墙板边 30mm，沿墙板高度通长布置，不外伸。每层网片处设置 1 根，共计 2 根。

（9）3⌀10 门洞左侧不与灌浆套筒连接的竖向纵筋 2ZbL：包含 2 根墙端端部竖向构造筋和 1 根墙身竖向筋，沿墙板高度通长布置，不外伸。墙端端部竖向构造筋距墙板边 30mm，每层网片处设置 1 根，计 2 根。与墙体竖向纵筋 2ZaL 对应位置处设置 1 根，合计 3 根。

除连梁纵筋和腰筋因直径较大不易弯曲而直线外伸外，其余直径较小的墙体水平纵筋和无论外伸与否，内外两层网片上同高度处两根水平分布筋均在端部弯折连接做成封闭箍筋状，钢筋表中均作为箍筋处理。

（10）1⌀8 灌浆套筒处水平分布筋 2GcL 和 2GcR：距墙板底部 80mm 处（中心距）布置，两层网片上同高度处两根水平分布筋在端部弯折连接形成封闭箍筋状。一端箍住门洞口处边缘构件最外侧竖向分布筋，另一端外伸 200mm，外伸后形成预留外伸 U 形筋的形式。门洞两侧各设置一道，分别为 2GcL 和 2GcR，具体尺寸因墙肢宽度而不同。因灌浆套筒尺寸关系，该处箍筋并不在钢筋网片平面内。一、二级抗震要求时为 1⌀8，三、四级抗震要求时为 1⌀6。

（11）10⌀8 墙体水平分布筋 2GbL 和 2GbR：套筒顶部至连梁底部之间均布，距墙板底部 200mm 处开始布置，间距 200mm。两层网片上同高度处两根水平分布筋在端部弯折连接形成封闭箍筋状。一端箍住门洞口处边缘构件竖向分布筋，另一端外伸 200mm，外伸后形成预留外伸 U 形筋的形式。门洞两侧各设置十道，分别为 2GbL 和 2GbR，具体尺寸因墙肢宽度而不同。一、二级抗震要求时为 10⌀8，三、四级抗震要求时为 10⌀6。

（12）5⌀8 套筒顶和连梁处水平加密筋 2GdL 和 2GdR：套筒顶部以上 300mm 范围和连梁高度范围内设置，间距 200mm。套筒顶部以上 300mm 范围内与墙体水平分布筋 2GbL 和 2GbR 间隔设置。连梁高度范围内均布（最上一根的 2GbL 和 2GbR 向上 200mm 开始布置）。两层网片上同高度处两根水平加密筋在端部弯折连接形成封闭箍筋状。一端箍住门洞口处边缘构件竖向分布筋，另一端箍住墙体端部竖向构造纵筋 2ZbR 或 2ZbL。门洞两侧各设置五道，分别为 2GdL 和 2GdR，具体尺寸因墙肢宽度而不同。一、二级抗震要求时为 5⌀8，三、四级抗震要求时为5⌀6。

（13）10⌀8 门洞口边缘构件箍筋 2GaL 和 2GaR：套筒顶部 300mm 以上范围和连梁高度范围内设置，间距 200mm。套筒顶部 300mm 以上范围内与墙体水平分布筋 2GbL 和 2GbR 间隔设置。连梁高度范围内与连梁处水平加密筋 2GdL 和 2GdR 间隔设置。焊接封闭箍筋，箍住最外侧的门洞口边缘构件竖向分布筋。仅在一级抗震要求时设置，门洞两侧各设置 10 ⌀ 8，分别为 2GaL 和 2GaR，具体尺寸因墙肢宽度而不同。

(14) 40 ⌀ 8 门洞口边缘构件拉结筋 2LaL 和 2LaR：门洞口边缘构件竖向分布筋与各类水平筋（水平分布筋、箍筋等）交叉点处拉结筋（无箍筋拉结处），不含灌浆套筒区域。弯钩平直段长度 10d。一级抗震要求时门洞口两侧每侧 40 ⌀ 8，二级抗震要求时门洞口两侧每侧 30 ⌀ 8，三、四级抗震要求时门洞口两侧每侧 30 ⌀ 6。

(15) 10 ⌀ 6 墙端端部竖向构造纵筋拉结筋 2LbL 和 2LbR：墙端端部竖向构造纵筋 2ZbR 和 2ZbL 与墙体水平分布筋 2GbL 和 2GbR 交叉点处拉结筋，每端 10 道，弯钩平直段长度 30mm。

(16) 3 ⌀ 8 灌浆套筒处拉结筋 2LcL 和 2LcR：灌浆套筒处水平分布筋与灌浆套筒和墙端边缘竖向构造纵筋交叉点处拉结筋，弯钩平直段长度 10d。一、二级抗震要求时左侧 3 ⌀ 8，右侧 2 ⌀ 8。三、四级抗震要求时左侧 3 ⌀ 6，右侧 2 ⌀ 6。

2.2.3 固定门垛内墙板详图识读训练

识读图集中给出的固定门垛内墙板 NQM1-3328-1021 配筋图（图 2-7），完成下列图纸识读练习。

(1) 墙板钢筋网片中水平分布筋和竖向分布筋的位置关系为（　　）。

A. 水平分布筋在内，竖向分布筋在外

B. 水平分布筋在外，竖向分布筋在内

C. 水平分布筋在上，竖向分布筋在下

D. 水平分布筋在下，竖向分布筋在上

(2) 套筒顶部以上需要进行水平分布筋加密的范围是（　　）mm。

A. 400　　B. 300　　C. 200　　D. 100

(3) 连梁箍筋的外伸长度为（　　）mm。

A. 110　　B. 160　　C. 240　　D. 290

(4) 门洞左侧边缘构件的竖向纵筋根数为（　　）。

A. 1　　B. 4　　C. 6　　D. 7

(5) 门洞左侧墙身的端部竖向构造筋根数为（　　）。

A. 0　　B. 1　　C. 2　　D. 3

(6) 编号为 3Lb 的拉筋竖向间距多为（　　）mm。

A. 100　　B. 200　　C. 250　　D. 300

(7) 1-1 断面图的投视方向为（　　）。

A. 自左向右　　B. 自右向左

C. 自上向下　　D. 自下向上

(8) 同侧钢筋网片上，编号为 3a 的竖向筋间距为（　　）mm。

A. 200　　B. 250　　C. 300　　D. 600

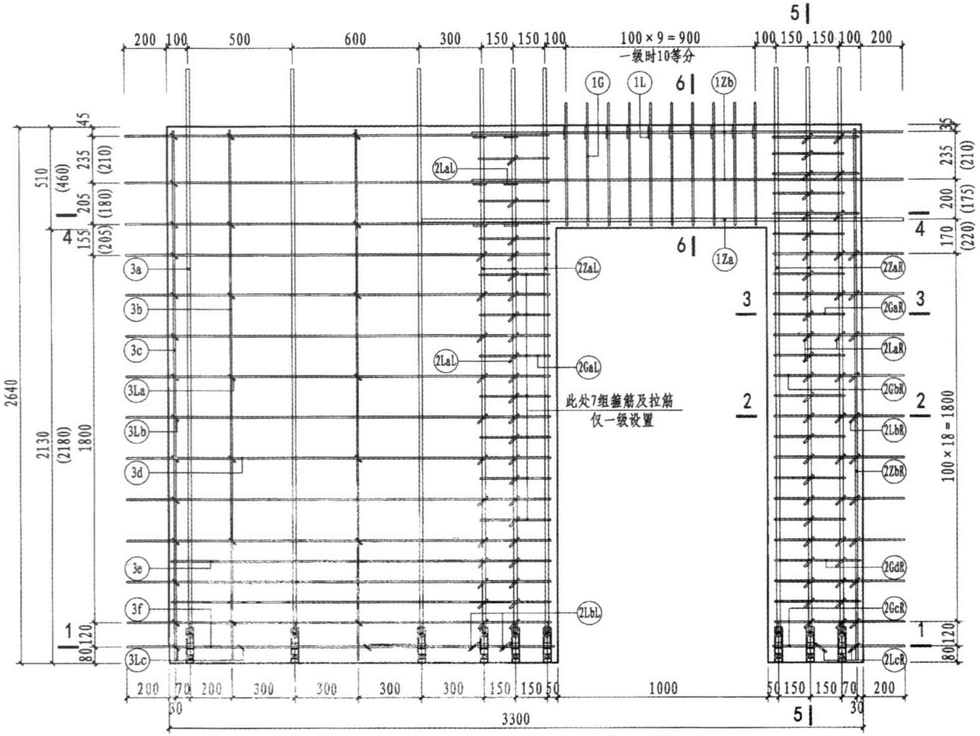

NQM1-3328-1021 钢筋表

钢筋类型		钢筋编号	一级	二级	三级	四级 非抗震	钢筋加工尺寸	备注
连梁	纵筋	1Za	2⌀16	2⌀16	2⌀16	2⌀16	640 1000 450 200	单侧外露长度200
		1Zb	4⌀12	4⌀12	4⌀12	4⌀12	480 1000 450 200	
	箍筋	1G	11⌀10	10⌀8	10⌀8	10⌀6	110 490 (440) 160	焊接封闭箍筋
	拉筋	1L	11⌀8	10⌀8	10⌀8	10⌀6	10d 170 10d	d为拉筋直径
边缘构件	纵筋	2ZaL 2ZaR	6⌀16	6⌀16	-	-	23 2466 290	一端车丝长度23
			-	-	6⌀14	-	21 2484 275	一端车丝长度21
			-	-	-	6⌀12	18 2500 260	一端车丝长度18
		2ZbR	2⌀10	2⌀10	2⌀10	2⌀10	2610	
	箍筋	2GaR	10⌀8	-	-	-	330 120	焊接封闭箍筋
		2GbR	10⌀8	10⌀8	10⌀6	10⌀6	120 415 200	焊接封闭箍筋
		2GcR	1⌀8	1⌀8	1⌀6	1⌀6	140 425 200	焊接封闭箍筋
		2GdR	5⌀8	5⌀8	5⌀6	5⌀6	400 120	焊接封闭箍筋
		2GaL	10⌀8	3⌀8	3⌀6	3⌀6	330 120	焊接封闭箍筋
		2LaR	40⌀8	30⌀8	30⌀6	30⌀6	10d 130 10d	d为拉筋直径
		2LbR	10⌀6	10⌀6	10⌀6	10⌀6	30 130 30	
		2LcR	2⌀8	2⌀8	2⌀6	2⌀6	10d 150 10d	d为拉筋直径
		2LaL	40⌀8	33⌀8	33⌀6	33⌀6	10d 130 10d	d为拉筋直径
		2LbL	2⌀8	2⌀8	2⌀6	2⌀6	10d 150 10d	d为拉筋直径
墙身	竖向筋	3a	5⌀16	5⌀16	5⌀16	-	23 2466 290	一端车丝长度23
			-	-	-	5⌀14	21 2484 275	一端车丝长度21
		3b	5⌀6	5⌀6	5⌀6	5⌀6	2610	
		3c	2⌀12	2⌀12	2⌀12	2⌀12	2610	
	水平筋	3d	13⌀8	13⌀8	13⌀8	13⌀8	116 200 1815	
		3e	2⌀8	2⌀8	2⌀8	2⌀8	116 1800	
		3f	1⌀8	1⌀8	1⌀8	1⌀8	146 200 1830	
	拉筋	3La	14⌀6	14⌀6	14⌀6	14⌀6	30 130 30	
		3Lb	13⌀6	13⌀6	13⌀6	13⌀6	30 124 30	
		3Lc	3⌀6	3⌀6	3⌀6	3⌀6	30 154 30	

图 2-7 NQM1-3328-1021配筋图（注：本图摘自15G365-2）

（9）同侧钢筋网片上，编号为 3b 的竖向筋间距为（　　）mm。

A. 200　　B. 250　　C. 300　　D. 600

（10）2 根编号为 3e 的水平筋间距为（　　）mm。

A. 100　　B. 200　　C. 250　　D. 300

任务 2.3　识读中间门洞内墙板详图

2.3.1　中间门洞内墙板详图识读要求

识读给出的中间门洞内墙板模板图和配筋图，明确内墙板的基本尺寸和配筋情况。

2.3.2　中间门洞内墙板 NQM2-2128-0921 基本构造

下面以固定门垛内墙板 NQM2-2128-0921 为例，通过模板图（图 2-8）和配筋图（图 2-9）识读其基本尺寸和配筋情况。

教学视频（1）　教学视频（2）

1. NQM2-2128-0921 模板图基本信息

从模板图中可以读出以下信息：

（1）基本尺寸：墙板宽 2100mm（不含出筋），高 2640mm（不含出筋，底部预留 20mm 高灌浆区，顶部预留 140mm 高后浇区，合计层高为 2800mm），厚 200mm。门洞口宽 900mm，高 2130mm（当建筑面层为 100mm 时，门洞口高 2180mm）。门洞口居中布置，两侧墙板宽均为 600mm。

（2）预埋灌浆套筒：墙板底部预埋 12 个灌浆套筒。门洞两侧边缘构件的竖向筋均设置灌浆套筒，每侧 6 个，共计 12 个灌浆套筒。套筒灌浆孔和出浆孔均设置在墙板内侧面上（设置墙板临时斜支撑的一侧，下同）。同一个套筒的灌浆孔和出浆孔竖向布置，灌浆孔在下，出浆孔在上。灌浆孔和出浆孔均各自都处在同一水平高度上。因不同工程墙板配筋直径不同，且外侧钢筋网片上的套筒灌浆孔和出浆孔需绕过内侧网片竖向钢筋后达到内侧墙面，灌浆孔和出浆孔的水平间距不均匀。

（3）预埋吊件：墙板顶部有 2 个预埋吊件，编号 MJ1。MJ1 在墙板厚度上居中布置，在墙板宽度上对称布置，与墙板侧边间距 325mm。

（4）预埋螺母：墙板内侧面有 4 个临时支撑预埋螺母，编号 MJ2。矩形布置，与墙板侧边间距 300mm。下部两螺母距离墙板下边缘 550mm，上部两螺母与下部两螺母间距 1390mm。

（5）预埋临时加固螺母：门洞两侧墙板下部有 4 个预埋临时加固螺母，每侧 2 个，

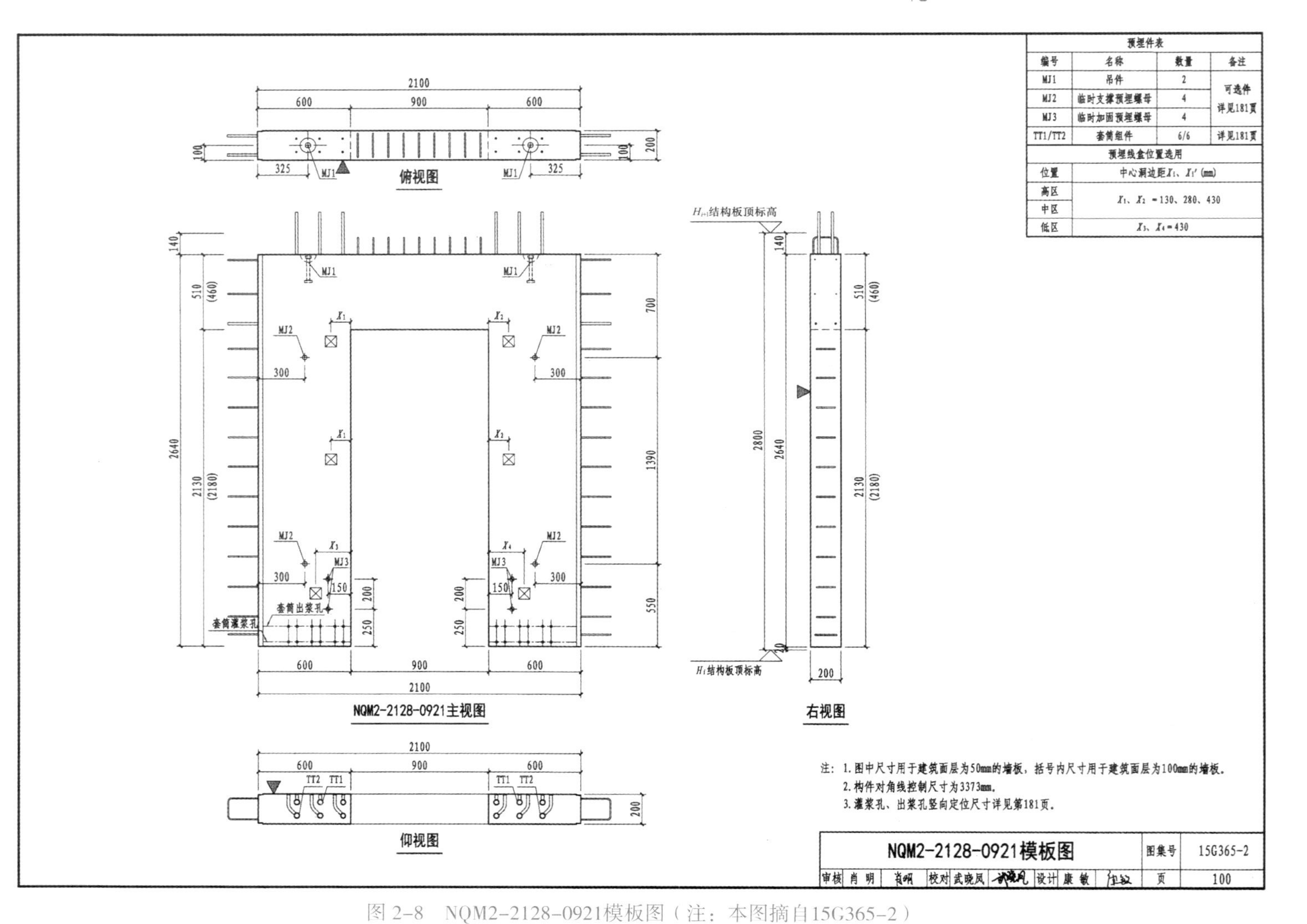

图 2-8 NQM2-2128-0921模板图（注：本图摘自15G365-2）

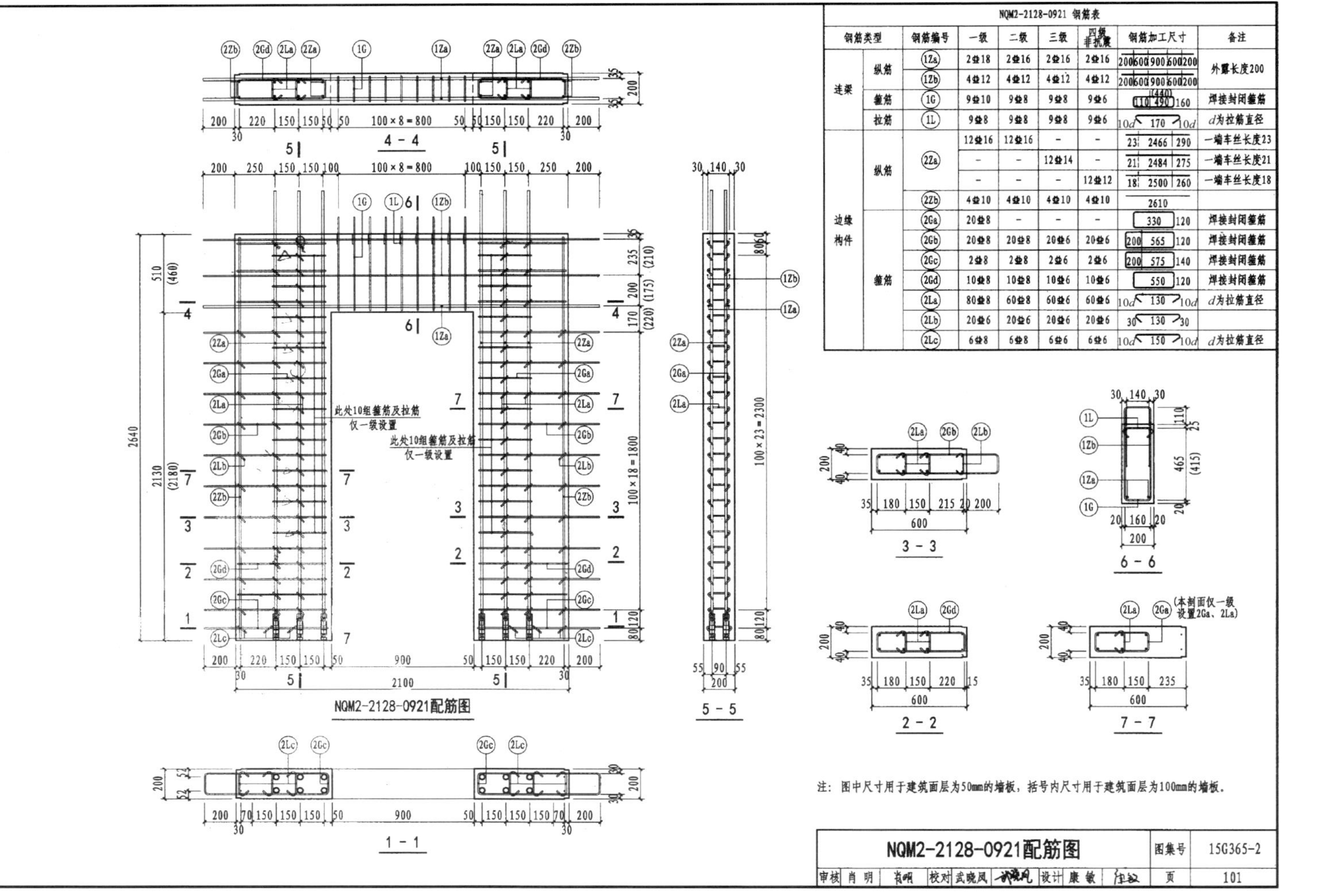

图 2-9 NQM2-2128-0921配筋图（注：本图摘自15G365-2）

对称布置，编号 MJ3。矩形布置，距门洞口侧边 150mm，下部两螺母距离墙板下边缘 250mm，上部两螺母与下部两螺母间距 200mm。

（6）预埋电气线盒：门洞两侧各有 3 个预埋电气线盒，共计 6 个。线盒中心位置与墙板外边缘间距可根据工程实际情况从预埋线盒位置选用表中选取。

（7）其他：构件对角线控制尺寸为 3373mm。墙板两侧均预留凹槽 30mm×5mm，保障预制混凝土与后浇混凝土接缝处外观平整，同时也能够防止后浇混凝土漏浆。构件详图中并未设置后浇混凝土模板固定所需预埋件。

2. NQM2-2128-0921 配筋图基本信息

从配筋图中可以读出以下信息（仅读取位置及分布信息，钢筋具体尺寸参见钢筋表）：

（1）基本形式：门洞上设置连梁，门洞两侧设置边缘构件。墙体内外两层钢筋网片，水平分布筋在外，竖向分布筋在内。

（2）2⏀18 连梁底部纵筋 1Za：墙宽通长布置，两侧均外伸 200mm。一级抗震要求时为 2⏀18，其他等级抗震要求时为 2⏀16。

（3）4⏀12 连梁腰筋 1Zb：墙宽通长布置，上下 2 排，各 2 根，两侧均外伸 200mm。上排筋中心与墙板顶部距离 35mm，上排筋与下排筋间距 235mm（当建筑面层为 100mm 时，间距 210mm），下排筋与底部纵筋间距 200mm（当建筑面层为 100mm 时，间距 175mm）。

（4）9⏀10 连梁箍筋 1G：焊接封闭箍筋，箍住连梁底部纵筋和腰筋，上部外伸 110mm 至水平后浇带或圈梁混凝土内。门洞正上方，距离门洞边缘 50mm 开始，等间距设置，间距 100mm。一级抗震要求时为 9⏀10，二、三级抗震要求时为 9⏀8，四级抗震要求时为 9⏀6。

（5）9⏀8 连梁拉筋 1L：拉结连梁上排腰筋和箍筋。弯钩平直段长度为 10d。一、二、三级抗震要求时为 9⏀8，四级抗震要求时为 9⏀6。

（6）12⏀16 门洞两侧边缘构件竖向纵筋 2Za：与灌浆套筒连接的边缘构件竖向纵筋，距离门洞边缘 50mm 开始布置，间距 150mm，每侧布置 3 排，两层网片共 12 根竖向筋。一、二级抗震要求时为 12⏀16，下端车丝，长度 23mm，与灌浆套筒机械连接。上端外伸 290mm，与上一层墙板中的灌浆套筒连接。三级抗震要求时为 12⏀14，下端车丝长度 21mm，上端外伸 275mm。四级抗震要求时为 12⏀12，下端车丝长度 18mm，上端外伸 260mm。

（7）4⏀10 墙端端部竖向构造纵筋 2Zb：距墙板边 30mm，沿墙板高度通长布置，不外伸。每端设置 2 根，共计 4 根。

除连梁纵筋和腰筋因直径较大不易弯曲而直线外伸外，其余直径较小的墙体水平纵筋无论外伸与否，内外两层网片上同高度处两根水平分布筋均在端部弯折连接做成封闭箍筋状，钢筋表中均作为箍筋处理。

（8）2⏀8 灌浆套筒处水平分布筋 2Gc：距墙板底部 80mm 处（中心距）布置，两层网片上同高度处两根水平分布筋在端部弯折连接形成封闭箍筋状，一端箍住门洞口处边缘构件最外侧竖向分布筋，另一端外伸 200mm，外伸后形成预留外伸 U 形筋的形式。门洞两侧各设置一道。因灌浆套筒尺寸关系，该处箍筋并不在钢筋网片平面内。一、二级抗震要求时为 2⌀8，三、四级抗震要求时为 2⌀6。

(9) 20⌀8 墙体水平分布筋 2Gb：套筒顶部至连梁底部之间均布，距墙板底部 200mm 处开始布置，间距 200mm。两层网片上同高度处两根水平分布筋在端部弯折连接形成封闭箍筋状，一端箍住门洞口处边缘构件最外侧竖向分布筋，另一端外伸 200mm，外伸后形成预留外伸 U 形筋的形式。门洞两侧各设置十道，一、二级抗震要求时为 20⌀8，三、四级抗震要求时为 20⌀6。

(10) 10⌀8 套筒顶和连梁处水平加密筋 2Gd：套筒顶部以上 300mm 范围和连梁高度范围内设置，间距 200mm。套筒顶部以上 300mm 范围内与墙体水平分布筋 2Gb 间隔设置。连梁高度范围内均布（最上一根的 2Gb 向上 200mm 开始布置）。两层网片上同高度处两根水平加密筋在端部弯折连接形成封闭箍筋状。一端箍住门洞口处边缘构件最外侧竖向分布筋，另一端箍住墙体端部竖向构造纵筋 2Zb。门洞两侧各设置十道，一、二级抗震要求时为 10⌀8，三、四级抗震要求时为 10⌀6。

(11) 20⌀8 门洞口边缘构件箍筋 2Ga：套筒顶部 300mm 以上范围和连梁高度范围内设置，间距 200mm。套筒顶部 300mm 以上范围内与墙体水平分布筋 2Gb 间隔设置。连梁高度范围内与连梁处水平加密筋 2Gd 间隔设置。焊接封闭箍筋，箍住门洞口边缘构件最外侧竖向分布筋。仅在一级抗震要求时设置，门洞两侧各设置 10⌀8。

(12) 80⌀8 门洞口边缘构件拉结筋 2La：灌浆套筒以上区域门洞口边缘构件竖向分布筋与各类水平向筋（水平分布筋、箍筋等）交叉点处拉结筋（无箍筋拉结处），不含灌浆套筒区域。弯钩平直段长度 10d。一级抗震要求时门洞口两侧每侧 40⌀8，二级抗震要求时门洞口两侧每侧 30⌀8，三、四级抗震要求时门洞口两侧每侧 30⌀6。

(13) 20⌀6 墙端端部竖向构造纵筋拉结筋 2Lb：灌浆套筒以上区域墙端端部竖向构造纵筋 2Zb 与墙体水平分布筋 2Gb 交叉点处拉结筋，每端 10 道，弯钩平直段长度 30mm。

(14) 6⌀8 灌浆套筒处拉结筋 2Lc：灌浆套筒处水平分布筋与灌浆套筒和墙端端部竖向构造纵筋交叉点处拉结筋，弯钩平直段长度 10d。一、二级抗震要求时左侧 6⌀8，三、四级抗震要求时左侧 6⌀6。

2.3.3 中间门洞内墙板详图识读训练

识读图集中给出的中间门洞内墙板 NQM2-3329-1022 配筋图（图 2-10），完成下列图纸识读练习。

(1) 该墙板左右两侧的出筋长度为（　　）。

A. 200mm　　B. 450mm　　C. 650mm　　D. 图中未给出

(2) 网片中设置的与灌浆套筒连接的墙身竖向筋为（　　）。

A. 12⌀16　　B. 6⌀16　　C. 2⌀6　　D. 4⌀12

(3) 网片中设置的不外伸的水平筋为（　　）。

A. 26⌀8　　B. 4⌀8　　C. 2⌀8　　D. 未设置

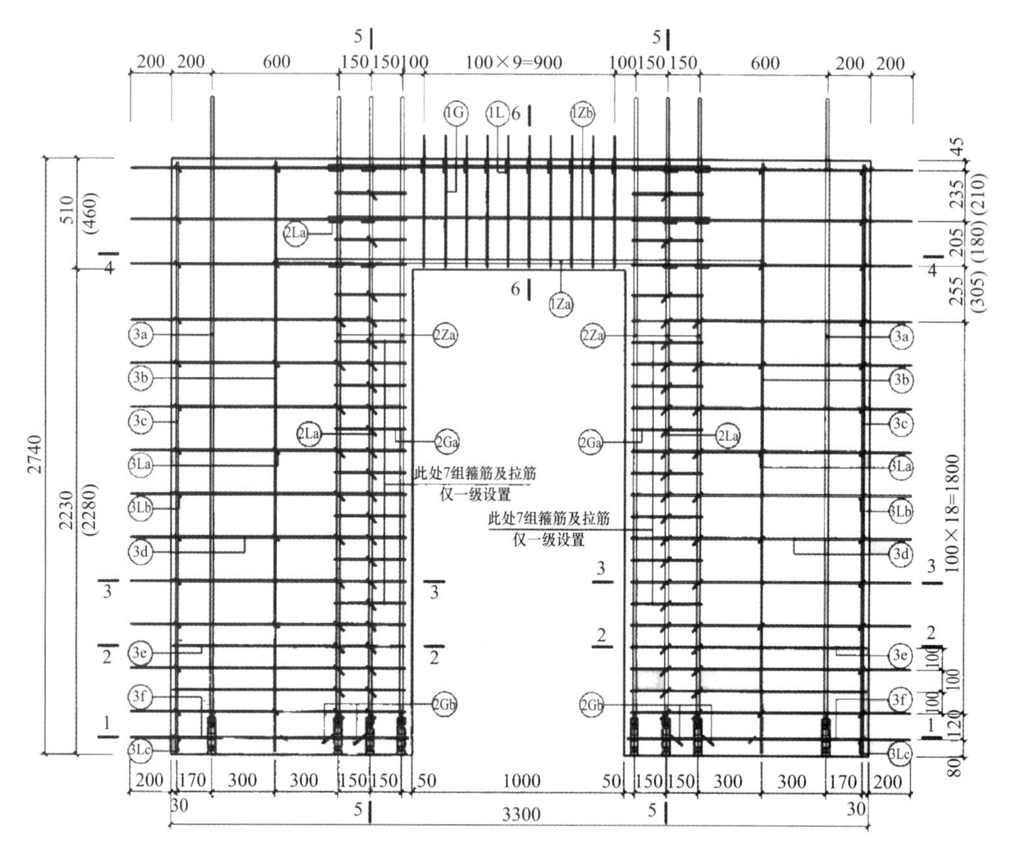

NQM2-3329-1022钢筋表								
钢筋类型		钢筋编号	一级	二级	三级	四级非抗震	钢筋加工尺寸	备注
连梁	纵筋	1Za	2Φ18	2Φ16	2Φ16	2Φ16	640 1000 640	
		1Zb	4Φ12	4Φ12	4Φ12	4Φ12	480 1000 480	
	箍筋	1G	10Φ10	10Φ8	10Φ8	10Φ6	110 490 (440) 160	焊接封闭箍筋
	拉筋	1L	10Φ8	10Φ8	10Φ8	10Φ6	10*d* 170 10*d*	*d*为拉筋直径
边缘构件	纵筋	2Za	12Φ16	12Φ16	-	-	23 2566 290	一端车丝长度23
			-	-	12Φ14	-	21 2584 275	一端车丝长度21
			-	-	-	12Φ12	18 2600 260	一端车丝长度18
	箍筋	2Ga	20Φ8	6Φ8	6Φ6	6Φ6	330 120	焊接封闭箍筋
		2La	80Φ8	66Φ8	66Φ6	66Φ6	10*d* 130 10*d*	*d*为拉筋直径
		2Lb	4Φ8	4Φ8	4Φ6	4Φ6	10*d* 154 10*d*	*d*为拉筋直径
墙身	竖向筋	3a	6Φ16	6Φ16	6Φ16	-	23 2566 290	一端车丝长度23
			-	-	-	6Φ14	21 2584 275	一端车丝长度21
		3b	2Φ6	2Φ6	2Φ6	2Φ6	2710	
		3c	4Φ12	4Φ12	4Φ12	4Φ12	2710	
	水平筋	3d	26Φ8	26Φ8	26Φ8	26Φ8	116 200 1115	
		3e	4Φ8	4Φ8	4Φ8	4Φ8	116 1100	
		3f	2Φ8	2Φ8	2Φ8	2Φ8	146 200 1130	
	拉筋	3La	14Φ6	14Φ6	14Φ6	14Φ6	30 130 30	
		3Lb	26Φ6	26Φ6	26Φ6	26Φ6	30 124 30	
		3Lc	4Φ6	4Φ6	4Φ6	4Φ6	30 154 30	

图 2-10　NQM2-3329-1022 配筋图（注：本图摘自 15G365-2）

(4) 连梁底部纵筋的外伸长度为（　　）。

A. 110mm　　B. 200mm　　C. 480mm　　D. 640mm

(5) 最外侧连梁箍筋与门洞侧边的距离为（　　）。

A. 50mm　　B. 100mm　　C. 150mm　　D. 200mm

(6) 上下相邻两墙板间需要进行连接处理的墙身竖向钢筋是（　　）。

A. 3a　　B. 3b　　C. 3c　　D. 未设置

(7) 墙板中设置的不与灌浆套筒连接的墙身竖向筋为（　　）。

A. 6⏀16　　B. 2⏀6　　C. 4⏀12　　D. 未设置

(8) 墙板中设置的端部竖向构造筋为（　　）。

A. 6⏀16　　B. 2⏀6　　C. 4⏀12　　D. 未设置

(9) 一级抗震要求时设置的边缘构件箍筋 2Ga 的间距为（　　）。

A. 100mm　　B. 200mm　　C. 250mm　　D. 300mm

(10) 3-3 断面图的投视方向为（　　）。

A. 自左向右　　B. 自右向左　　C. 自上向下　　D. 自下向上

任务 2.4　识读刀把内墙板详图

2.4.1　识读刀把内墙板详图任务要求

识读给出的刀把内墙板模板图和配筋图，明确内墙板的基本尺寸和配筋情况。

2.4.2　刀把内墙板 NQM3-2128-0921 基本构造

下面以刀把内墙板 NQM3-2128-0921 为例，通过模板图（图 2-11）和配筋图（图 2-12）识读其基本尺寸和配筋情况。

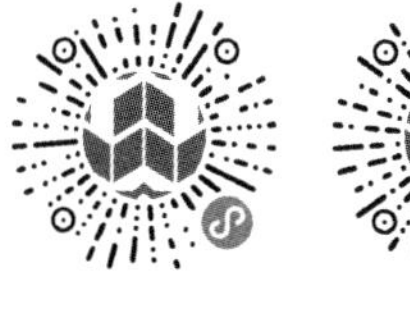

教学视频（1）

教学视频（2）

1. NQM3-2128-0921 模板图基本信息

从模板图中可以读出以下信息：

(1) 基本尺寸：墙板宽 2100mm（不含出筋），高 2640mm（不含出筋，底部预留 20mm 高灌浆区，顶部预留 140mm 高后浇区，合计层高为 2800mm），厚 200mm。门洞口宽 900mm，高 2130mm（当建筑面层为 100mm 时门洞口高 2180mm）。门洞口居右布置，无门垛，左侧墙板宽 1200mm。

(2) 预埋灌浆套筒：墙板底部预埋 9 个灌浆套筒。门洞左侧边缘构件 3 排竖向筋均设置灌浆套筒，且两层网片的竖向筋同时设置，计 6 个灌浆套筒。距左侧墙边 250mm

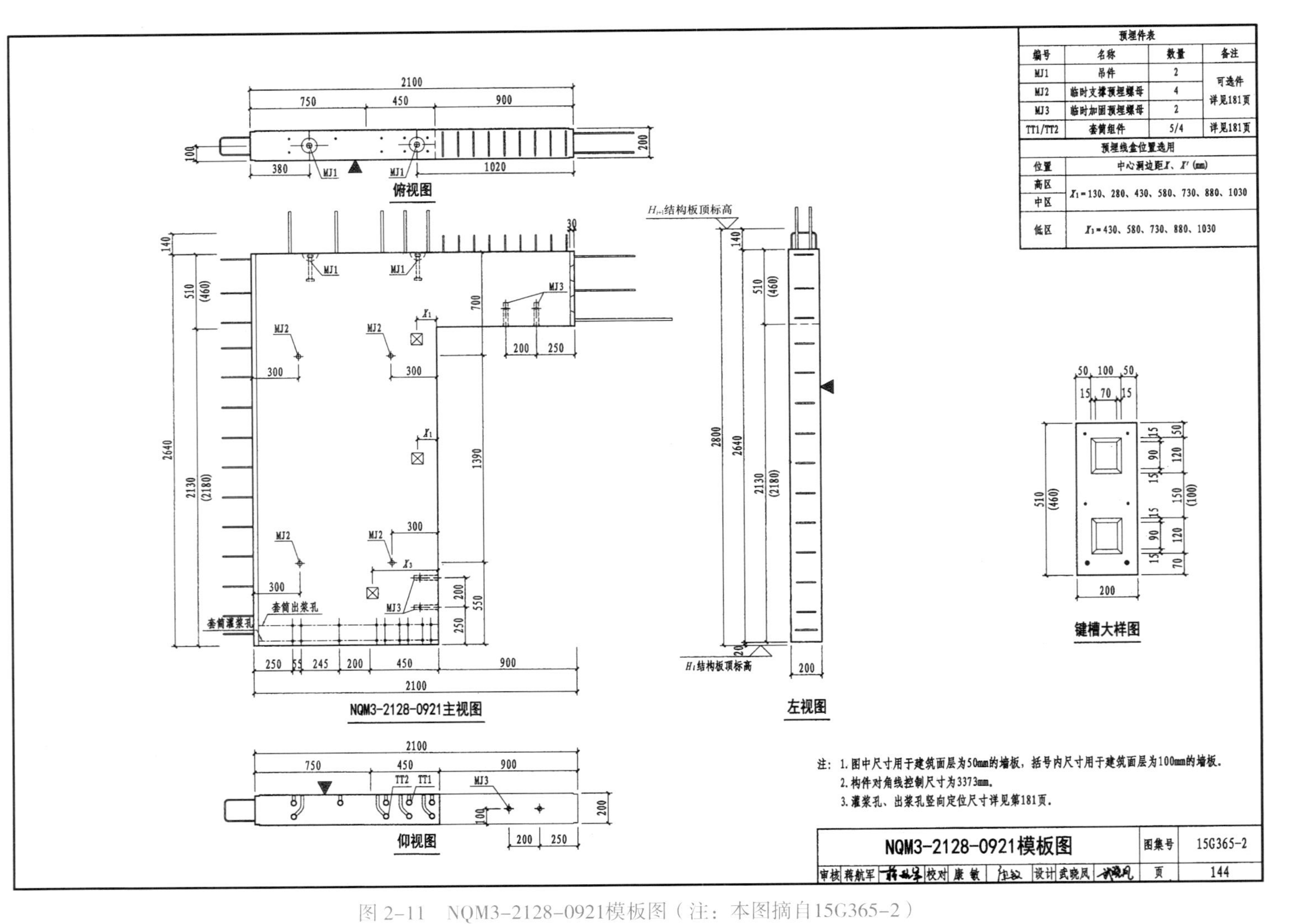

图 2-11　NQM3-2128-0921模板图（注：本图摘自15G365-2）

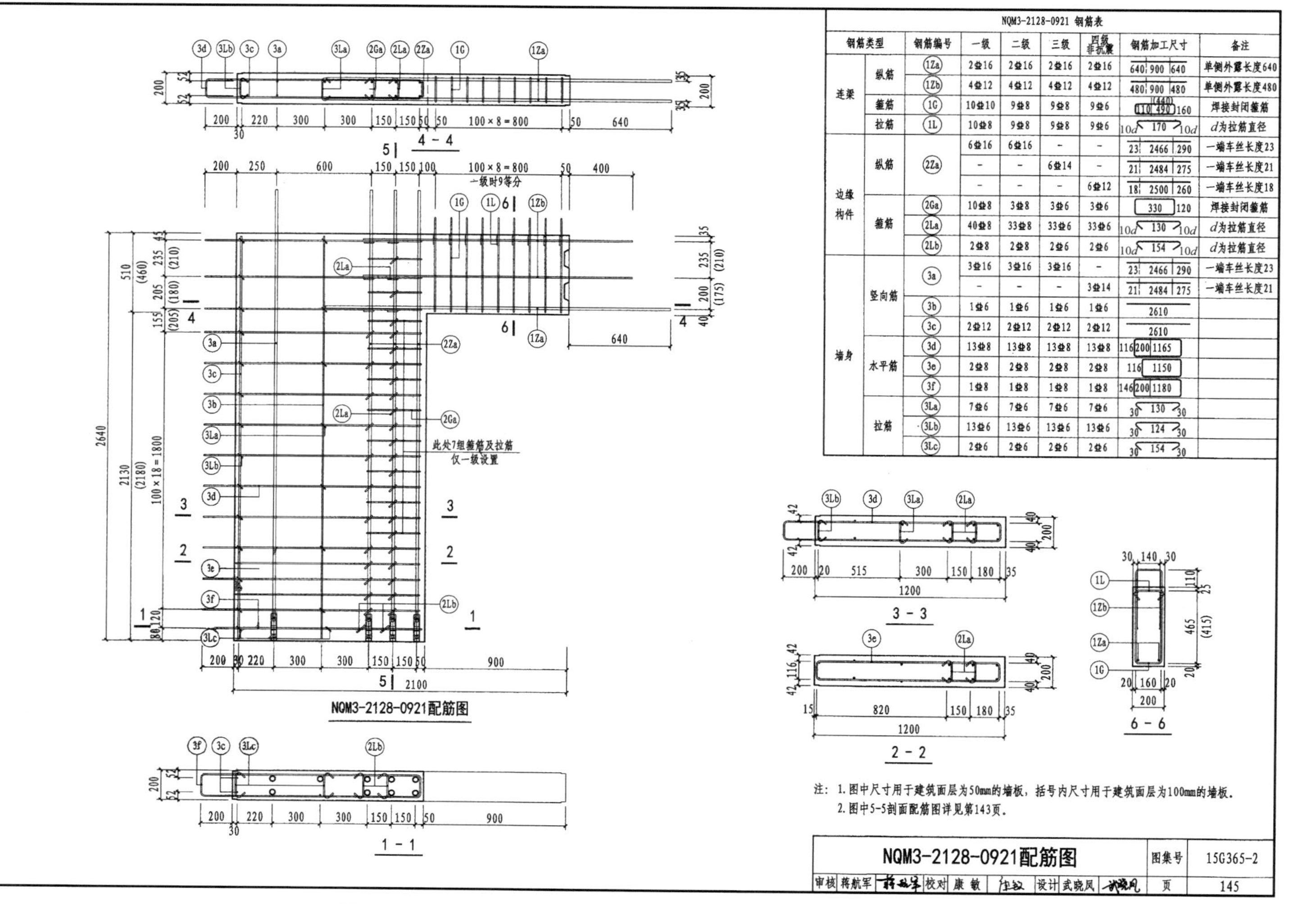

NQM3-2128-0921 钢筋表

钢筋类型		钢筋编号	一级	二级	三级	四级非抗震	钢筋加工尺寸	备注
连梁	纵筋	1Za	2Φ16	2Φ16	2Φ16	2Φ16	640 900 640	单侧外露长度640
		1Zb	4Φ12	4Φ12	4Φ12	4Φ12	480 900 480	单侧外露长度480
	箍筋	1G	10Φ10	9Φ8	9Φ8	9Φ6	110 490 (440) 160	焊接封闭箍筋
	拉筋	1L	10Φ8	9Φ8	9Φ8	9Φ6	10d 170 10d	d为拉筋直径
边缘构件	纵筋	2Za	6Φ16	6Φ16	-	-	23 2466 290	一端车丝长度23
			-	-	6Φ14	-	21 2484 275	一端车丝长度21
			-	-	-	6Φ12	18 2500 260	一端车丝长度18
	箍筋	2Ga	10Φ8	3Φ8	3Φ6	3Φ6	330 120	焊接封闭箍筋
		2La	40Φ8	33Φ8	33Φ6	33Φ6	10d 130 10d	d为拉筋直径
		2Lb	2Φ8	2Φ8	2Φ6	2Φ6	10d 154 10d	d为拉筋直径
墙身	竖向筋	3a	3Φ16	3Φ16	3Φ16	-	23 2466 290	一端车丝长度23
			-	-	-	3Φ14	21 2484 275	一端车丝长度21
		3b	1Φ6	1Φ6	1Φ6	1Φ6	2610	
		3c	2Φ12	2Φ12	2Φ12	2Φ12	2610	
	水平筋	3d	13Φ8	13Φ8	13Φ8	13Φ8	116 200 1165	
		3e	2Φ8	2Φ8	2Φ8	2Φ8	116 1150	
		3f	1Φ8	1Φ8	1Φ8	1Φ8	146 200 1180	
	拉筋	3La	7Φ6	7Φ6	7Φ6	7Φ6	30 130 30	
		3Lb	13Φ6	13Φ6	13Φ6	13Φ6	30 124 30	
		3Lc	2Φ6	2Φ6	2Φ6	2Φ6	30 154 30	

图 2-12　NQM3-2128-0921配筋图（注：本图摘自15G365-2）

处的内外两侧竖向纵筋底部均设置灌浆套筒，计 2 个灌浆套筒。距左侧墙边 750mm 处的内侧竖向纵筋底部均设置 1 个灌浆套筒，以上共计 9 个灌浆套筒。套筒灌浆孔和出浆孔均设置在墙板内侧面上。同一个套筒的灌浆孔和出浆孔竖向布置，灌浆孔在下，出浆孔在上。灌浆孔和出浆孔均各自都处在同一水平高度上，灌浆孔和出浆孔的水平间距不均匀。

（3）预埋吊件：墙板顶部有 2 个预埋吊件，编号 MJ1。MJ1 在墙板厚度上居中布置，在墙板宽度上因门洞关系不对称布置，左侧 MJ1 与墙板左侧边间距 380mm，右侧 MJ1 与墙板右侧边间距 1020mm。

（4）预埋螺母：墙板内侧面有 4 个临时支撑预埋螺母，编号 MJ2。矩形布置，与墙板左侧边和门洞边间距均为 300mm。下部两螺母距离墙板下边缘 550mm，上部两螺母与下部两螺母间距 1390mm。

（5）预埋临时加固螺母：门洞左侧墙板侧边和门洞顶部各有 2 个预埋临时加固螺母，共计 4 个，编号 MJ3，在墙板厚度上居中布置。门洞左侧下部螺母距离墙板下边缘 250mm，上部螺母与下部螺母间距 200mm。门洞顶部右侧螺母距离墙板右边缘 250mm，左侧螺母与右侧螺母间距 200mm。

（6）预埋电气线盒：门洞左侧有 3 个预埋电气线盒，线盒中心位置与墙板外边缘间距可根据工程实际情况从预埋线盒位置选用表中选取。

（7）其他：构件对角线控制尺寸为 3373mm。墙板两侧均预留凹槽 30mm×5mm，保障预制混凝土与后浇混凝土接缝处外观平整，同时也能够防止后浇混凝土漏浆。

（8）门洞口以上的墙板右侧面做键槽面处理。构件详图中并未设置后浇混凝土模板固定所需预埋件。

2. NQM3-2128-0921 配筋图基本信息

从配筋图中可以读出以下信息（仅读取位置及分布信息，钢筋具体尺寸参见钢筋表）：

（1）基本形式：门洞上设置连梁，门洞侧设置边缘构件。墙体内外两层钢筋网片，水平分布筋在外，竖向分布筋在内。

（2）2⌀16 连梁底部纵筋 1Za：门洞口顶部以上 40mm 布置，两侧均伸出门洞口范围 640mm。其中，右侧外伸 640mm，左侧伸入洞口左侧墙体内锚固，锚固长度 640mm。

（3）4⌀12 连梁腰筋 1Zb：上下 2 排，各 2 根，两侧均伸出门洞口范围 480mm。其中，右侧外伸 480mm，左侧伸入洞口左侧墙体内锚固，锚固长度 480mm。上排筋中心与墙板顶部距离 35mm，上排筋与下排筋间距 235mm（当建筑面层为 100mm 时间距 210mm），下排筋与底部纵筋间距 200mm（当建筑面层为 100mm 时间距 175mm）。

（4）10⌀10 连梁箍筋 1G：焊接封闭箍筋，箍住连梁底部纵筋和腰筋，上部外伸 110mm 至水平后浇带或圈梁混凝土内。门洞正上方，距离门洞边缘 50mm 开始，等间距设置。一级抗震要求时为 10⌀10，二、三级抗震要求时为 9⌀8，四级抗震要求时为9Φ6。

(5) 10Φ8连梁拉筋1L：拉结连梁上排腰筋和箍筋。弯钩平直段长度为10d。一级抗震要求时为10Φ8，二、三级抗震要求时为9Φ8，四级抗震要求时为9Φ6。

(6) 6Φ16门洞侧边缘构件竖向纵筋2Za：与灌浆套筒连接的边缘构件竖向纵筋，距离门洞边缘50mm开始布置，间距150mm布置3排，两层网片共6根竖向筋。一、二级抗震要求时为6Φ16，下端车丝，长度23mm，与灌浆套筒机械连接。上端外伸290mm，与上一层墙板中的灌浆套筒连接。三级抗震要求时为6Φ14，下端车丝21mm，上端外伸275mm。四级抗震要求时为6Φ12，下端车丝长度18mm，上端外伸260mm。

(7) 2Φ12墙端端部竖向构造纵筋3c：距墙板左侧边30mm，沿墙板高度通长布置，不外伸。墙板左端设置2根。

(8) 3Φ16连接灌浆套筒的墙体竖向分布筋3a：距墙板左侧边250mm两层网片布置2根，间隔300mm单侧网片上布置1根。一、二、三级抗震要求时为3Φ16，下端车丝，长度23mm，与灌浆套筒机械连接。上端外伸290mm，与上一层墙板中的灌浆套筒连接。四级抗震要求时为3Φ14，下端车丝21mm，上端外伸275mm。

(9) 1Φ6不连接灌浆套筒的墙体竖向分布筋3b：与连接灌浆套筒的墙体竖向分布筋3a对应分布的钢筋，距墙板边550mm，沿墙板高度通长布置，不外伸。

(10) 1Φ8灌浆套筒处水平分布筋3f：距墙板底部80mm处布置，两层网片上同高度处两根水平分布筋在端部弯折连接形成封闭箍筋状，一端箍住门洞口处边缘构件最外侧竖向纵筋，另一端外伸200mm，外伸后形成预留外伸U形筋的形式。因灌浆套筒尺寸关系，该处箍筋并不在钢筋网片平面内。

(11) 13Φ8墙体水平分布筋3d：套筒顶部以上区域均布，距墙板底部200mm处开始布置，间距200mm，共13道。在连梁高度范围内的3道水平筋，与连梁底部纵筋和腰筋搭接布置。两层网片上同高度处两根水平分布筋在端部弯折连接形成封闭箍筋状，一端箍住门洞口处边缘构件最外侧竖向分布筋，另一端外伸200mm，外伸后形成预留外伸U形筋的形式。

(12) 2Φ8套筒顶水平加密筋3e：套筒顶部以上300mm范围内设置，间距200mm，共2道，与墙体水平分布筋3d间隔设置。两层网片上同高度处两根水平加密筋在端部弯折连接形成封闭箍筋状。一端箍住门洞口处边缘构件最外侧竖向分布筋，另一端外伸200mm，外伸后形成预留外伸U形筋的形式。

(13) 10Φ8门洞口边缘构件箍筋2Ga：一级抗震要求时在套筒顶部300mm以上范围设置，间距200mm，与墙体水平分布筋3d间隔布置。焊接封闭箍筋，箍住门洞口边缘构件最外侧竖向分布筋。其他抗震等级时，仅在连梁高度范围内布置，二级抗震要求时为3Φ8，三、四级抗震要求时为3Φ6。

(14) 40Φ8门洞口边缘构件拉结筋2La：灌浆套筒以上区域门洞口边缘构件竖向分布筋与各类水平向筋（水平分布筋、箍筋等）交叉点处拉结筋（无箍筋拉结处），不含灌浆套筒区域。弯钩平直段长度10d。一级抗震要求时为40Φ8，二级抗震要求为33Φ8，

三、四级抗震要求时为 33⌀6。

（15）13⌀6 墙端端部竖向构造纵筋拉结筋 3La：灌浆套筒以上区域墙端端部竖向构造纵筋与墙体水平分布筋交叉点处拉结筋，弯钩平直段长度 30mm。

（16）2⌀8 灌浆套筒处拉结筋 2Lb：灌浆套筒处水平分布筋与门洞口边缘构件竖向分布筋交叉点处拉结筋，弯钩平直段长度 $10d$。一、二级抗震要求时左侧 2⌀8，三、四级抗震要求时左侧 2⌀6。

（17）1⌀6 灌浆套筒处拉结筋 3Lb：灌浆套筒处水平分布筋与墙端端部竖向构造纵筋交叉点处拉结筋，弯钩平直段长度 30mm。

2.4.3 刀把内墙板详图识读训练

识读图集中给出的中间门洞内墙板 NQM3-2729-0922 配筋图（图 2-13），完成下列图纸识读练习。

（1）连梁底部纵筋锚入墙体内的长度是（　　）。

A. 110mm　　B. 200mm　　C. 480mm　　D. 640mm

（2）连梁腰筋锚入墙体内的长度是（　　）。

A. 110mm　　B. 200mm　　C. 480mm　　D. 640mm

（3）连梁箍筋伸入后浇带或后浇圈梁内的长度是（　　）。

A. 110mm　　B. 200mm　　C. 480mm　　D. 640mm

（4）连梁底部纵筋与门洞口上边缘的距离是（　　）。

A. 40mm　　B. 50mm　　C. 80mm　　D. 100mm

（5）最上部连梁腰筋与墙板上边缘的距离是（　　）。

A. 30mm　　B. 35mm　　C. 40mm　　D. 45mm

（6）最上部墙身水平筋与墙板上边缘的距离是（　　）。

A. 30mm　　B. 35mm　　C. 40mm　　D. 45mm

（7）墙身端部竖向构造筋与墙板侧边缘的距离是（　　）。

A. 30mm　　B. 35mm　　C. 40mm　　D. 45mm

（8）套筒顶部水平分布筋加密后的间距是（　　）。

A. 400mm　　B. 300mm　　C. 200mm　　D. 100mm

（9）墙身水平分布筋的间距多数情况下是（　　）。

A. 400mm　　B. 300mm　　C. 200mm　　D. 100mm

（10）边缘构件的竖向纵筋根数为（　　）。

A. 3　　B. 5　　C. 6　　D. 11

小　　结

通过本部分的学习，要求学生掌握各种类型预制内墙板模板图和配筋图的识读方法，能够明确内墙板各组成部分的基本尺寸和配筋情况。

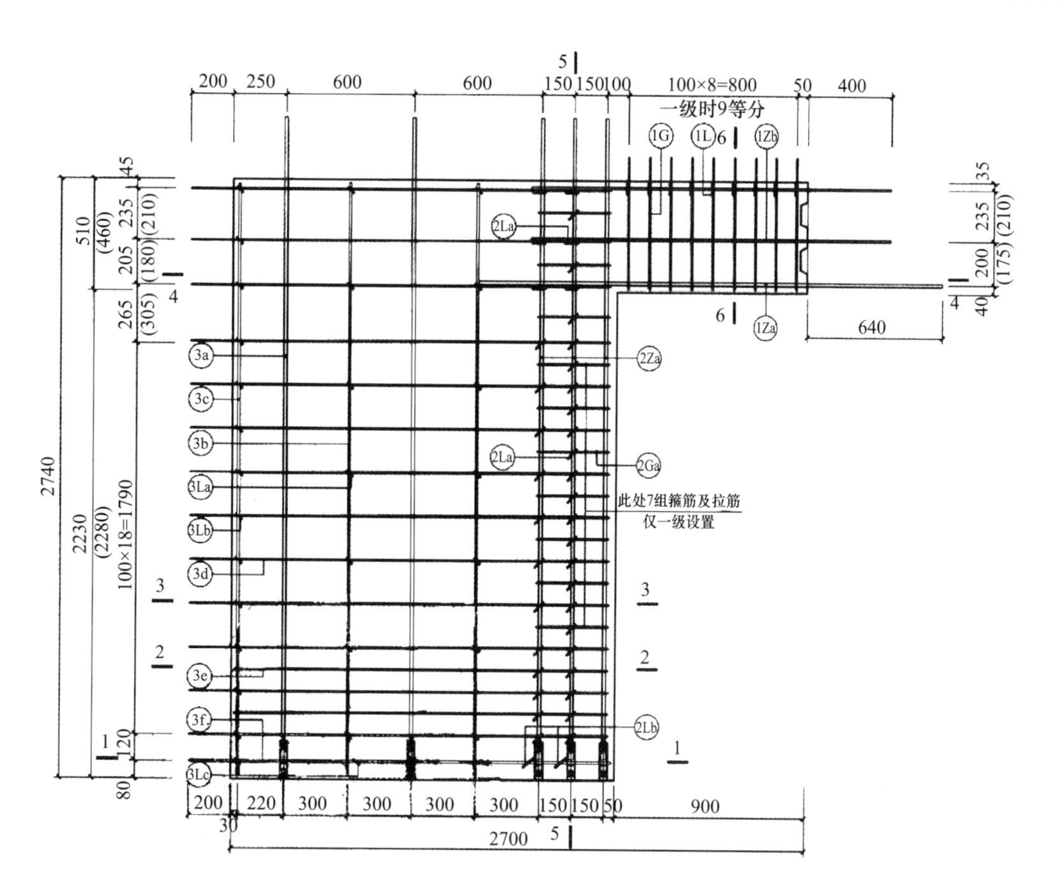

NQM3-2729-0922钢筋表								
钢筋类型		钢筋编号	一级	二级	三级	四级 非抗震	钢筋加工尺寸	备注
连梁	纵筋	1Za	2Φ16	2Φ16	2Φ16	2Φ16	640 900 640	外露长度640
		1Zb	4Φ12	4Φ12	4Φ12	4Φ12	480 900 480	外露长度480
	箍筋	1G	10Φ10	9Φ8	9Φ8	9Φ6	110 490 (440) 160	焊接封闭箍筋
	拉筋	1L	10Φ8	9Φ8	9Φ8	9Φ6	10*d* 170 10*d*	*d*为拉筋直径
边缘构件	纵筋	2Za	6Φ16	6Φ16	-	-	23 2566 290	一端车丝长度23
			-	-	6Φ14	-	21 2584 275	一端车丝长度21
			-	-	-	6Φ12	18 2600 260	一端车丝长度18
	箍筋	2Ga	10Φ8	3Φ8	3Φ6	3Φ6	330 120	焊接封闭箍筋
		2La	40Φ8	33Φ8	33Φ6	33Φ6	10*d* 130 10*d*	*d*为拉筋直径
		2Lb	2Φ8	2Φ8	2Φ6	2Φ6	10*d* 154 10*d*	*d*为拉筋直径
墙身	竖向筋	3a	5Φ16	5Φ16	5Φ16	-	23 2566 290	一端车丝长度23
			-	-	-	5Φ14	21 2584 275	一端车丝长度21
		3b	3Φ6	3Φ6	3Φ6	3Φ6	2710	
		3c	2Φ12	2Φ12	2Φ12	2Φ12	2710	
	水平筋	3d	13Φ8	13Φ8	13Φ8	13Φ8	116 200 1765	
		3e	2Φ8	2Φ8	2Φ8	2Φ8	116 1750	
		3f	1Φ8	1Φ8	1Φ8	1Φ8	146 200 1780	
	拉筋	3La	14Φ6	14Φ6	14Φ6	14Φ6	30 130 30	
		3Lb	13Φ6	13Φ6	13Φ6	13Φ6	30 124 30	
		3Lc	3Φ6	3Φ6	3Φ6	3Φ6	30 154 30	

图 2-13　NQM3-2729-0922 配筋图（注：本图摘自 15G365-2）

任务 3

识读预制外墙板构件详图

【教学目标】 了解剪力墙外墙板基本组成，熟悉无洞口外墙板、一个窗洞高窗台外墙板、一个窗洞矮窗台外墙板、两个窗洞外墙板和一个门洞外墙板的基本尺寸和配筋情况，掌握各种类型外墙板模板图和配筋图的识读方法，能够正确识读各种类型外墙板的模板图和配筋图。树立创新意识，培养高效灵活的工作方法。

本学习任务选取标准图集《预制混凝土剪力墙外墙板》15G365-1 中的典型外墙板构件进行图纸识读任务练习。通过任务训练，使学生熟悉图集中标准外墙板构件各组成部分的基本尺寸和配筋情况，掌握外墙板模板图和配筋图的识读方法，为识读实际工程相关图纸打好基础。

标准图集《预制混凝土剪力墙外墙板》15G365-1 中的预制外墙板共有 5 种类型，分别为：无洞口外墙板、一个窗洞高窗台外墙板、一个窗洞矮窗台外墙板、两个窗洞外墙板和一个门洞外墙板。各类预制外墙板均为非组合式承重预制混凝土夹心保温外墙板（简称预制外墙板），由内叶墙板、保温层和外叶墙板组成，外叶墙板作为荷载通过拉结件与承重内叶墙板相连。上下层预制外墙板的竖向钢筋采用套筒灌浆连接，相邻预制外墙板之间的水平钢筋采用整体式接缝连接。

图集中的预制外墙板层高分为 2.8m、2.9m 和 3.0m 三种，门窗洞口宽度尺寸采用的模数均为 3M。承重内叶墙板厚度为 200mm，外叶墙板 60mm，中间夹心保温层厚度为 30～100mm。

预制外墙板的混凝土强度等级不应低于 C30，外叶墙板中钢筋采用冷轧带肋钢筋，其他钢筋均采用 HRB400（⏀）。钢材采用 Q235-B 级钢材。预制外墙板中保温材料采用挤塑聚苯板（XPS），窗下墙轻质填充材料采用模塑聚苯板（EPS）。构件中门窗安装固定预埋件采用防腐木砖。外墙板密封材料等应满足国家现行有关标准的要求。

预制外墙板外叶墙板按环境类别二 a 类设计，最外层钢筋保护层厚度按 20mm 设计，内叶墙板按环境类别一类设计。配筋图中已标明钢筋定位，如有调整，钢筋最小保护层厚度不应小于 15mm。

预制外墙板与后浇混凝土的结合面按粗糙面设计，粗糙面的凹凸深度不应小于 6mm。预制墙板侧面也可设置键槽。预制外墙板与后浇混凝土相连的部位，在内叶墙板预留凹槽 30mm×5mm，既是保障预制混凝土与后浇混凝土接缝处外观平整度的措施，同时也能够防止后浇混凝土漏浆。预制外墙板模板图中外叶墙板均按 $a=b=290$ 绘制，其中一个门洞外墙板 WQM-××按 $d=150$ 绘制，实际生产中应按外叶墙板编号进行调整。

需要注意的是，图集中的预制外墙板详图未表示拉结件，也未设置后浇混凝土模板固定所需预埋件，需要根据具体图纸要求进行设置。预制外墙板吊点在构件重心两侧（宽度和厚度两个方向）对称布置，预埋吊件 MJ1 采用吊钉图示，实际工程图纸可能选用其他设置。

任务 3.1　识读无洞口外墙板详图

3.1.1　无洞口外墙板详图识读要求

识读给出的无洞口外墙板模板图和配筋图，明确外墙板各组成部分的基本尺寸和配筋情况。

3.1.2 无洞口外墙板 WQ-2728 基本构造

下面以无洞口外墙板 WQ-2728 为例，通过模板图和配筋图识读其基本尺寸和配筋情况。

教学视频

1. 内叶墙板、保温板和外叶墙板的相对位置关系

通过识读 WQ-2728 模板图（图 3-1），可以得到其内叶墙板、保温板和外叶墙板的相对位置关系如下：

（1）厚度方向：由内而外依次是内叶墙板、保温板和外叶墙板。

（2）宽度方向：内叶墙板、保温板、外叶墙板均同中心轴对称布置，内叶墙板与保温板板边距 270mm，保温板与外叶墙板板边距 20mm。

（3）高度方向：内叶墙板底部高出结构板顶标高 20mm（灌浆区），顶部低于上一层结构板顶标高 140mm（水平后浇带或后浇圈梁）。保温板底部与内叶墙板底部平齐，顶部与上一层结构板顶标高平齐。外叶墙板底部低于内叶墙板底部 35mm，顶部与上一层结构板顶标高平齐。

教学视频（1）

教学视频（2）

2. WQ-2728 模板图基本信息

（1）基本尺寸：内叶墙板宽 2100mm（不含出筋），高 2640mm（不含出筋，底部预留 20mm 高灌浆区，顶部预留 140mm 高后浇区，合计层高为 2800mm），厚 200mm。保温板宽 2640mm，高 2780mm，厚度按设计选用确定。外叶墙板宽 2680mm，高 2815mm，厚 60mm。

（2）预埋灌浆套筒：内叶墙板底部预埋 6 个灌浆套筒，在墙板宽度方向上间距 300mm 均匀布置，内外两层钢筋网片上的套筒交错布置。套筒灌浆孔和出浆孔均设置在内叶墙板内侧面上（设置墙板临时斜支撑的一侧，下同）。同一个套筒的灌浆孔和出浆孔竖向布置，灌浆孔在下，出浆孔在上。灌浆孔和出浆孔间距因不同工程墙板配筋直径不同会有所不同，但灌浆孔和出浆孔各自都处在同一水平高度上。因外侧钢筋网片上的套筒灌浆孔和出浆孔需绕过内侧网片竖向钢筋后达到内侧墙面，故灌浆孔间或出浆孔间的水平间距不均匀。

（3）预埋吊件：内叶墙板顶部有 2 个预埋吊件，编号 MJ1。布置在与内叶墙板内侧边间距 135mm，分别与内叶墙板左右两侧边间距 450mm 的对称位置处。

（4）预埋螺母：内叶墙板内侧面有 4 个临时支撑预埋螺母，编号 MJ2。矩形布置，距离内叶墙板左右两侧边均为 350mm，下部螺母距离内叶墙板下边缘 550mm，上部螺母与下部螺母间距 1390mm。

（5）预埋电气线盒：内叶墙板内侧面有 3 个预埋电气线盒，线盒中心位置与墙板外边缘间距可根据工程实际情况从预埋线盒位置选用表中选取。

（6）其他：内叶墙板两侧边出筋长度均为 200mm。内叶墙板两侧均预留 30mm×5mm 凹槽，保障预制混凝土与后浇混凝土接缝处外观平整，同时也能够防止后浇混凝

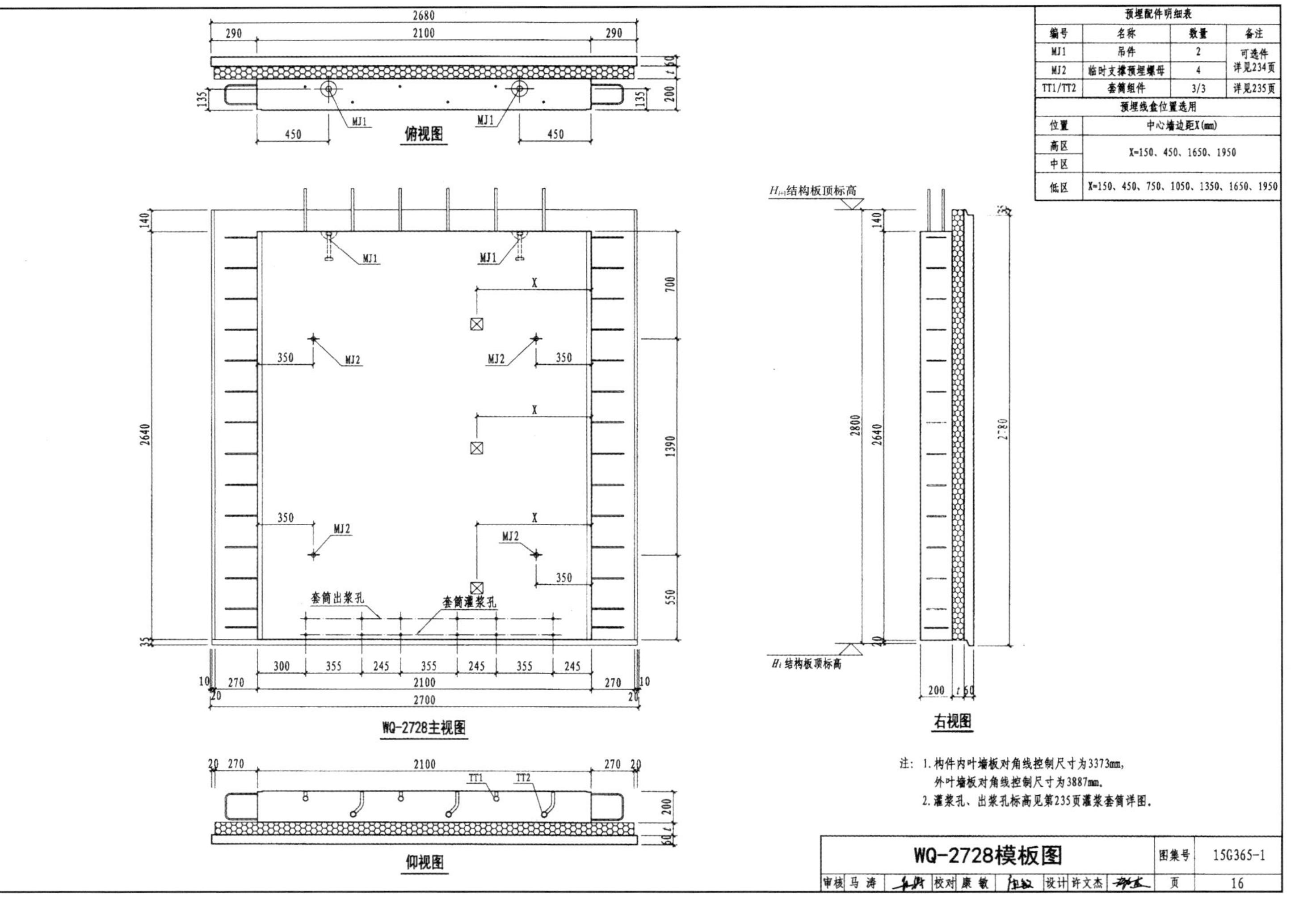

图 3-1　WQ-2728模板图（注：本图摘自15G365-1）

土漏浆。内叶墙板对角线控制尺寸为 3373mm，外叶墙板对角线控制尺寸为 3887mm。

3. WQ-2728 配筋图基本信息

从 WQ-2728 配筋图（图 3-2）中可以读出以下信息（本部分仅包含内叶墙板配筋，仅读取位置及分布信息，钢筋具体尺寸参见钢筋表）：

（1）基本形式：内外两层钢筋网片，水平分布筋在外，竖向分布筋在内。水平分布筋在灌浆套筒及其顶部加密布置，墙端设置端部竖向构造筋。

（2）6⌀16 与灌浆套筒连接的竖向分布筋 3a：自墙板边 300mm 开始布置，间距 300mm，两层网片上隔一设一。本图中墙板内、外侧均设置 3 根，共计 6 根。一、二、三级抗震要求时为 6⌀16，下端车丝，长度 23mm，与灌浆套筒机械连接。上端外伸 290mm，与上一层墙板中的灌浆套筒连接。四级抗震要求时为 6⌀14，下端车丝长度 21mm，上端外伸 275mm。

（3）6⌀6 不连接灌浆套筒的竖向分布筋 3b：沿墙板高度通长布置，不外伸。自墙板边 300mm 开始布置，间距 300mm，与连接灌浆套筒的竖向分布筋 3a 间隔布置。本图中墙板内、外侧均设置 3 根，共计 6 根。

（4）4⌀12 墙端端部竖向构造筋 3c：距墙板边 50mm，沿墙板高度通长布置，不外伸。每端设置 2 根，共计 4 根。

（5）13⌀8 墙体水平分布筋 3d：自墙板顶部 40mm 处（中心距）开始，间距 200mm 布置，共计 13 道。水平分布筋在墙体两侧各外伸 200mm，同高度处的两根水平分布筋外伸后端部连接形成预留外伸 U 形筋的形式。

（6）2⌀8 灌浆套筒顶部水平加密筋 3f：灌浆套筒顶部以上至少 300mm 范围，与墙体水平分布筋间隔设置，形成间距 100mm 的加密区。共设置 2 道水平加密筋，不外伸，同高度处的两根水平加密筋端部连接做成封闭箍筋形式，箍住最外侧的端部竖向构造筋。

（7）1⌀8 灌浆套筒处水平分布筋 3e：自墙板底部 80mm 处（中心距）布置一根，在墙体两侧各外伸 200mm，同高度处的两根水平加密筋外伸后端部连接形成预留外伸 U 形筋的形式。需注意的是，因灌浆套筒尺寸关系，该处的水平加密筋并不在钢筋网片平面内，其外伸后形成的 U 形筋端部尺寸与其他水平筋不同。

（8）⌀6@600 墙体拉结筋 3La：矩形布置，间距 600mm。墙体高度上自顶部节点向下布置（底部水平筋加密区，因高度不满足 2 倍间距要求，实际布置间距变小）。墙体宽度方向上因有端部拉结筋 3Lb，自第三列节点开始布置。共计 15 根。

（9）26⌀6 端部拉结筋 3Lb：端部竖向构造筋与墙体水平分布筋交叉点处拉结筋，每节点均设置，两端共计 26 根。

（10）5⌀6 底部拉结筋 3Lc：与灌浆套筒处水平加密筋节点对应的拉结筋，自端节点起，间距不大于 600mm，共计 5 根。

4. 无洞口外叶墙板配筋图

无洞口外叶墙板中钢筋采用焊接网片（图 3-3），间距不大于 150mm。网片混凝土保护层厚度按 20mm 计。竖向钢筋距离外叶墙板两侧边 30mm 开始摆放，顶部水平钢筋距离外叶墙板顶部 65mm 开始摆放，底部水平钢筋距离外叶墙板底部 35mm 开始摆放。

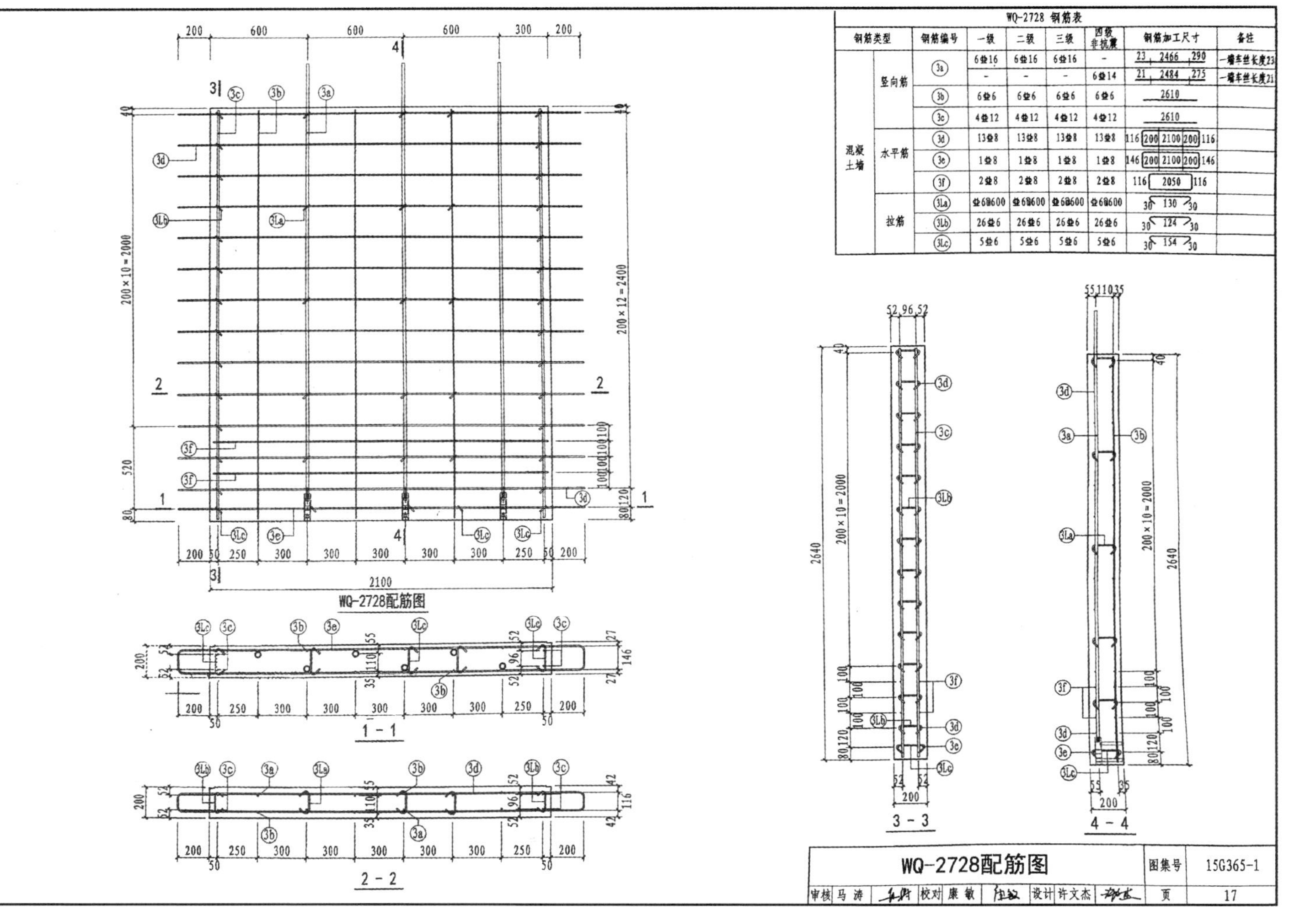

WQ-2728 钢筋表

钢筋类型		钢筋编号	一级	二级	三级	四级非抗震	钢筋加工尺寸	备注
混凝土墙	竖向筋	3a	6Φ16	6Φ16	6Φ16	-	23　2466　290	一端车丝长度23
			-	-	-	6Φ14	21　2484　275	一端车丝长度21
		3b	6Φ6	6Φ6	6Φ6	6Φ6	2610	
		3c	4Φ12	4Φ12	4Φ12	4Φ12	2610	
	水平筋	3d	13Φ8	13Φ8	13Φ8	13Φ8	116　200　2100　200　116	
		3e	1Φ8	1Φ8	1Φ8	1Φ8	146　200　2100　200　146	
		3f	2Φ8	2Φ8	2Φ8	2Φ8	116　2050　116	
	拉筋	3La	Φ6@600	Φ6@600	Φ6@600	Φ6@600	30　130　30	
		3Lb	26Φ6	26Φ6	26Φ6	26Φ6	30　124　30	
		3Lc	5Φ6	5Φ6	5Φ6	5Φ6	30　154　30	

图 3-2　WQ-2728配筋图（注：本图摘自15G365-1）

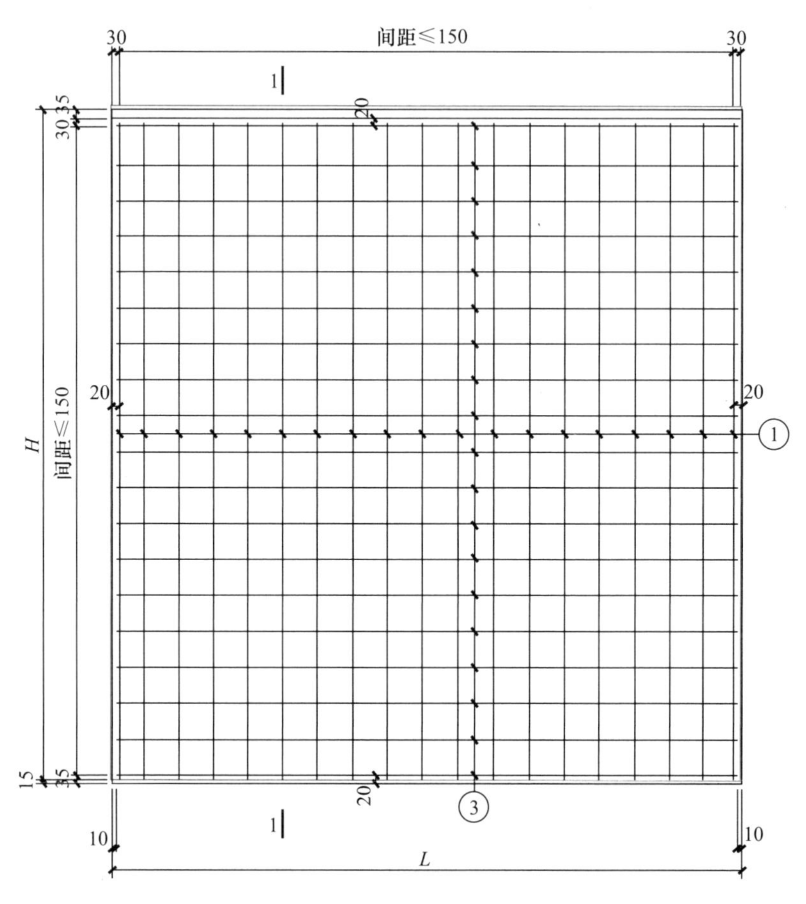

图 3-3　无洞口外叶墙板配筋图（注：本图摘自 15G365-1）

3.1.3　无洞口外墙板详图识读训练

识读给出的无洞口外墙板 WQ-3029 模板图（图 3-4）和配筋图（图 3-5），明确外墙板各组成部分的基本尺寸和配筋情况，完成下列图纸识读训练。

（1）该墙板的内叶板板底标高为（　　）。

A. 本层结构板底标高　　B. 本层结构板底标高＋20mm

C. 本层结构板顶标高　　D. 本层结构板顶标高＋20mm

（2）该墙板的内叶板外轮廓尺寸为（　　）。

A. 2400mm×2740mm　　B. 2940mm×2880mm

C. 2980mm×3015mm　　D. 3000mm×2900mm

（3）该墙板两 MJ1 之间的水平距离是（　　）。

A. 135mm　　B. 450mm　　C. 1500mm　　D. 2400mm

（4）该墙板套筒组件中 TT2 的数量为（　　）。

A. 0　　B. 3　　C. 4　　D. 7

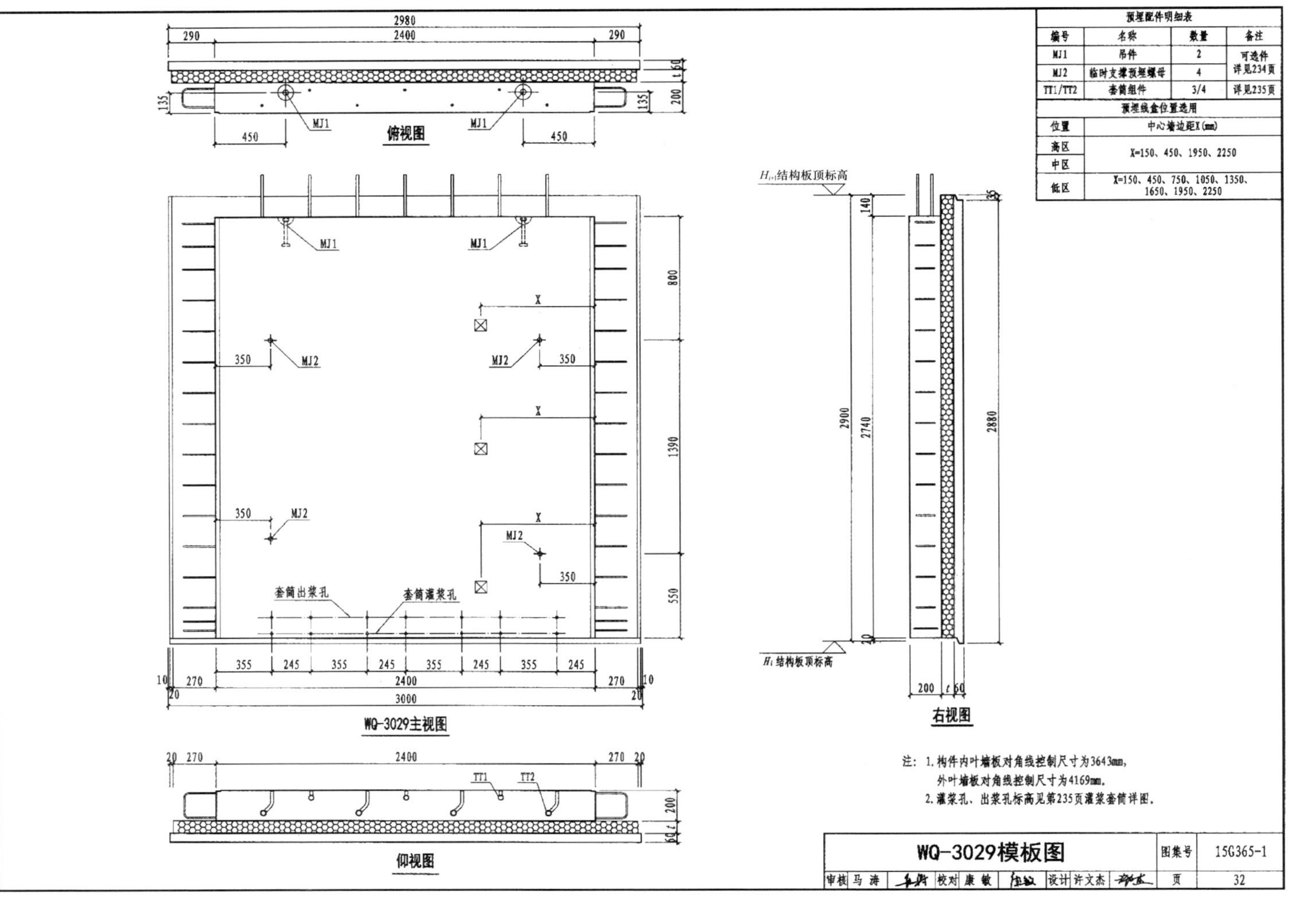

图3-4 WQ-3029模板图（注：本图摘自15G365-1）

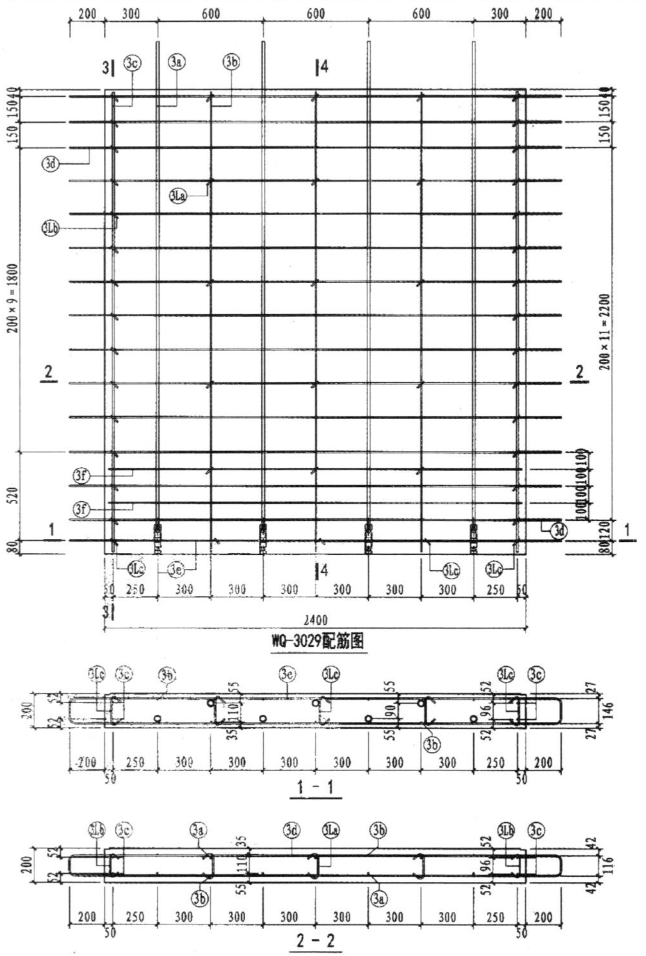

WQ-3029 钢筋表

钢筋类型		钢筋编号	一级	二级	三级	四级 非抗震	钢筋加工尺寸	备注
混凝土墙	竖向筋	3a	7Φ16	7Φ16	7Φ16	-	23 2566 290	一端车丝长度23
			-	-	-	7Φ14	21 2584 275	一端车丝长度21
		3b	7Φ6	7Φ6	7Φ6	7Φ6	2710	
		3c	4Φ12	4Φ12	4Φ12	4Φ12	2710	
	水平筋	3d	14Φ8	14Φ8	14Φ8	14Φ8	116 200 2400 200 116	
		3e	1Φ8	1Φ8	1Φ8	1Φ8	146 200 2400 200 146	
		3f	2Φ8	2Φ8	2Φ8	2Φ8	116 2350 116	
	拉筋	3La	Φ6@600	Φ6@600	Φ6@600	Φ6@600	30 130 30	
		3Lb	28Φ6	28Φ6	28Φ6	28Φ6	30 124 30	
		3Lc	5Φ6	5Φ6	5Φ6	5Φ6	30 154 30	

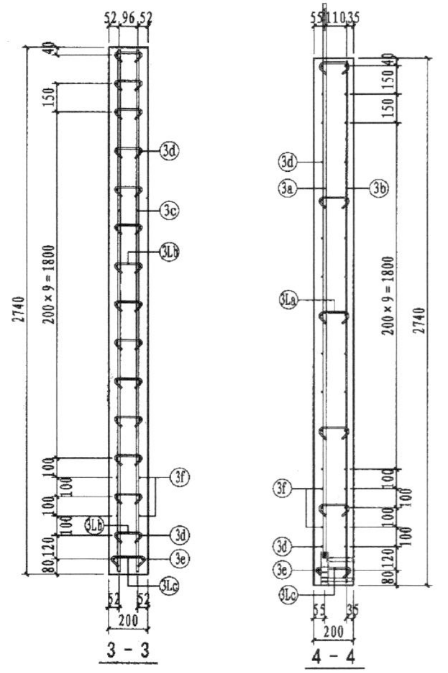

WQ-3029配筋图

1－1

2－2

3－3

4－4

WQ-3029配筋图	图集号	15G365-1
审核 马涛 校对 康敏 设计 许文杰	页	33

图 3-5 WQ-3029配筋图（注：本图摘自15G365-1）

（5）灌浆套筒的灌浆孔和出浆孔的相对位置关系是（　　）。

A. 灌浆孔在上、出浆孔在下　　B. 灌浆孔在下、出浆孔在上

C. 可根据施工需要设置　　D. 图中未给出

（6）该墙板的外叶板厚度为（　　）。

A. 60mm　　B. 135mm　　C. 200mm　　D. 按具体设计选定

（7）该墙板的内叶板厚度为（　　）。

A. 60mm　　B. 135mm　　C. 200mm　　D. 按具体设计选定

（8）墙板钢筋网片层数为（　　）。

A. 0　　B. 1　　C. 2　　D. 3

（9）墙板钢筋网片中水平分布筋和竖向分布筋的位置关系为（　　）。

A. 水平分布筋在内，竖向分布筋在外

B. 水平分布筋在外，竖向分布筋在内

C. 水平分布筋在上，竖向分布筋在下

D. 水平分布筋在下，竖向分布筋在上

（10）墙体水平分布筋的外伸长度为（　　）。

A. 100mm　　B. 150mm　　C. 200mm　　D. 250mm

任务3.2　识读一个窗洞外墙板详图

3.2.1　一个窗洞外墙板详图识读要求

识读给出的一个窗洞外墙板模板图和配筋图，明确外墙板各组成部分的基本尺寸和配筋情况。

3.2.2　一个窗洞外墙板 WQC1-3328-1214 基本构造

根据窗台高度的不同，一个窗洞外墙板分为一个窗洞高窗台外墙板和一个窗洞矮窗台外墙板两类，其构造形式大体相同。下面以一个窗洞高窗台外墙板 WQC1-3328-1214 为例，通过模板图（图3-6）和配筋图（图3-7）识读其基本尺寸和配筋情况。

教学视频（1）

教学视频（2）

1. 内叶墙板、保温板和外叶墙板的相对位置关系

内叶墙板、保温板和外叶墙板的相对位置关系参见 WQ-2728。

2. WQC1-3328-1214 模板图基本信息

从模板图中可以读出以下信息：

预埋配件明细表

编号	名称	数量	备注
MJ1	吊件	2	可选件
MJ2	临时支撑预埋螺母	4	详见234页
B-45	填充用聚苯板	2	详见235页
TT1/TT2	套筒组件	6/8	详见235页
TG	套管组件	-	详见234页

预埋线盒位置选用

位置	中心洞边距 X_L、X_R、X_M (mm)
高区	X_L、X_R= 130、280、430、580
中区	
低区	X_M = 600

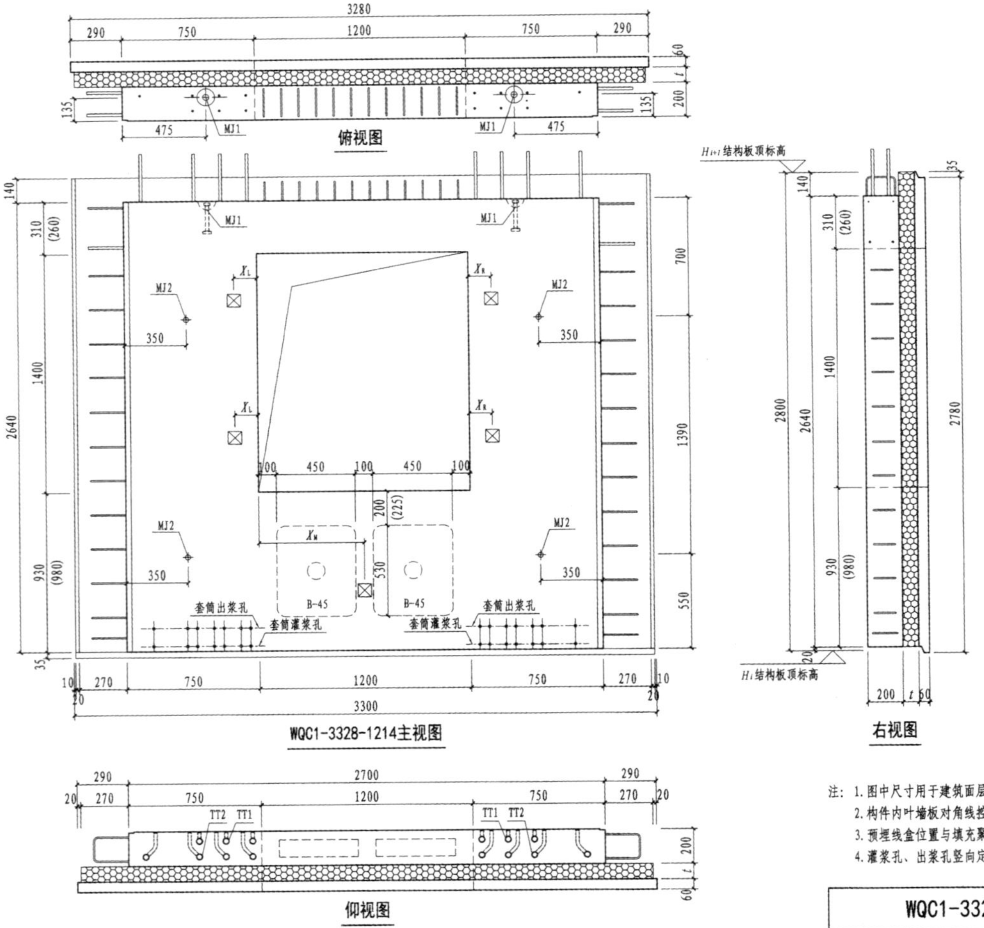

俯视图

WQC1-3328-1214主视图

右视图

仰视图

注：1. 图中尺寸用于建筑面层为50mm的墙板，括号内尺寸用于建筑面层为100mm的墙板。
2. 构件内叶墙板对角线控制尺寸为3776mm，外叶墙板对角线控制尺寸为4322mm。
3. 预埋线盒位置与填充聚苯板碰撞时，应调整聚苯板尺寸，做法详见第233页。
4. 灌浆孔、出浆孔竖向定位尺寸详见第235页。

WQC1-3328-1214模板图									图集号	15G365-1
审核	马涛		校对	许文杰		设计	康敏		页	58

图 3-6　WQC1-3328-1214模板图（注：本图摘自15G365-1）

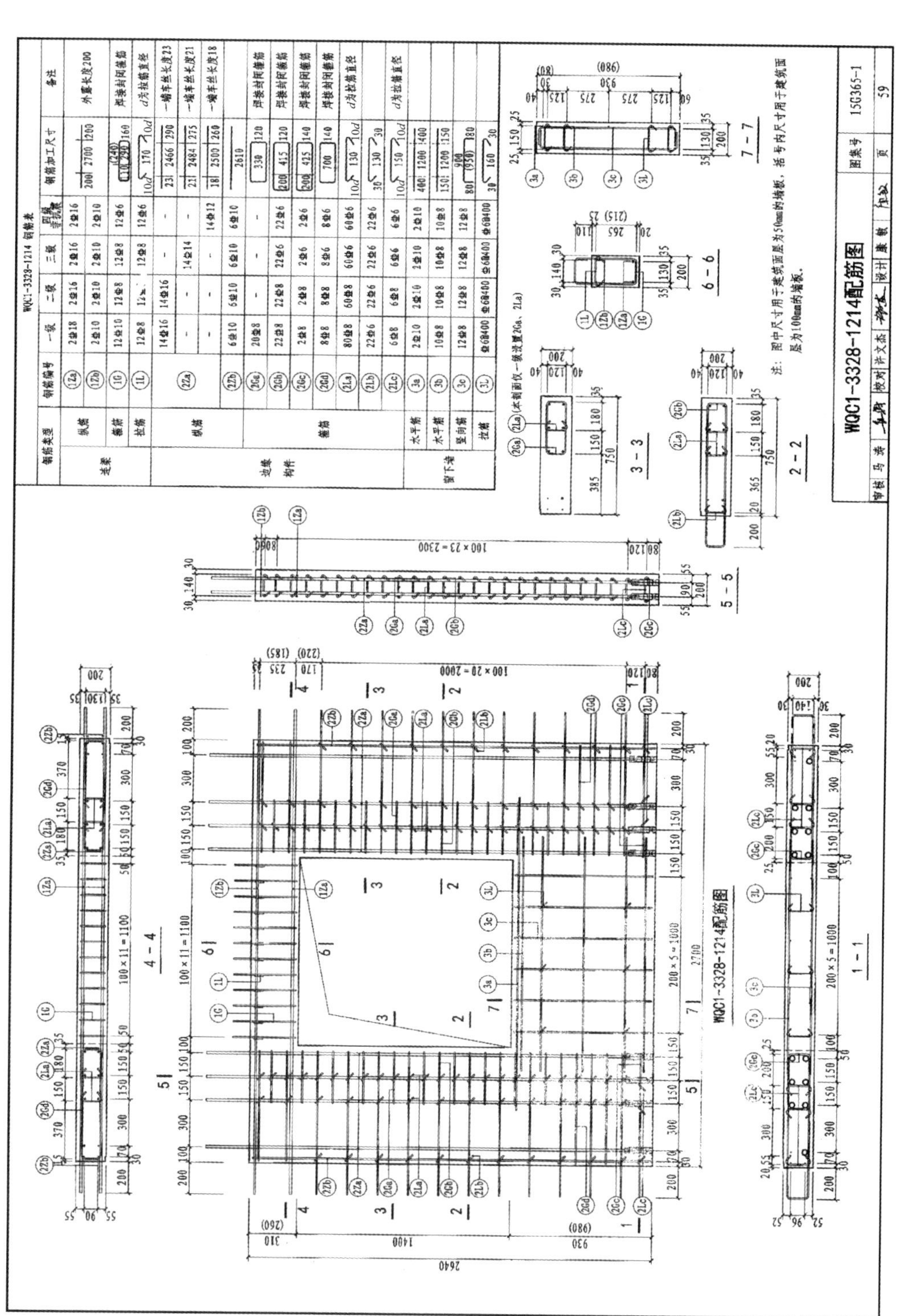

图 3-7　WQC1-3328-1214配筋图（注：本图摘自15G365-1）

（1）基本尺寸：内叶墙板宽 2700mm（不含出筋），高 2640mm（不含出筋），厚 200mm。保温板宽 3240mm，高 2780mm，厚度按设计选用确定。外叶墙板宽 3280mm，高 2815mm，厚 60mm。窗洞口宽 1200mm，高 1400mm，宽度方向居中布置，窗台与内叶墙板底间距 930mm（建筑面层为 100mm 时间距为 980mm）。

（2）预埋灌浆套筒：墙板底部预埋 14 个灌浆套筒。窗洞口两侧的边缘构件竖向筋底部，每侧 6 个，共计 12 个灌浆套筒。窗洞边缘构件外侧墙身竖向筋底部设置 2 个灌浆套筒，每侧 1 个。套筒灌浆孔和出浆孔均设置在墙板内侧面上（设置墙板临时斜支撑的一侧，下同）。同一个套筒的灌浆孔和出浆孔竖向布置，灌浆孔在下，出浆孔在上。灌浆孔和出浆孔各自都处在同一水平高度上，灌浆孔间或出浆孔间的水平间距不均匀。

（3）预埋吊件：墙板顶部有 2 个预埋吊件，编号 MJ1。布置在与内叶墙板内侧边间距 135mm，分别与内叶墙板左右两侧边间距 475mm 的对称位置处。

（4）预埋螺母：墙板内侧面有 4 个临时支撑预埋螺母，编号 MJ2。矩形布置，距离内叶墙板左右两侧边均为 350mm，下部螺母距离内叶墙板下边缘 550mm，上部螺母与下部螺母间距 1390mm。

（5）预埋电气线盒：窗洞两侧各有 2 个预埋电气线盒，窗洞下部有 1 个预埋电气线盒，共计 5 个。线盒中心位置与墙板外边缘间距可根据工程实际情况选取。

（6）窗下填充聚苯板：窗台下设置 2 块 B-45 型聚苯板轻质填充块，距窗洞边 100mm 布置。两聚苯板间距 100mm，顶部与窗台间距 100mm。

（7）灌浆分区：宽度方向平均分为两个灌浆分区，长度均为 1350mm。

（8）其他：内叶墙板两侧均预留凹槽 30mm×5mm。内叶墙板对角线控制尺寸为 3776mm，外叶墙板对角线控制尺寸为 4322mm。

3. WQC1-3328-1214 配筋图基本信息

从配筋图中可以读出以下信息（仅读取位置及分布信息，钢筋具体尺寸参见钢筋表）：

（1）基本形式：墙体内外两层钢筋网片，水平分布筋在外，竖向分布筋在内。窗洞上设置连梁，窗洞口两侧设置边缘构件。

（2）2⌀16 连梁底部纵筋 1Za：墙宽通长布置，两侧均外伸 200mm。一级抗震要求时为 2⌀18，其他为 2⌀16。

（3）2⌀10 连梁腰筋 1Zb：墙宽通长布置，两侧均外伸 200mm。与墙板顶部距离 35mm，与连梁底部纵筋间距 235mm（当建筑面层为 100mm 时间距 185mm）。

（4）12⌀10 连梁箍筋 1G：焊接封闭箍筋，箍住连梁底部纵筋和腰筋，上部外伸 110mm 至水平后浇带或圈梁混凝土内。仅窗洞正上方布置，距离窗洞边缘 50mm 开始，等间距设置。一级抗震要求时为 12⌀10，二、三级抗震要求时为 12⌀8，四级抗震要求时为 12⌀6。

（5）12⌀8 连梁拉筋 1L：拉结连梁腰筋和箍筋。弯钩平直段长度为 $10d$。一、二、三级抗震要求时为 12⌀8，四级抗震要求时为 12⌀6。

（6）14⌀16 与灌浆套筒连接的边缘构件竖向纵筋 2Za：其中，窗洞口两侧边缘构件竖向纵筋共12根，距离窗洞边缘50mm开始布置，间距150mm布置3排。边缘构件两侧墙身竖向筋各1根，距边缘构件最外侧竖向纵筋300mm。一、二级抗震要求时为14⏀16，下端车丝，长度23mm，与灌浆套筒机械连接。上端外伸290mm，与上一层墙板中的灌浆套筒连接。三级抗震要求时为14⏀14，下端车丝长度21mm，上端外伸275mm。四级抗震要求时为14⏀12，下端车丝长度18mm，上端外伸260mm。

（7）6⏀10不与灌浆套筒连接的边缘构件竖向纵筋2Zb：沿墙板高度通长布置，不连接灌浆套筒，不外伸。其中墙端端部竖向构造筋每端设置2根，共计4根，距墙板边30mm布置。与连接灌浆套筒的2根墙身竖向筋2Za对应的2根2Zb竖向纵筋，距墙板边100mm布置。

除连梁纵筋和腰筋因直径较大不易弯曲而直线外伸外，其余直径较小的墙体水平分布筋无论外伸与否，内外两层网片上同高度处两根水平分布筋均在端部弯折连接做成封闭箍筋状，钢筋表中均作为箍筋处理。

（8）2⏀8灌浆套筒处水平分布筋2Gc：距墙板底部80mm处（中心距）布置，从窗洞口边缘构件内侧至墙端。两层网片上同高度处两根水平分布筋在端部弯折连接形成封闭箍筋状，一端箍住窗洞口边缘构件最外侧竖向分布筋，另一端外伸200mm，外伸后形成预留外伸U形筋的形式。窗洞两侧各设置一道。因灌浆套筒尺寸关系，该处箍筋并不在钢筋网片平面内。一、二级抗震要求时为2⏀8，三、四级抗震要求时为2⏀6。

（9）22⏀8墙体水平分布筋2Gb：套筒顶部至连梁底部之间均布，距墙板底部200mm处开始布置，间距200mm。两层网片上同高度处两根水平分布筋在端部弯折连接形成封闭箍筋状。一端箍住窗洞口处边缘构件竖向分布筋，另一端外伸200mm，外伸后形成预留外伸U形筋的形式。窗洞两侧各设置11道。一、二级抗震要求时为22⏀8，三、四级抗震要求时为22⏀6。

（10）8⏀8套筒顶和连梁处水平加密筋2Gd：套筒顶部以上300mm范围和连梁高度范围内设置，间距200mm。套筒顶部以上300mm范围内设置2道，与墙体水平分布筋2Gb间隔设置。连梁高度范围内设置2道（最上一根的2Gb以上200mm开始布置）。两层网片上同高度处两根水平加强筋在端部弯折连接形成封闭箍筋状。一端箍住窗洞口边缘构件最外侧竖向分布筋，另一端箍住墙体端部竖向构造纵筋2Zb，不外伸。窗洞两侧共设置8道。一、二级抗震要求时为8⏀8，三、四级抗震要求时为8⏀6。

（11）20⏀8窗洞口边缘构件箍筋2Ga：套筒顶部300mm以上范围和连梁高度范围内设置，间距200mm。套筒顶部300mm以上范围内与墙体水平分布筋2Gb间隔设置。连梁高度范围内与连梁处水平加密筋2Gd间隔设置。焊接封闭箍筋，箍住最外侧的窗洞口边缘构件竖向分布筋。仅在一级抗震要求时设置，窗洞两侧各设置10⏀8。

（12）80⏀8窗洞口边缘构件拉结筋2La：窗洞口边缘构件竖向纵筋与各类水平筋

（墙体水平分布筋、边缘构件箍筋等）交叉点处拉结筋（无箍筋拉结处），不含灌浆套筒区域。弯钩平直段长度 10d。一级抗震要求时窗洞口两侧每侧 40 ⌀ 8，二级抗震要求时窗洞口两侧每侧 30 ⌀ 8，三、四级抗震要求时窗洞口两侧每侧 30 ⌀ 6。

（13）22 ⌀ 6 墙端端部竖向构造纵筋拉结筋 2Lb：墙端边缘竖向构造纵筋 2Zb 与墙体水平分布筋 2Gb 交叉点处拉结筋，每端 11 道，弯钩平直段长度 30mm。

（14）6 ⌀ 8 灌浆套筒处拉结筋 2Lc：灌浆套筒处水平分布筋与灌浆套筒和墙端端部竖向构造纵筋交叉点处拉结筋，弯钩平直段长度 10d。一、二级抗震要求时为 6 ⌀ 8。三、四级抗震要求时为 6 ⌀ 6。

（15）2 ⌀ 10 窗下水平加强筋 3a：窗台下布置，距窗台面 40mm，端部伸入窗洞口两侧混凝土内 400mm。

（16）10 ⌀ 8 窗下墙水平分布筋 3b：窗下墙处布置，端部伸入窗洞口两侧混凝土内 150mm。共布置 5 道，底部 2 道分别与套筒处水平分布筋和套筒顶第一根水平分布筋搭接，顶部 1 道距窗台 70mm，其余 2 道布置位置可见剖面图。

（17）12 ⌀ 8 窗下墙竖向分布筋 3c：窗下墙处，距窗洞口边缘 100mm 开始布置，间距 200mm。端部弯折 90°，弯钩长度为 80mm，两侧竖向筋通过弯钩连接。

（18）⌀ 6@400 窗下墙拉结筋 3d：窗下墙处，矩形布置。

4. 一个窗洞外叶墙板配筋图

外叶墙板中钢筋采用焊接网片（图 3-8），间距不大于 150mm。网片偏墙板外侧设置，混凝土保护层厚度按 20mm 计。竖向钢筋距离外叶墙板两侧边 30mm 开始摆放，顶部水平钢筋距离外叶墙板顶部 65mm 开始摆放，底部水平钢筋距离外叶墙板底部 35mm 开始摆放。

有门窗洞口的外叶墙板，钢筋在洞口处截断处理，但需在洞口边缘设置通长钢筋，一般在距离洞口边缘 30mm 处设置。洞口角部设置 800mm 长加固筋，每个角部两根。

3.2.3 一个窗洞外墙板详图识读训练

识读给出的一个窗洞外墙板 WQCA-3028-1516 模板图（图 3-9）和配筋图（图 3-10），明确外墙板各组成部分的基本尺寸和配筋情况，完成下列图纸识读训练。

（1）该墙板的内叶板板顶标高为（　　）。

A. 上层结构板顶标高

B. 上层结构板顶标高＋140mm

C. 上层结构板顶标高－140mm

D. 上层结构板顶标高－35mm

（2）根据图示，相邻两块预制墙板吊装完成后，两内叶板间的空隙尺寸为（　　）。

A. 0mm　　B. 10mm　　C. 20mm　　D. 600mm

（3）根据图示，预制墙板吊装完成后，底部灌浆层的厚度为（　　）（不含灌浆套筒部分）。

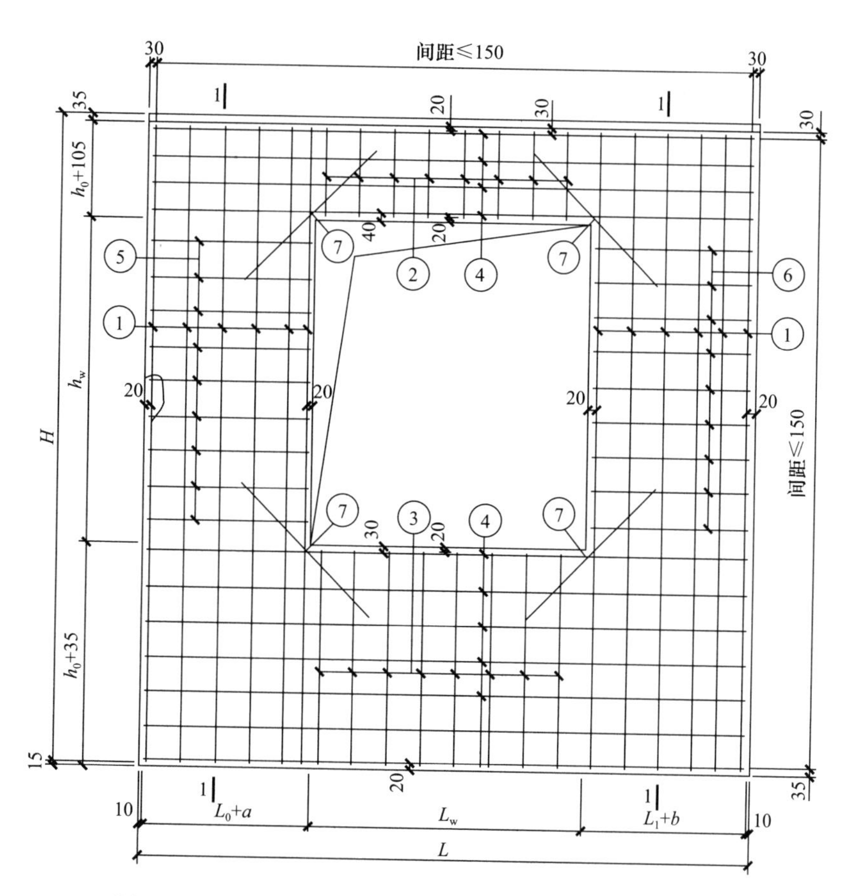

图 3-8 一个窗洞外叶墙板配筋图（注：本图摘自 15G365-1）

A. 0mm　　B. 10mm　　C. 20mm　　D. 35mm

（4）根据图示，预制墙板吊装完成后，顶部后浇圈梁或水平后浇带的厚度为（　　）。

A. 100mm　　B. 140mm　　C. 105mm　　D. 0

（5）50mm 厚建筑面层施工完成后，该墙板处的窗台高度为（　　）。

A. 730mm　　B. 580mm　　C. 900mm　　D. 700mm

（6）墙板中设置的端部竖向构造筋为（　　）。

A. 12⏀16　　B. 14⏀8　　C. 4⏀10　　D. 2⏀10

（7）连梁箍筋的起始布置位置为窗边（　　）。

A. 10mm　　B. 12mm　　C. 50mm　　D. 100mm

（8）一级抗震要求时，墙板中设置的边缘构件纵筋为（　　）。

A. 6⏀16　　B. 12⏀16　　C. 12⏀14　　D. 12⏀12

（9）墙板中设置的边缘构件纵筋间距为（　　）。

A. 100mm　　B. 150mm　　C. 200mm　　D. 300mm

（10）1-1 断面图和 4-4 断面图的区别包括（　　）。

A. 2La 和 2Lc　　B. 2Gc 和 2Gd　　C. 1G 和 3L　　D. 以上全是

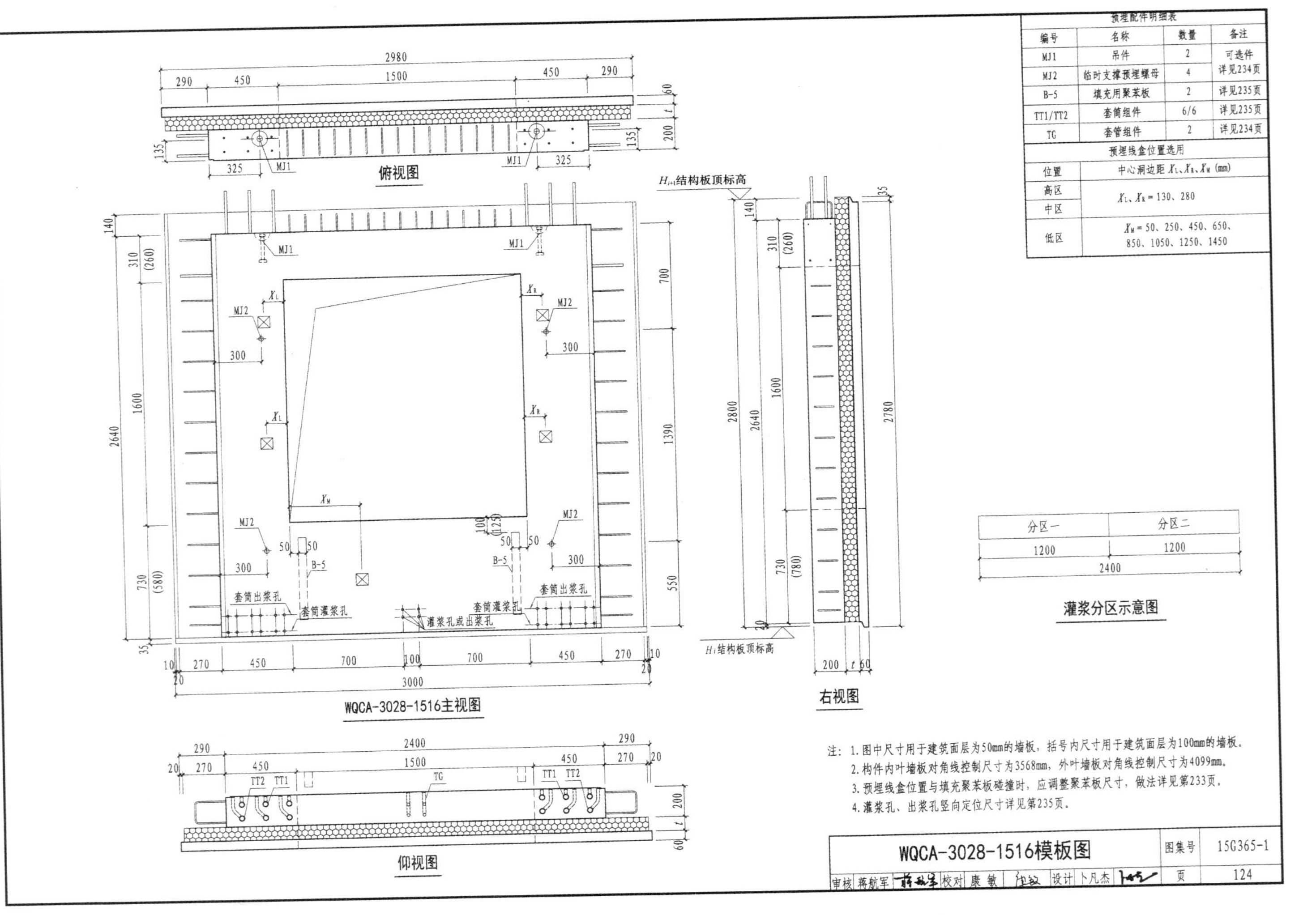

图 3-9 WQCA-3028-1516模板图（注：本图摘自15G365-1）

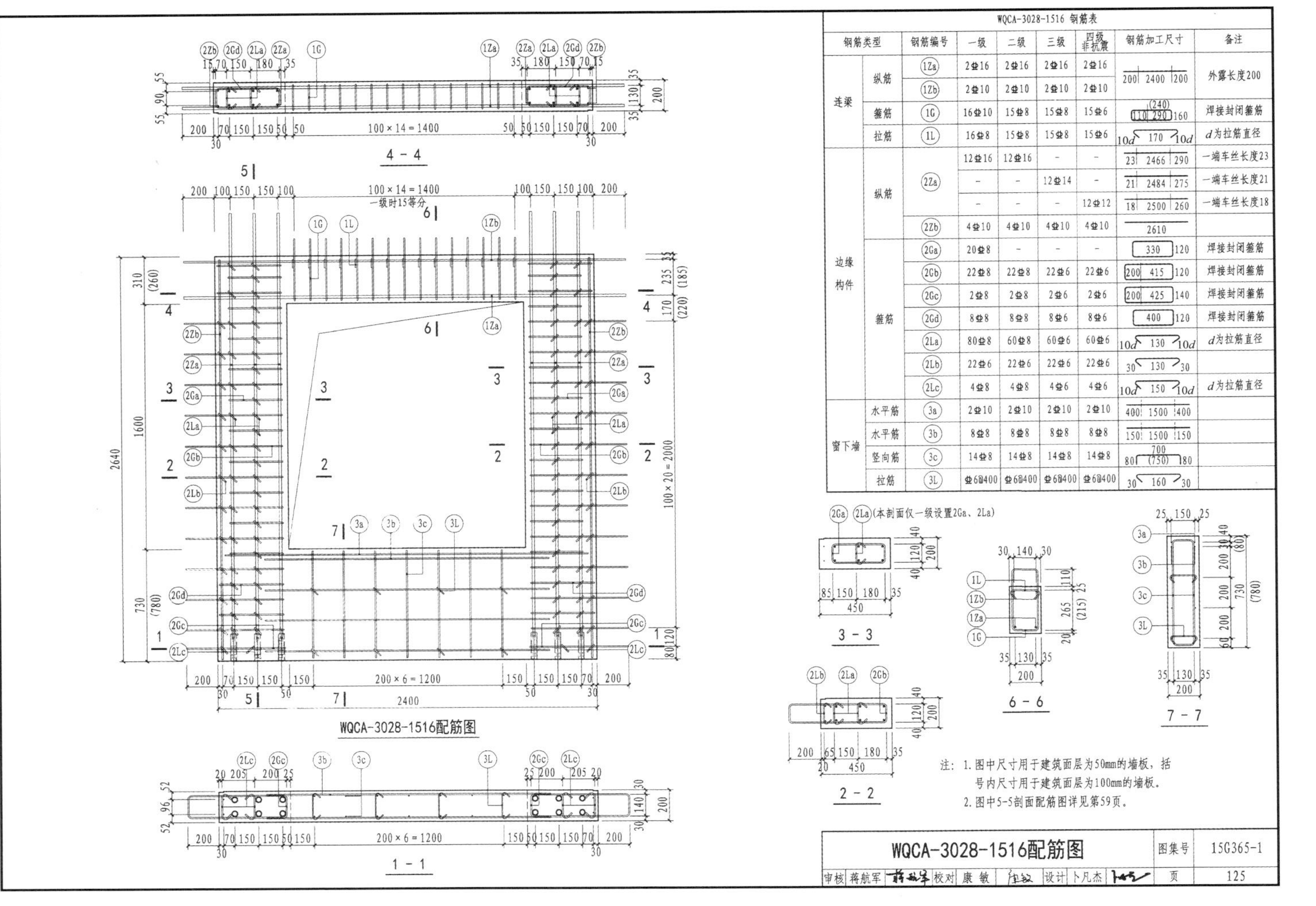

WQCA-3028-1516 钢筋表

钢筋类型		钢筋编号	一级	二级	三级	四级非抗震	钢筋加工尺寸	备注
连梁	纵筋	1Za	2⌀16	2⌀16	2⌀16	2⌀16	200 2400 200	外露长度200
		1Zb	2⌀10	2⌀10	2⌀10	2⌀10		
	箍筋	1G	16⌀10	15⌀8	15⌀8	15⌀6	(240) 110 290 160	焊接封闭箍筋
	拉筋	1L	16⌀8	15⌀8	15⌀8	15⌀6	10d 170 10d	d为拉筋直径
边缘构件	纵筋	2Za	12⌀16	12⌀16	-	-	23 2466 290	一端车丝长度23
			-	-	12⌀14	-	21 2484 275	一端车丝长度21
			-	-	-	12⌀12	18 2500 260	一端车丝长度18
		2Zb	4⌀10	4⌀10	4⌀10	4⌀10	2610	
	箍筋	2Ga	20⌀8	-	-	-	330 120	焊接封闭箍筋
		2Gb	22⌀8	22⌀8	22⌀6	22⌀6	200 415 120	焊接封闭箍筋
		2Gc	2⌀8	2⌀8	2⌀6	2⌀6	200 425 140	焊接封闭箍筋
		2Gd	8⌀8	8⌀8	8⌀6	8⌀6	400 120	焊接封闭箍筋
		2La	80⌀8	60⌀8	60⌀6	60⌀6	10d 130 10d	d为拉筋直径
		2Lb	22⌀6	22⌀6	22⌀6	22⌀6	30 130 30	
		2Lc	4⌀8	4⌀8	4⌀6	4⌀6	10d 150 10d	d为拉筋直径
窗下墙	水平筋	3a	2⌀10	2⌀10	2⌀10	2⌀10	400 1500 400	
	水平筋	3b	8⌀8	8⌀8	8⌀8	8⌀8	150 1500 150	
	竖向筋	3c	14⌀8	14⌀8	14⌀8	14⌀8	700 80 (750) 80	
	拉筋	3L	⌀6@400	⌀6@400	⌀6@400	⌀6@400	30 160 30	

图 3-10 WQCA-3028-1516配筋图（注：本图摘自15G365-1）

任务 3.3　识读两个窗洞外墙板详图

3.3.1　两个窗洞外墙板详图识读要求

识读给出的两个窗洞外墙板模板图和配筋图，明确外墙板各组成部分的基本尺寸和配筋情况。

3.3.2　两个窗洞外墙板 WQC2-4828-0614-1514 基本构造

1. 内叶墙板、保温板和外叶墙板的相对位置关系

内叶墙板、保温板和外叶墙板的相对位置关系参见 WQ-2728。

教学视频（1）

教学视频（2）

2. WQC2-4828-0614-1514 模板图基本信息

从模板图（图 3-11）中可以读出以下信息：

（1）基本尺寸：内叶墙板宽 4200mm（不含出筋），高 2640mm（不含出筋，底部预留 20mm 高灌浆区，顶部预留 140mm 高后浇区，合计层高为 2800mm），厚 200mm。保温板宽 4740mm，高 2780mm，厚度按设计选用确定。外叶墙板宽 4780mm，高 2815mm，厚 60mm。左窗洞口宽 600mm，高 1400mm，距内叶墙板左侧 750mm。右窗洞口宽 1500mm，高 1400mm，距内叶墙板右侧 750mm。两窗窗台平齐，与内叶墙板底间距 930mm（建筑面层为 100mm 时间距为 980mm）。

（2）预埋灌浆套筒：墙板底部预埋 14 个灌浆套筒。窗洞口边缘构件竖向筋底部每侧设置（左窗左侧、右窗右侧）6 个，计 12 个灌浆套筒。每墙端纵筋底部设置 1 个，共计 14 个灌浆套筒。内叶墙板正下方设置 4 组灌浆套管，分别位于两条灌浆分区线两侧各 50mm 处。套筒和套管的灌浆孔和出浆孔均设置在墙板内侧面上（设置墙板临时斜支撑的一侧，下同）。同一个套筒的灌浆孔和出浆孔竖向布置，灌浆孔在下，出浆孔在上。灌浆孔和出浆孔各自都处在同一水平高度上，灌浆孔间或出浆孔间的水平间距不均匀。

（3）预埋吊件：墙板顶部有 2 个预埋吊件，编号 MJ1。在与内叶墙板内侧边间距 135mm，左侧 MJ1 与内叶墙板左侧边间距 300mm，右侧 MJ1 与内叶墙板右侧边间距 950mm。

（4）预埋螺母：墙板内侧面有 3 组共 6 个临时支撑预埋螺母，编号 MJ2。矩形布置，左侧一组 MJ2 与内叶墙板左侧边间距 350mm，中间一组 MJ2 与左窗洞口边间距 300mm，右侧一组 MJ2 与内叶墙板右侧边间距 350mm。下部螺母距离内叶墙板下边缘 550mm，上部螺母与下部螺母间距 1390mm。

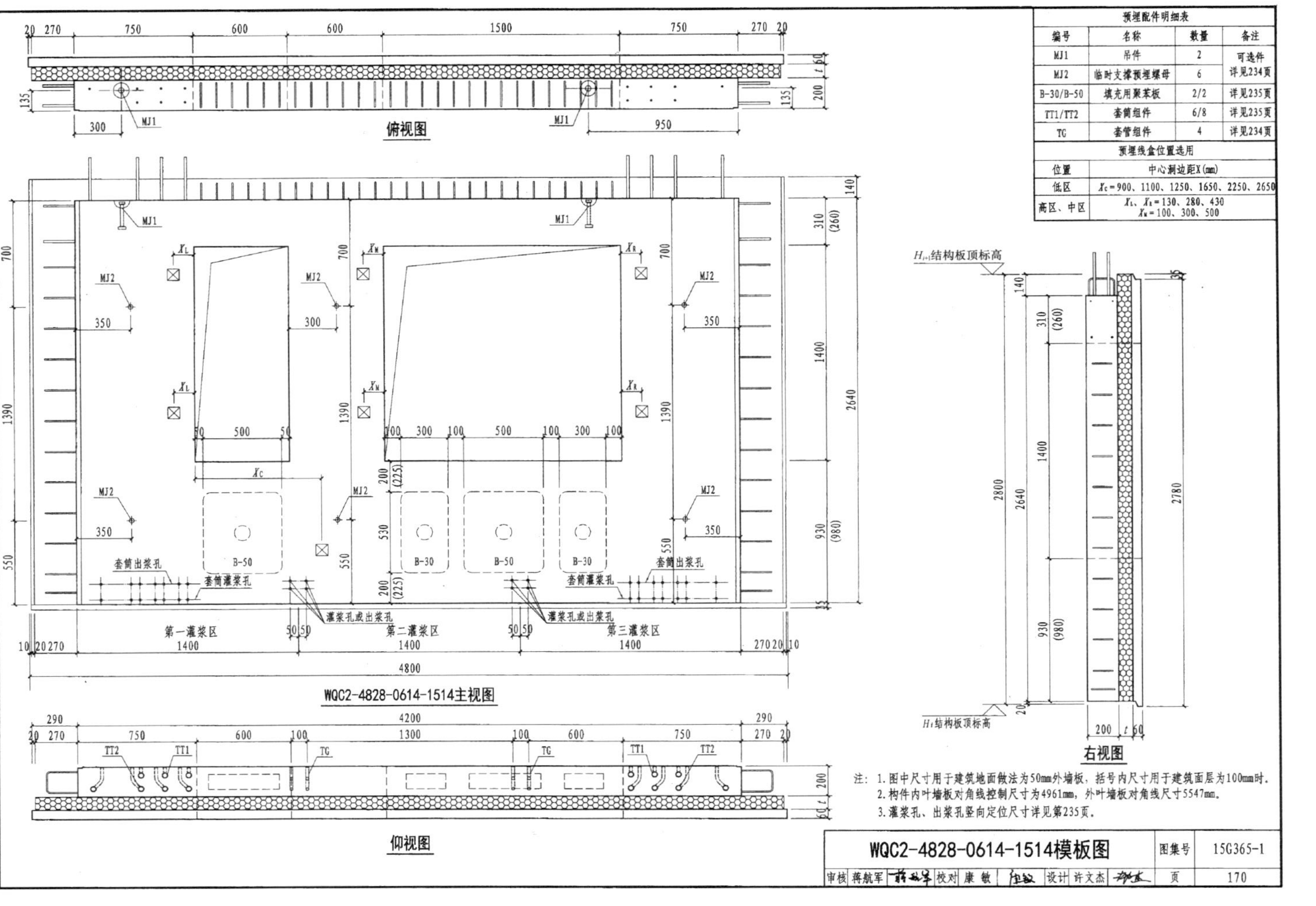

图 3-11　WQC2-4828-0614-1514模板图（注：本图摘自15G365-1）

（5）预埋电气线盒：左窗洞口左侧、右窗洞口两侧各有 2 个预埋电气线盒，窗洞下部有 1 个预埋电气线盒，共计 7 个。线盒中心位置与墙板外边缘间距可根据工程实际情况从预埋线盒位置选用表中选取。

（6）窗下填充聚苯板：左窗洞口窗台下设置 1 块 B-50 型聚苯板轻质填充块，填充块外侧与窗洞边间距 50mm，顶部与窗台间距 200mm。右窗洞口窗台下设置 1 块 B-50 型和 2 块 B-30 型聚苯板轻质填充块，对称布置，填充块外侧与窗洞边间距 100mm，顶部与窗台间距 200mm。

（7）灌浆分区：内叶墙板宽度方向平均分为三个灌浆分区，长度均为 1400mm。

（8）其他：内叶墙板两侧均预留凹槽 30mm×5mm，保障预制混凝土与后浇混凝土接缝处外观平整，同时也能够防止后浇混凝土漏浆。内叶墙板对角线控制尺寸为 4961mm，外叶墙板对角线控制尺寸为 5547mm。

3. WQC2-4828-0614-1514 配筋图基本信息

从配筋图（图 3-12）中可以读出以下信息（仅读取位置及分布信息，钢筋具体尺寸参见钢筋表）：

（1）基本形式：窗洞上设置连梁，左窗洞左侧和右窗洞右侧设置边缘构件。墙体内外两层钢筋网片，水平分布筋在外，竖向分布筋在内。

（2）2⌀18 连梁底部纵筋 1Za：墙宽通长布置，两侧均外伸 200mm。一级抗震要求时为 2⌀18，其他为 2⌀16。

（3）2⌀10 连梁腰筋 1Zb：墙宽通长布置，两侧均外伸 200mm。与墙板顶部距离 35mm，与连梁底部纵筋间距 235mm（当建筑面层为 100mm 时间距 185mm）。

（4）27⌀10 连梁箍筋 1G：焊接封闭箍筋，箍住连梁底部纵筋和腰筋，上部外伸 110mm 至水平后浇带或圈梁混凝土内。在左窗洞左侧至右窗洞右侧上方连梁处布置，距离窗洞边缘 50mm 开始，等间距设置。一级抗震要求时为 27⌀10，二、三级抗震要求时为 27⌀8，四级抗震要求时为 27⌀6。

（5）27⌀8 连梁拉筋 1L：连梁腰筋和箍筋交叉点处拉结筋，弯钩平直段长度为 $10d$。一、二、三级抗震要求时为 27⌀8，四级抗震要求时为 27⌀6。

（6）14⌀16 与灌浆套筒连接的竖向纵筋 2Za：包含窗洞口边缘构件竖向纵筋和墙端部竖向纵筋。左窗洞左侧和右窗洞右侧窗洞口边缘构件竖向纵筋距离窗洞边缘 50mm 开始布置，间距 150mm 布置 3 排，两层网片共 12 根竖向筋连接灌浆套筒。墙端部竖向纵筋距墙端 100mm，仅在一层网片纵筋上连接灌浆套筒，计 2 根竖向筋连接灌浆套筒。以上合计 14 根竖向筋。一、二级抗震要求时为 14⌀16，下端车丝，长度 23mm，与灌浆套筒机械连接。上端外伸 290mm，与上一层墙板中的灌浆套筒连接。三级抗震要求时为 14⌀14，下端车丝长度 21mm，上端外伸 275mm。四级抗震要求时为 14⌀12，下端车丝长度 18mm，上端外伸 260mm。

（7）6⌀10 不连接灌浆套筒的竖向纵筋 2Zb：包括墙端端部竖向构造纵筋和墙端与灌浆套筒连接的竖向纵筋 2Za 对应的另一层网片纵筋。墙端端部竖向构造纵筋距墙板边 30mm，每端设置 2 根，共计 4 根。墙端与灌浆套筒连接的竖向纵筋 2Za 对应的另一层

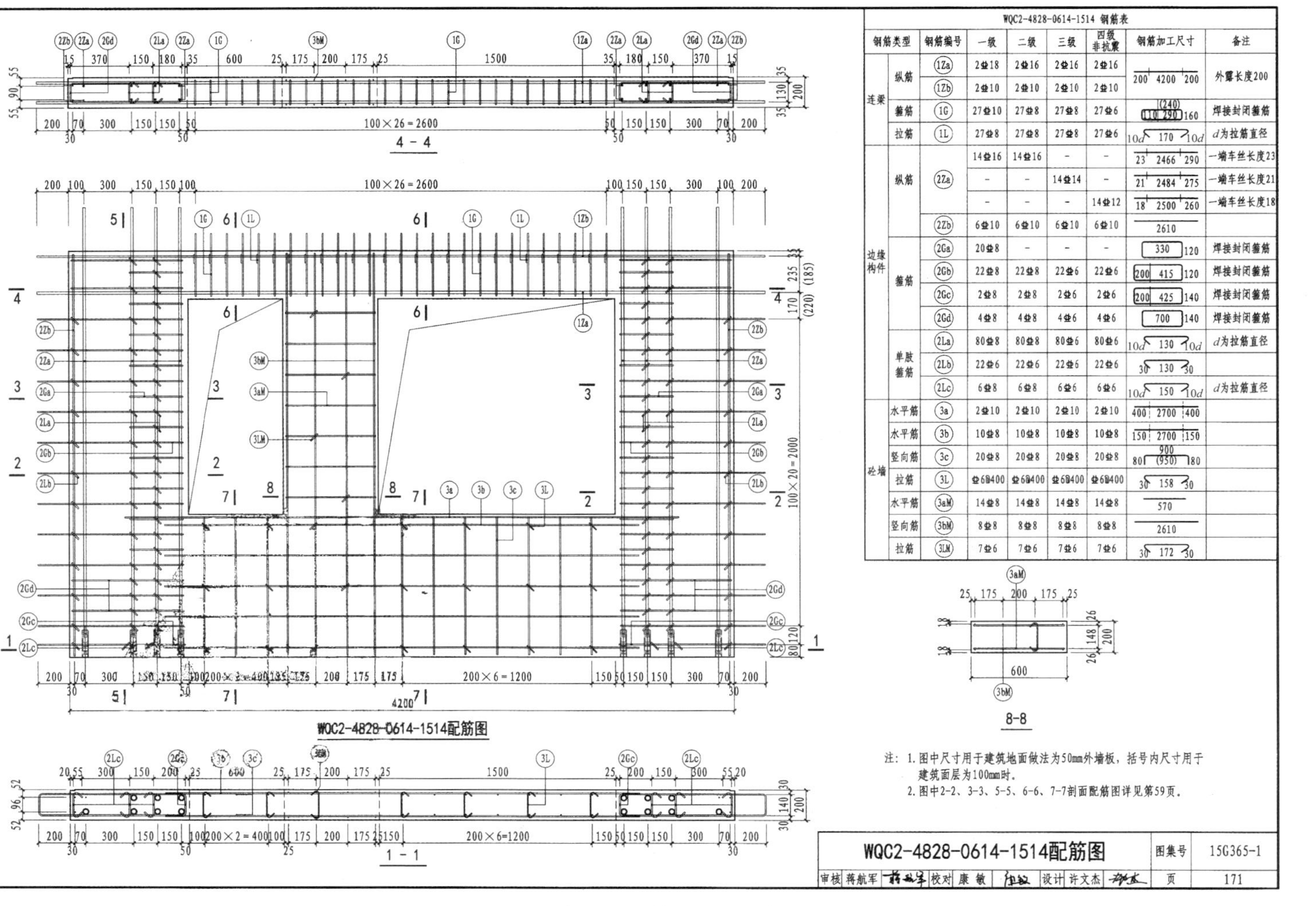

图 3-12　WQC2-4828-0614-1514配筋图（注：本图摘自15G365-1）

网片纵筋距墙板边 100mm，每端设置 1 根，共计 2 根。以上共计 6 根不连接灌浆套筒的竖向纵筋，均沿墙板高度通长布置，不连接灌浆套筒，不外伸。

除连梁纵筋和腰筋因直径较大不易弯曲而直线外伸外，其余直径较小的墙体水平分布筋无论外伸与否，内外两层网片上同高度处两根水平分布筋均在端部弯折连接做成封闭箍筋状，钢筋表中均作为箍筋处理。

（8）2⌀8 灌浆套筒处水平分布筋 2Gc：左窗洞左侧和右窗洞右侧各一道，距墙板底部 80mm 处（中心距）布置。两层网片上同高度处两根水平分布筋在端部弯折连接形成封闭箍筋状，一端箍住窗洞口边缘构件最外侧竖向分布筋，另一端外伸 200mm，外伸后形成预留外伸 U 形筋的形式。因灌浆套筒尺寸关系，该处箍筋并不在钢筋网片平面内。一、二级抗震要求时为 2⌀8，三、四级抗震要求时为 2⌀6。

（9）22⌀8 墙体水平分布筋 2Gb：左窗洞左侧和右窗洞右侧各设置 11 道，套筒顶部至连梁底部之间均布，距墙板底部 200mm 处开始布置，间距 200mm。两层网片上同高度处两根水平分布筋在端部弯折连接形成封闭箍筋状。一端箍住窗洞口处边缘构件竖向分布筋，另一端外伸 200mm，外伸后形成预留外伸 U 形筋的形式。一、二级抗震要求时为 22⌀8，三、四级抗震要求时为 22⌀6。

（10）8⌀8 套筒顶和连梁处水平加密筋 2Gd：左窗洞左侧和右窗洞右侧各设置 4 道，套筒顶部以上 300mm 范围和连梁高度范围内设置，间距 200mm。套筒顶部以上 300mm 范围内设置 2 道，与墙体水平分布筋 2Gb 间隔设置。连梁高度范围内设置 2 道（最上一根的 2Gb 以上 200mm 开始布置）。两层网片上同高度处两根水平加密筋在端部弯折连接形成封闭箍筋状。一端箍住窗洞口边缘构件最外侧竖向分布筋，另一端箍住墙体端部竖向构造纵筋 2Zb，不外伸。一、二级抗震要求时为 8⌀8，三、四级抗震要求时为 8⌀6。

（11）20⌀8 窗洞口边缘构件箍筋 2Ga：套筒顶部 300mm 以上范围和连梁高度范围内设置，间距 200mm。套筒顶部 300mm 以上范围内与墙体水平分布筋 2Gb 间隔设置。连梁高度范围内与连梁处水平加密筋 2Gd 间隔设置。焊接封闭箍筋，箍住最外侧的窗洞口边缘构件竖向分布筋。仅在一级抗震要求时设置，各设置 10⌀8。

（12）80⌀8 窗洞口边缘构件拉结筋 2La：窗洞口边缘构件竖向纵筋与各类水平筋（墙体水平分布筋、边缘构件箍筋等）交叉点处拉结筋（无箍筋拉结处），不含灌浆套筒区域。弯钩平直段长度 10d。一级抗震要求时为 80⌀8，二级抗震要求时为 60⌀8，三、四级抗震要求时为 60⌀6。

（13）22⌀6 墙端端部竖向构造纵筋拉结筋 2Lb：墙端端部竖向构造纵筋 2Zb 与墙体水平分布筋 2Gb 交叉点处拉结筋，每端 11 道，弯钩平直段长度 30mm。

（14）6⌀8 灌浆套筒处拉结筋 2Lc：灌浆套筒处水平分布筋与灌浆套筒和墙端端部竖向构造纵筋交叉点处拉结筋，弯钩平直段长度 10d。一、二级抗震要求时为 6⌀8。三、四级抗震要求时为 6⌀6。

（15）2⌀10 两窗下水平加强筋 3a：距窗台面 40mm，两窗洞下通长布置，端部伸入左窗洞左侧和右窗洞右侧混凝土内 400mm。

（16）10⌀8 窗下墙水平分布筋 3b：两窗洞下通长布置，端部伸入左窗洞左侧和右窗洞右侧混凝土内 150mm。共布置 5 道，顶部 1 道距窗台 70mm，其余间距 200mm 布置。

（17）20⌀8 窗下墙竖向分布筋 3c：两窗洞下竖向布置，左窗洞下布置 3 道，右窗洞下布置 7 道。距窗洞口边缘 150mm 开始布置，间距 200mm。端部弯折 90°，弯钩长度为 80mm，两侧竖向筋通过弯钩连接。

（18）⌀6@400 窗下墙拉结筋 3L：窗下墙处，矩形布置。

（19）14⌀8 窗间墙水平筋 3aM：两窗洞间水平布置，作为窗下墙水平分布筋 3b 在两窗洞间的延伸。

（20）8⌀8 窗间墙竖向筋 3bM：两窗洞间竖向布置，沿墙板高度方向通长。

（21）7⌀6 窗间墙拉筋 3LM：窗间墙竖向筋 3bM 与窗间墙水平筋 3aM 和窗下墙水平分布筋 3b 交叉点处拉结筋，间距不大于 400mm。

4. 预制外墙板电气预留示意图

外墙板预埋电气线盒一般设置在内叶墙板内侧，一般高区预埋电气线盒向上预埋线管，低区预埋电气线盒向下预埋线管，中区预埋电气线盒可根据电气设计需要向上或向下预埋线管（图 3-13）。向下预埋线管时，需在预制板下部预留线路连接槽口，连接槽口尺寸：130mm×90mm×200mm（墙宽方向×墙厚方向×墙高方向）。

窗洞口下预留线路连接槽口处水平钢筋截断处理，被截断的水平筋在线盒槽口边向板内侧弯起 $12d$，线盒槽口内需设置与原水平筋直径相同的附加水平筋，附加水平筋伸入线盒槽口两侧墙体混凝土内 150mm。

剪力墙下预留线路连接槽口处水平钢筋截断处理，被截断的水平筋在线盒槽口边向板内侧弯起 $12d$，线盒槽口内需设置与原水平筋直径相同的附加水平筋，附加水平筋伸入线盒槽口两侧墙体混凝土内的锚固长度不小于抗震锚固长度 l_{aE}。靠近槽口顶部的水平筋可弯折处理。

预埋电气线盒与窗下墙填充聚苯板位置冲突时，可减小聚苯板高度尺寸，使之与预埋电气线盒间的距离不小于 25mm。

3.3.3 两个窗洞外墙板详图识读训练

识读给出的两个洞口外墙板 WQC2-4830-0615-1515 模板图（图 3-14）和配筋图（图 3-15），明确外墙板各组成部分的基本尺寸和配筋情况，完成下列图纸识读训练。

（1）该墙板的灌浆分区的长度尺寸是（　　）。

A. 1350mm　　B. 1400mm　　C. 1600mm　　D. 4800mm

（2）该墙板上两相邻灌浆套管的间距是（　　）。

A. 50mm　　B. 100mm　　C. 150mm　　D. 1400mm

（3）右视图中内叶板轮廓线内的两条横虚线表示（　　）。

A. 定位标志　　B. 窗洞口　　C. 外伸钢筋　　D. 填充聚苯板

（4）仰视图中内叶板轮廓线内的矩形虚线框表示（　　）。

A. 定位标志　　B. 预留孔洞　　C. 外伸钢筋　　D. 填充聚苯板

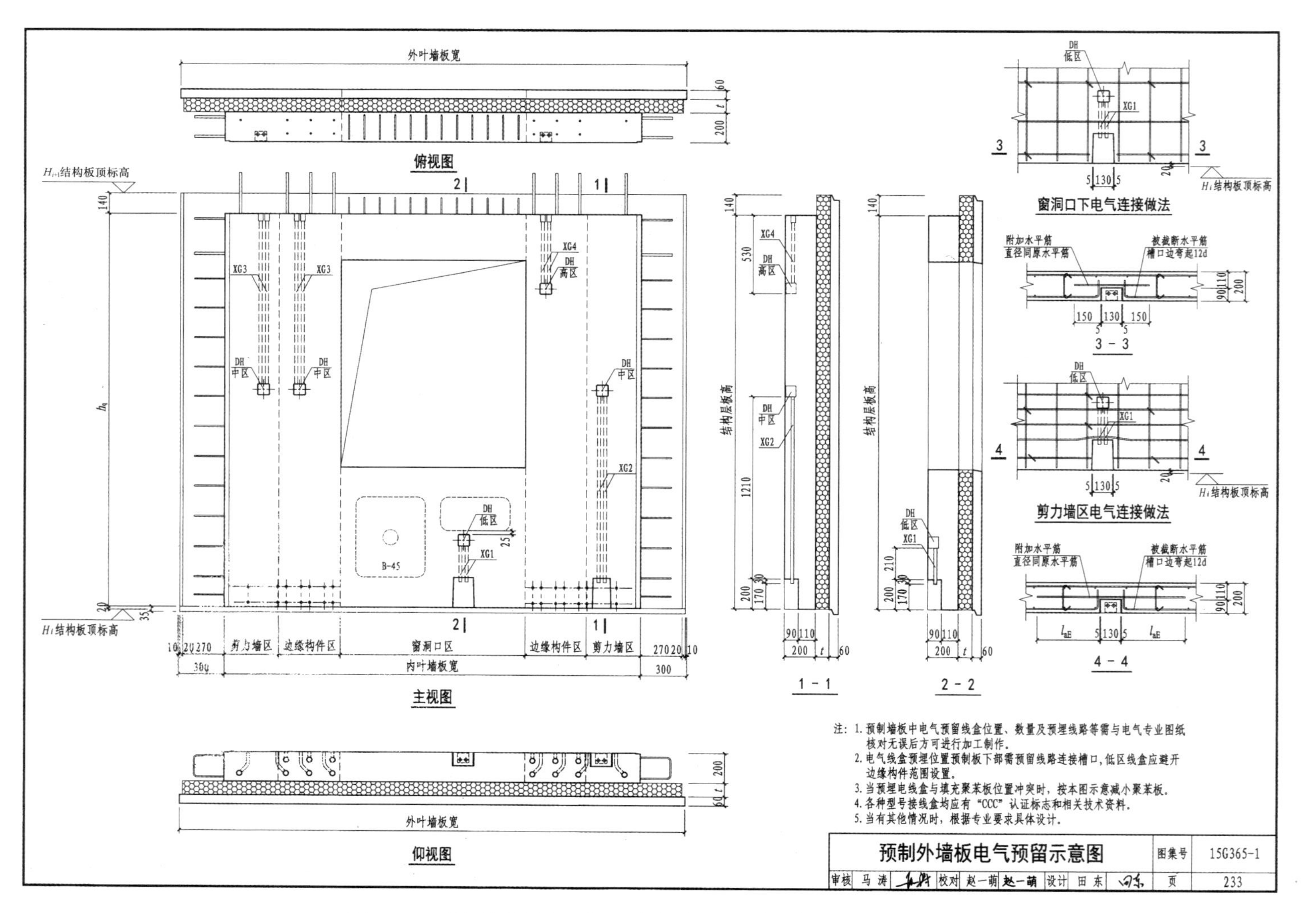

图 3-13　预制外墙板电气预留示意图（注：本图摘自15G365-1）

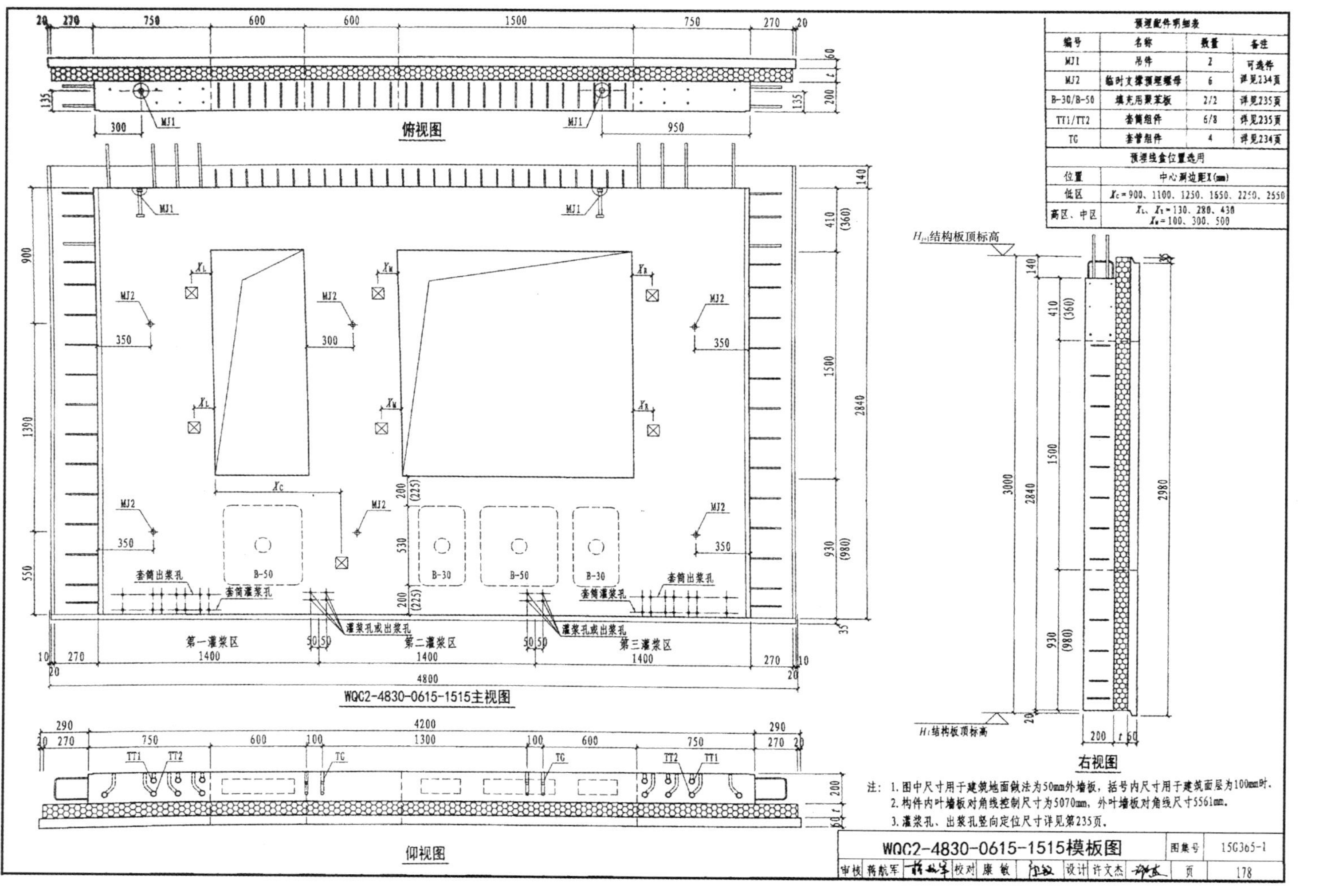

图3-14 WQC2-4830-0615-1515模板图（注：本图摘自15G365-1）

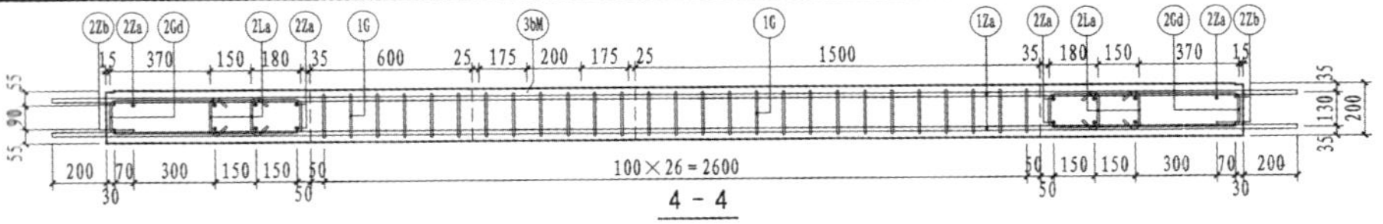

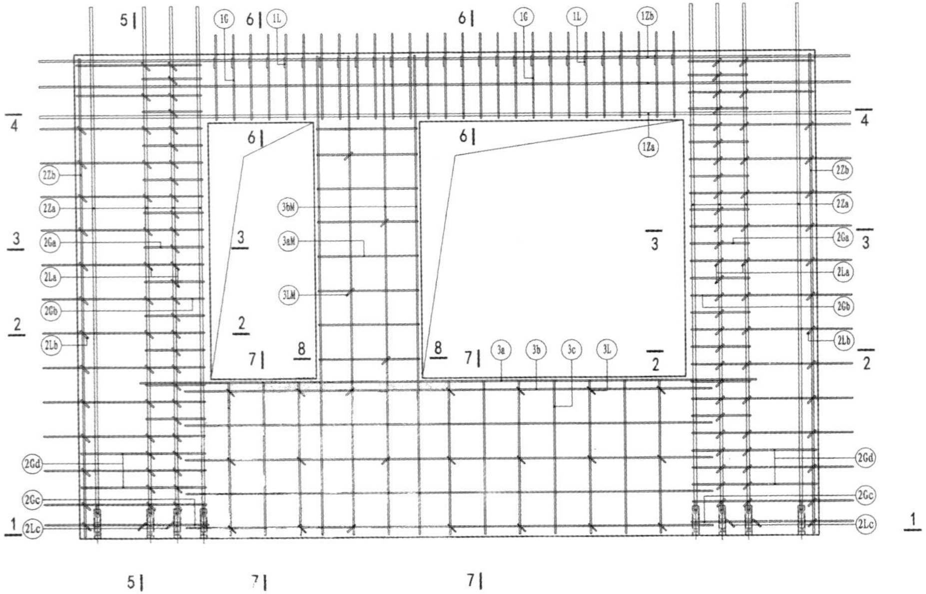

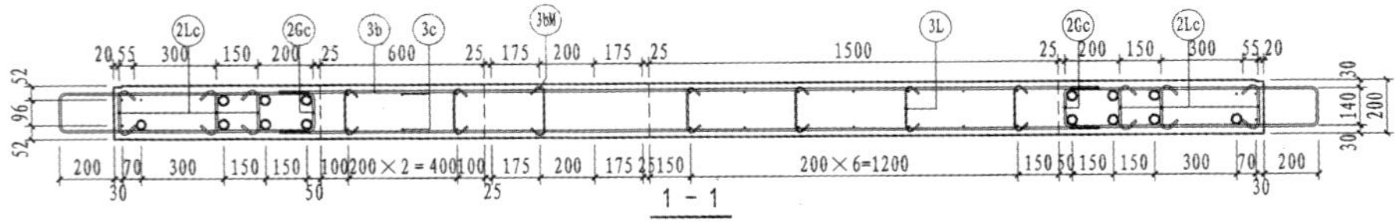

WQC2-4830-0615-1515 钢筋表

钢筋类型		钢筋编号	一级	二级	三级	四级非抗震	钢筋加工尺寸	备注
连梁	纵筋	1Za	2Φ18	2Φ16	2Φ16	2Φ16	200 4200 200	外露长度200
		1Zb	4Φ10	2Φ10	2Φ10	2Φ10		
	箍筋	1G	27Φ10	27Φ8	27Φ8	27Φ6	(240) 110 290 160	焊接封闭箍筋
	拉筋	1L	27Φ8	27Φ8	27Φ8	27Φ6	10d 170 10d	d为拉筋直径
边缘构件	纵筋	2Za	14Φ16	14Φ16	-	-	23 2666 290	一端车丝长度23
			-	-	14Φ14	-	21 2684 275	一端车丝长度21
			-	-	-	14Φ12	18 2700 260	一端车丝长度18
		2Zb	6Φ10	6Φ10	6Φ10	6Φ10	2810	
	箍筋	2Ga	22Φ8	-	-	-	330 120	焊接封闭箍筋
		2Gb	24Φ8	24Φ8	24Φ6	24Φ6	200 415 120	焊接封闭箍筋
		2Gc	2Φ8	2Φ8	2Φ6	2Φ6	200 425 140	焊接封闭箍筋
		2Gd	4Φ8	4Φ8	4Φ6	4Φ6	700 140	焊接封闭箍筋
		2La	86Φ8	86Φ8	86Φ6	86Φ6	10d 130 10d	d为拉筋直径
		2Lb	24Φ6	24Φ6	24Φ6	24Φ6	30 130 30	
		2Lc	6Φ8	6Φ8	6Φ6	6Φ6	10d 150 10d	d为拉筋直径
砼墙	水平筋	3a	2Φ10	2Φ10	2Φ10	2Φ10	400 2700 400	
	水平筋	3b	10Φ8	10Φ8	10Φ8	10Φ8	150 2700 150	
	竖向筋	3c	20Φ8	20Φ8	20Φ8	20Φ8	80 900 (950) 80	
	拉筋	3L	Φ6@400	Φ6@400	Φ6@400	Φ6@400	30 158 30	
	水平筋	3aM	14Φ8	14Φ8	14Φ8	14Φ8	570	
	竖向筋	3bM	8Φ8	8Φ8	8Φ8	8Φ8	2810	
	拉筋	3LM	7Φ6	7Φ6	7Φ6	7Φ6	30 172 30	

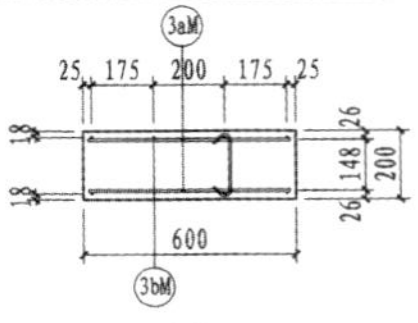

4-4

WQC2-4830-0615-1515配筋图

1-1

8-8

注：1. 图中尺寸用于建筑地面做法为50mm外墙板，括号内尺寸用于建筑面层为100mm时。
2. 图中2-2、3-3、5-5、6-6、7-7剖面配筋图详见第103页。

WQC2-4830-0615-1515配筋图						图集号	15G365-1
审核 蒋航军		校对 康敏		设计 许文杰		页	179

图 3-15　WQC2-4830-0615-1515配筋图（注：本图摘自15G365-1）

（5）俯视图中内叶板轮廓线内的平行短竖线表示（　　）。

A. 定位标志　　B. 预留孔洞　　C. 外伸钢筋　　D. 填充聚苯板

（6）编号为 1Zb 的纵筋是（　　）。

A. 连梁底部纵筋　　B. 连梁顶部纵筋

C. 连梁腰筋　　D. 剪力墙水平分布筋

（7）连梁箍筋的起始布置位置为窗洞边（　　）。

A. 10mm　　B. 12mm　　C. 50mm　　D. 100mm

（8）墙板中设置的边缘构件纵筋间距是（　　）。

A. 100mm　　B. 150mm　　C. 200mm　　D. 300mm

（9）墙板中设置的不外伸的水平筋是（　　）。

A. 22⌀8　　B. 2⌀8　　C. 8⌀8　　D. 未设置

（10）1-1 断面图和 4-4 断面图的区别包括（　　）。

A. 2La 和 2Lc　　B. 2Gc 和 2Gd　　C. 1G 和 3L　　D. 以上全是

任务 3.4　识读一个门洞外墙板详图

3.4.1　一个门洞外墙板详图识读要求

识读给出的一个门洞外墙板模板图和配筋图，明确外墙板各组成部分的基本尺寸和配筋情况。

3.4.2　一个门洞外墙板 WQM-3628-1823 基本构造

1. WQM-3628-1823 模板图基本信息

教学视频（1）

教学视频（2）

从模板图（图 3-16）中可以读出以下信息：

（1）基本尺寸：内叶墙板宽 3000mm（不含出筋），高 2640mm（不含出筋），厚 200mm。保温板宽 3540mm，高 2630mm，厚度按设计选用确定。外叶墙板宽 3580mm，高 2630mm，厚 60mm。门洞口宽 1800mm，高 2330mm，在墙板宽度方向居中布置。

（2）预埋灌浆套筒：墙板底部预埋 12 个灌浆套筒，均设置在门洞口两侧的边缘构件竖向筋底部，每侧 6 个。套筒灌浆孔和出浆孔均设置在墙板内侧面上（设置墙板临时斜支撑的一侧，下同）。同一个套筒的灌浆孔和出浆孔竖向布置，灌浆孔在下，出浆孔在上。灌浆孔和出浆孔各自都处在同一水平高度上，灌浆孔间或出浆孔间的水平间距不均匀。

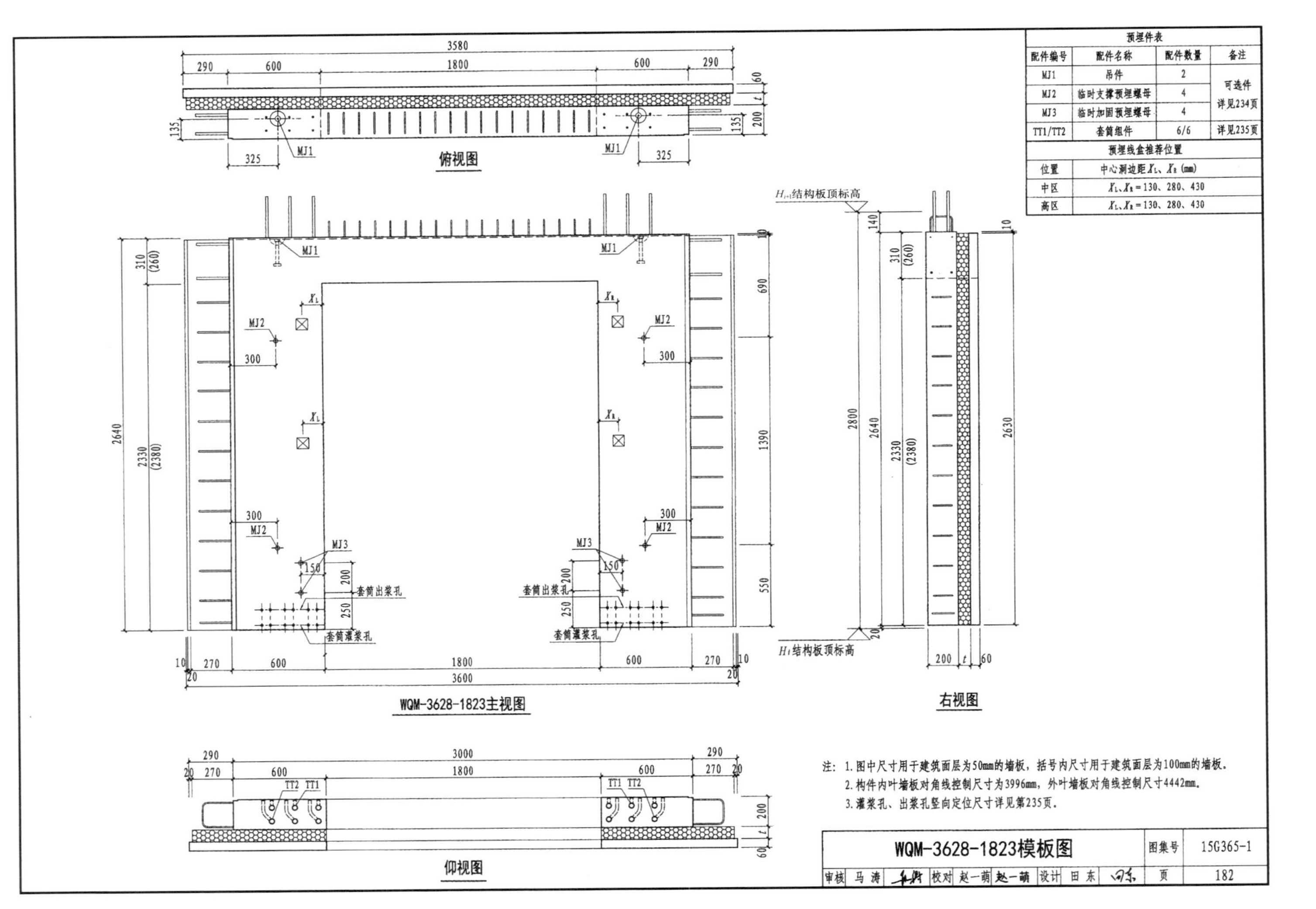

图 3-16　WQM-3628-1823模板图（注：本图摘自15G365-1）

（3）预埋吊件：墙板顶部有2个预埋吊件，编号MJ1。布置在与内叶墙板内侧边间距135mm，分别与内叶墙板左右两侧边间距325mm的对称位置处。

（4）临时支撑预埋螺母：墙板内侧面有4个临时支撑预埋螺母，编号MJ2。矩形布置，距离内叶墙板左右两侧边均为300mm，下部螺母距离内叶墙板下边缘550mm，上部螺母与下部螺母间距1390mm。

（5）预埋电气线盒：门洞两侧各有2个预埋电气线盒，共计4个。线盒中心位置与墙板外边缘间距可根据工程实际情况从预埋线盒位置选用表中选取。

（6）临时加固预埋螺母：门洞外墙板底部有4个临时加固预埋螺母，编号MJ3。对称布置，门洞每侧2个，距离门洞两侧边均为150mm，下部螺母与内叶墙板底间距250mm，上部螺母与下部螺母间距200mm。

（7）其他：内叶墙板两侧均预留凹槽30mm×5mm，内叶墙板对角线控制尺寸为3996mm，外叶墙板对角线控制尺寸为4442mm。

2. WQM-3628-1823配筋图基本信息

从配筋图（图3-17）中可以读出以下信息（仅读取位置及分布信息，钢筋具体尺寸参见钢筋表）：

（1）基本形式：门洞上设置连梁，门洞口两侧设置边缘构件。墙体内外两层钢筋网片，水平分布筋在外，竖向分布筋在内。

（2）2⏀18连梁底部纵筋1Za：墙宽通长布置，两侧均外伸200mm。一级抗震要求时为2⏀18，其他为2⏀16。

（3）2⏀10连梁腰筋1Zb：墙宽通长布置，两侧均外伸200mm。与墙板顶部距离35mm，与连梁底部纵筋间距235mm（当建筑面层为100mm时间距185mm）。

（4）18⏀10连梁箍筋1G：焊接封闭箍筋，箍住连梁底部纵筋和腰筋，上部外伸110mm至水平后浇带或圈梁混凝土内。仅门洞正上方布置，距离门洞边缘50mm开始，等间距设置。一级抗震要求时为18⏀10，二、三级抗震要求时为18⏀8，四级抗震要求时为18⏀6。

（5）18⏀8连梁拉筋1L：连梁腰筋和箍筋交叉点处拉结筋。弯钩平直段长度为10d。一、二、三级抗震要求时为18⏀8，四级抗震要求时为18⏀6。

（6）12⏀16门洞口边缘构件竖向纵筋2Za：与灌浆套筒连接的边缘构件竖向纵筋，距离门洞边缘50mm开始布置，间距150mm布置3排，两层网片共12根竖向筋。一、二级抗震要求时为12⏀16，下端车丝，长度23mm，与灌浆套筒机械连接。上端外伸290mm，与上一层墙板中的灌浆套筒连接。三级抗震要求时为12⏀14，下端车丝长度21mm，上端外伸275mm。四级抗震要求时为12⏀12，下端车丝长度18mm，上端外伸260mm。

（7）4⏀10墙端端部竖向构造纵筋2Zb：距墙板边30mm，沿墙板高度通长布置，不连接灌浆套筒，不外伸。每端设置2根，共计4根。

除连梁纵筋和腰筋因直径较大不易弯曲而直线外伸外，其余直径较小的墙体水平分布筋无论外伸与否，内外两层网片上同高度处两根水平分布筋均在端部弯折连接做成封

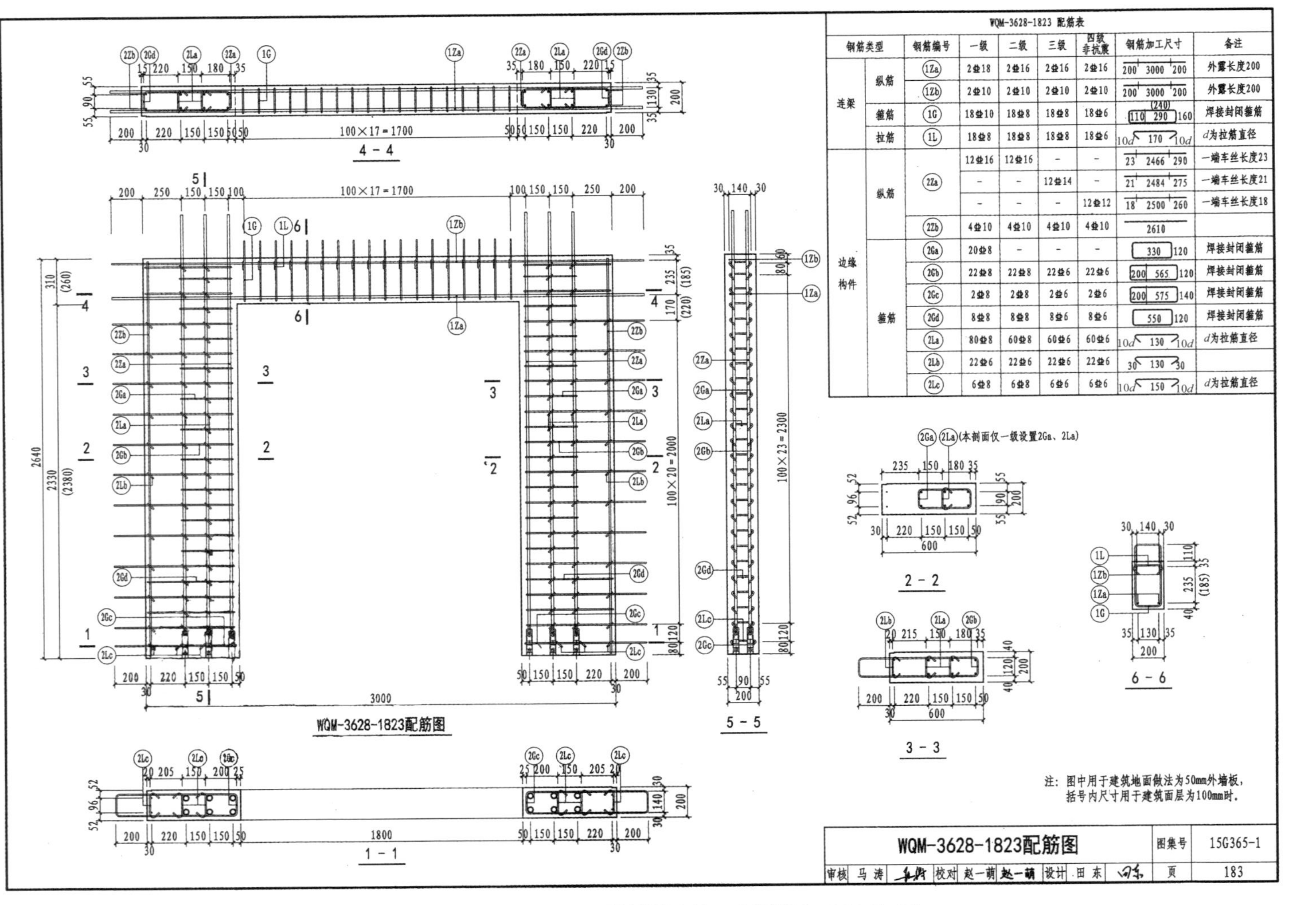

WQM-3628-1823 配筋表

钢筋类型		钢筋编号	一级	二级	三级	四级非抗震	钢筋加工尺寸	备注
连梁	纵筋	1Za	2⌀18	2⌀16	2⌀16	2⌀16	200 3000 200	外露长度200
		1Zb	2⌀10	2⌀10	2⌀10	2⌀10	200 3000 200	外露长度200
	箍筋	1G	18⌀10	18⌀8	18⌀8	18⌀6	(240) 110 290 160	焊接封闭箍筋
	拉筋	1L	18⌀8	18⌀8	18⌀8	18⌀6	10d 170 10d	d为拉筋直径
边缘构件	纵筋	2Za	12⌀16	12⌀16	-	-	23 2466 290	一端车丝长度23
			-	-	12⌀14	-	21 2484 275	一端车丝长度21
			-	-	-	12⌀12	18 2500 260	一端车丝长度18
		2Zb	4⌀10	4⌀10	4⌀10	4⌀10	2610	
	箍筋	2Ga	20⌀8	-	-	-	330 120	焊接封闭箍筋
		2Gb	22⌀8	22⌀8	22⌀6	22⌀6	200 565 120	焊接封闭箍筋
		2Gc	2⌀8	2⌀8	2⌀6	2⌀6	200 575 140	焊接封闭箍筋
		2Gd	8⌀8	8⌀8	8⌀6	8⌀6	550 120	焊接封闭箍筋
		2La	80⌀8	60⌀8	60⌀6	60⌀6	10d 130 10d	d为拉筋直径
		2Lb	22⌀6	22⌀6	22⌀6	22⌀6	30 130 30	
		2Lc	6⌀8	6⌀8	6⌀6	6⌀6	10d 150 10d	d为拉筋直径

图 3-17　WQM-3628-1823配筋图（注：本图摘自15G365-1）

闭箍筋状，钢筋表中均作为箍筋处理。

（8）2⌀8灌浆套筒处水平分布筋2Gc：距墙板底部80mm处（中心距）布置，门洞两侧各设置一道。两层网片上同高度处两根水平分布筋在端部弯折连接形成封闭箍筋状，一端箍住门洞口边缘构件最外侧竖向分布筋，另一端外伸200mm，外伸后形成预留外伸U形筋的形式。因灌浆套筒尺寸关系，该处箍筋并不在钢筋网片平面内。一、二级抗震要求时为2⌀8，三、四级抗震要求时为2⌀6。

（9）22⌀8墙体水平分布筋2Gb：套筒顶部至连梁底部之间均布，门洞两侧各设置11道。距墙板底部200mm处开始布置，间距200mm。两层网片上同高度处两根水平分布筋在端部弯折连接形成封闭箍筋状。一端箍住门洞口处边缘构件竖向分布筋，另一端外伸200mm，外伸后形成预留外伸U形筋的形式。一、二级抗震要求时为22⌀8，三、四级抗震要求时为22⌀6。

（10）8⌀8套筒顶和连梁处水平加密筋2Gd：套筒顶部以上300mm范围和连梁高度范围内设置，间距200mm，门洞两侧各设置4道。套筒顶部以上300mm范围内设置2道，与墙体水平分布筋2Gb间隔设置。连梁高度范围内设置2道（最上一根的2Gb以上200mm开始布置）。两层网片上同高度处两根水平加密筋在端部弯折连接形成封闭箍筋状。一端箍住窗洞口边缘构件最外侧竖向分布筋，另一端箍住墙体端部竖向构造纵筋2Zb，不外伸。一、二级抗震要求时为8⌀8，三、四级抗震要求时为8⌀6。

（11）20⌀8窗洞口边缘构件箍筋2Ga：套筒顶部300mm以上范围和连梁高度范围内设置，间距200mm，门洞两侧各设置10道。套筒顶部300mm以上范围内与墙体水平分布筋2Gb间隔设置。连梁高度范围内与连梁处水平加密筋2Gd间隔设置。焊接封闭箍筋，箍住最外侧的窗洞口边缘构件竖向分布筋。仅在一级抗震要求时设置。

（12）80⌀8窗洞口边缘构件拉结筋2La：窗洞口边缘构件竖向纵筋与各类水平筋（墙体水平分布筋、边缘构件箍筋等）交叉点处拉结筋（无箍筋拉结处），不含灌浆套筒区域。弯钩平直段长度10d。一级抗震要求时门洞口两侧每侧40⌀8，二级抗震要求时门洞口两侧每侧30⌀8，三、四级抗震要求时门洞口两侧每侧30⌀6。

（13）22⌀6墙端端部竖向构造纵筋拉结筋2Lb：墙端端部竖向构造纵筋2Zb与墙体水平分布筋2Gb交叉点处拉结筋，每端11道，弯钩平直段长度30mm。

（14）6⌀8灌浆套筒处拉结筋2Lc：灌浆套筒处水平分布筋与灌浆套筒和墙端端部竖向构造纵筋交叉点处拉结筋，弯钩平直段长度10d。一、二级抗震要求时为6⌀8。三、四级抗震要求时为6⌀6。

3.4.3　一个门洞外墙板详图识读训练

识读给出的一个门洞外墙板WQM-3930-2424模板图（图3-18）和配筋图（图3-19），明确外墙板各组成部分的基本尺寸和配筋情况，完成下列图纸识读训练。

（1）根据图示，相邻两块预制墙板吊装完成后，两外叶板间的空隙尺寸为（　　）。

A. 0mm　　B. 10mm　　C. 20mm　　D. 600mm

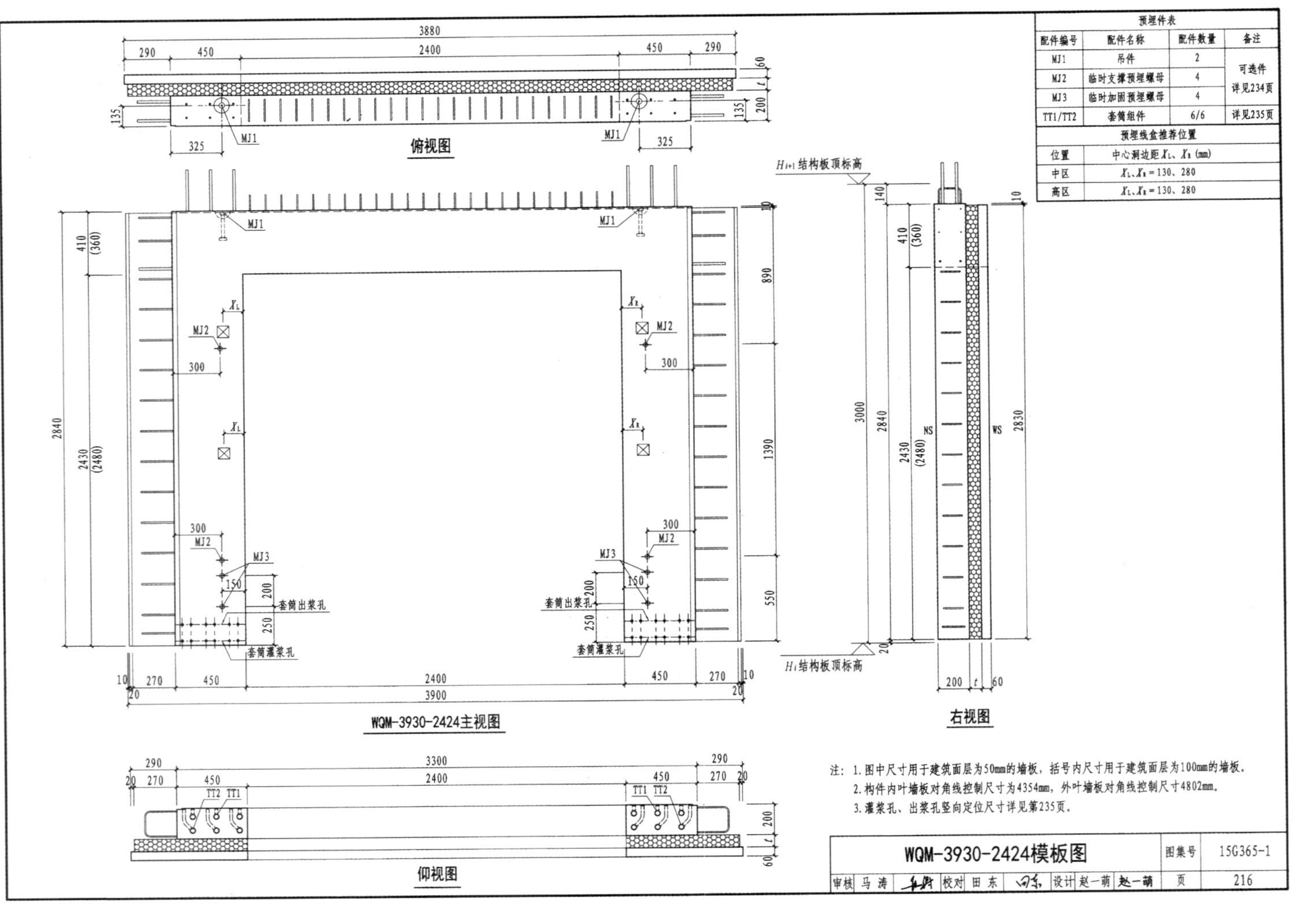

图 3-18 WQM-3930-2424模板图（注：本图摘自15G365-1）

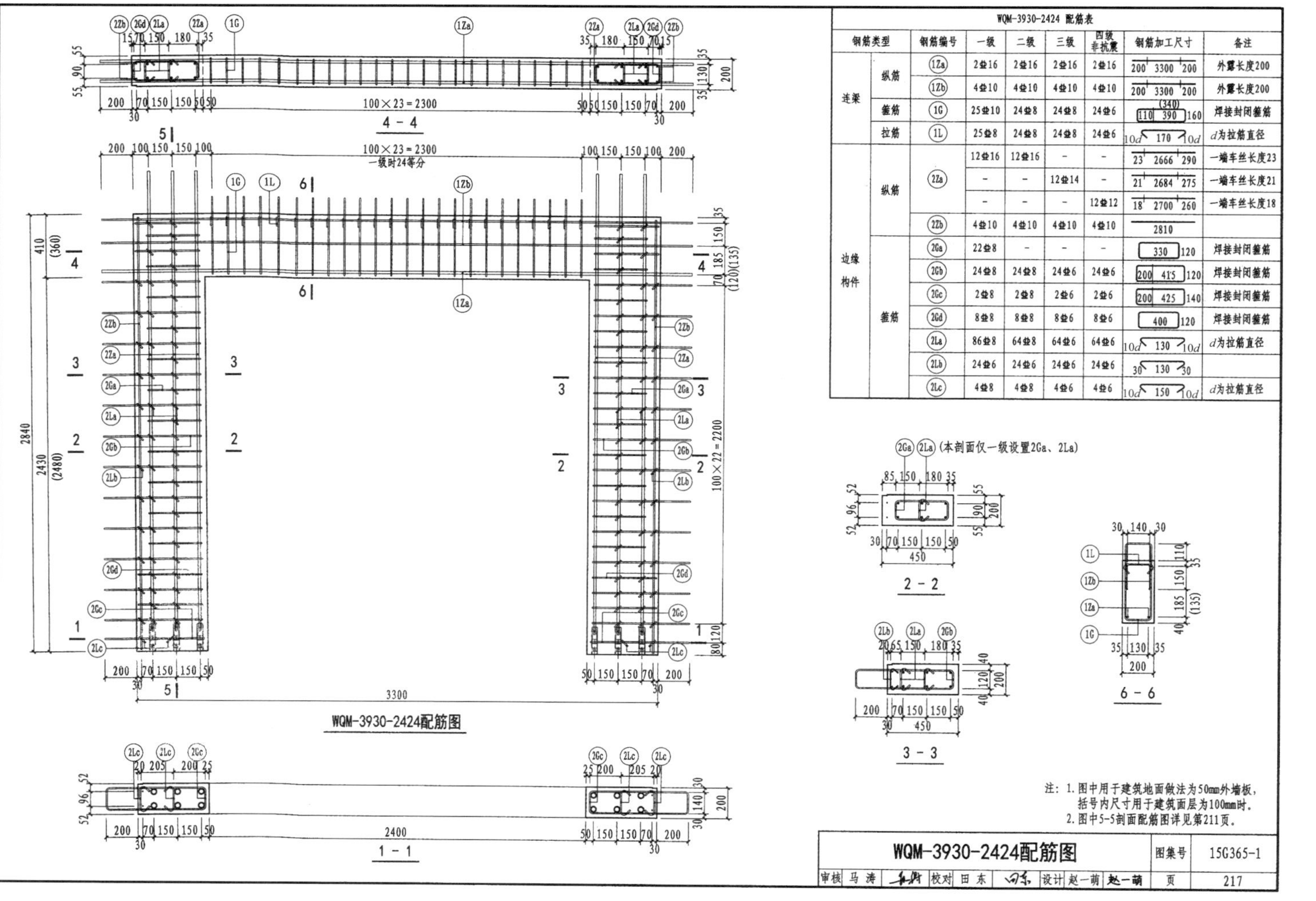

WQM-3930-2424 配筋表

钢筋类型		钢筋编号	一级	二级	三级	四级非抗震	钢筋加工尺寸	备注
连梁	纵筋	1Za	2⌀16	2⌀16	2⌀16	2⌀16	200 3300 200	外露长度200
		1Zb	4⌀10	4⌀10	4⌀10	4⌀10	200 3300 200	外露长度200
	箍筋	1G	25⌀10	24⌀8	24⌀8	24⌀6	110 390 (340) 160	焊接封闭箍筋
	拉筋	1L	25⌀8	24⌀8	24⌀8	24⌀6	10d 170 10d	d为拉筋直径
边缘构件	纵筋	2Za	12⌀16	12⌀16	-	-	23 2666 290	一端车丝长度23
			-	-	12⌀14	-	21 2684 275	一端车丝长度21
			-	-	-	12⌀12	18 2700 260	一端车丝长度18
		2Zb	4⌀10	4⌀10	4⌀10	4⌀10	2810	
	箍筋	2Ga	22⌀8	-	-	-	330 120	焊接封闭箍筋
		2Gb	24⌀8	24⌀8	24⌀6	24⌀6	200 415 120	焊接封闭箍筋
		2Gc	2⌀8	2⌀8	2⌀6	2⌀6	200 425 140	焊接封闭箍筋
		2Gd	8⌀8	8⌀8	8⌀6	8⌀6	400 120	焊接封闭箍筋
		2La	86⌀8	64⌀8	64⌀6	64⌀6	10d 130 10d	d为拉筋直径
		2Lb	24⌀6	24⌀6	24⌀6	24⌀6	30 130 30	
		2Lc	4⌀8	4⌀8	4⌀6	4⌀6	10d 150 10d	d为拉筋直径

图 3-19　WQM-3930-2424配筋图（注：本图摘自15G365-1）

（2）右视图中 H_i 结构板顶标高上的 20mm 空隙的用途是（　　）。

A. 灌浆层　B. 后浇层　C. 保温层　D. 防水层

（3）右视图中 H_{i+1} 结构板顶标高下的 140mm 空隙的用途是（　　）。

A. 灌浆层　B. 后浇层　C. 保温层　D. 防水层

（4）俯视图中 MJ1 左右两侧的黑圆点表示（　　）。

A. 定位标志　B. 预留孔洞　C. 外伸钢筋　D. 无意义

（5）主视图中 MJ1 顶部的半圆形虚线表示（　　）。

A. 定位标志　B. 预留凹槽　C. 吊件轮廓　D. 无意义

（6）连梁纵筋的长度是（　　）。

A. 200mm　B. 500mm　C. 3300mm　D. 3700mm

（7）四级抗震要求时，边缘构件纵筋的长度是（　　）。

A. 3100mm　B. 2979mm　C. 2980mm　D. 2978mm

（8）二级抗震要求时，上下相邻两墙板间需要进行连接处理的竖向钢筋是（　　）。

A. 12 ⌀ 16　B. 12 ⌀ 14　C. 12 ⌀ 12　D. 4 ⌀ 10

（9）编号为 2Ga 的箍筋间距为（　　）。

A. 100mm　B. 200mm　C. 250mm　D. 300mm

（10）墙板中设置的端部竖向构造筋的拉筋为（　　）。

A. 86 ⌀ 8　B. 24 ⌀ 6　C. 4 ⌀ 8　D. 64 ⌀ 6

小　结

通过本部分的学习，要求学生掌握各种类型预制外墙板模板图和配筋图的识读方法，能够明确外墙板各组成部分的基本尺寸和配筋情况。

任务4

识读叠合板和梯段板详图

【教学目标】 熟悉叠合板双向板底板、叠合板单向板底板、预制双跑楼梯梯段板和预制剪刀楼梯梯段板的基本尺寸和配筋情况，掌握叠合板底板和预制梯段板的模板图和配筋图的识读方法，能够正确识读叠合板底板和预制梯段板的模板图和配筋图。树立责任意识，培养认真负责的工作态度。

本学习任务选取标准图集《桁架钢筋混凝土叠合板（60mm 厚底板）》15G366-1 中的典型叠合板构件和标准图集《预制钢筋混凝土板式楼梯》15G367-1 中的典型梯段板构件进行图纸识读任务练习。通过不同形式的任务训练，使学生熟悉图集中标准叠合板和梯段板的基本尺寸和配筋情况，掌握各类预制板件的模板图和配筋图的识读方法，为识读实际工程相关图纸打好基础。

任务 4.1　识读叠合板详图

标准图集《桁架钢筋混凝土叠合板（60mm 厚底板）》15G366-1 中的典型叠合板底板共有 2 种类型，分别为单向板底板和双向板底板，其中双向板底板根据其拼装位置的不同又分为双向板底板边板和双向板底板中板。

图集中的叠合板底板厚度均为 60mm，后浇混凝土叠合层厚度分 70mm、80mm、90mm 三种。底板混凝土强度等级为 C30。底板钢筋及钢筋桁架的上弦、下弦钢筋采用 HRB400 级钢筋，钢筋桁架的腹杆钢筋采用 HPB300 级钢筋。

图集中的叠合板底板适用于环境类别为一类的住宅建筑楼、屋面叠合板用的底板（不包含阳台、厨房和卫生间）。板侧出筋适用于剪力墙墙厚为 200mm 的情况，其他墙厚及结构形式可参考使用。

4.1.1　叠合板详图识读要求

识读给出的叠合板底板模板图和配筋图（图 4-1～图 4-3），明确叠合板的基本尺寸和配筋情况。

教学视频（1）

教学视频（2）

教学视频（3）

4.1.2　叠合板基本构造

1. DBS1-67-3012-11 基本构造

叠合板双向板底板，用做边板。宽度方向上，支座中线至拼缝定位线间距为 1200mm，其中支座一侧板边至支座中线 90mm，拼缝一侧板边至拼缝定位线 150mm，预制板混凝土面宽度 960mm。长度方向上，两侧板边至支座中线均为 90mm，预制板混凝土面长度 2820mm。预制板四边及顶面均设置粗糙面，预制板底面为模板面。预制混凝土层厚 60mm。

沿长度方向布置两道桁架钢筋，桁架中心线距离板边 180mm，桁架中心线间距 600mm。桁架钢筋端部距离板边 50mm。预制板板筋为网片状，宽度方向水平筋在下，

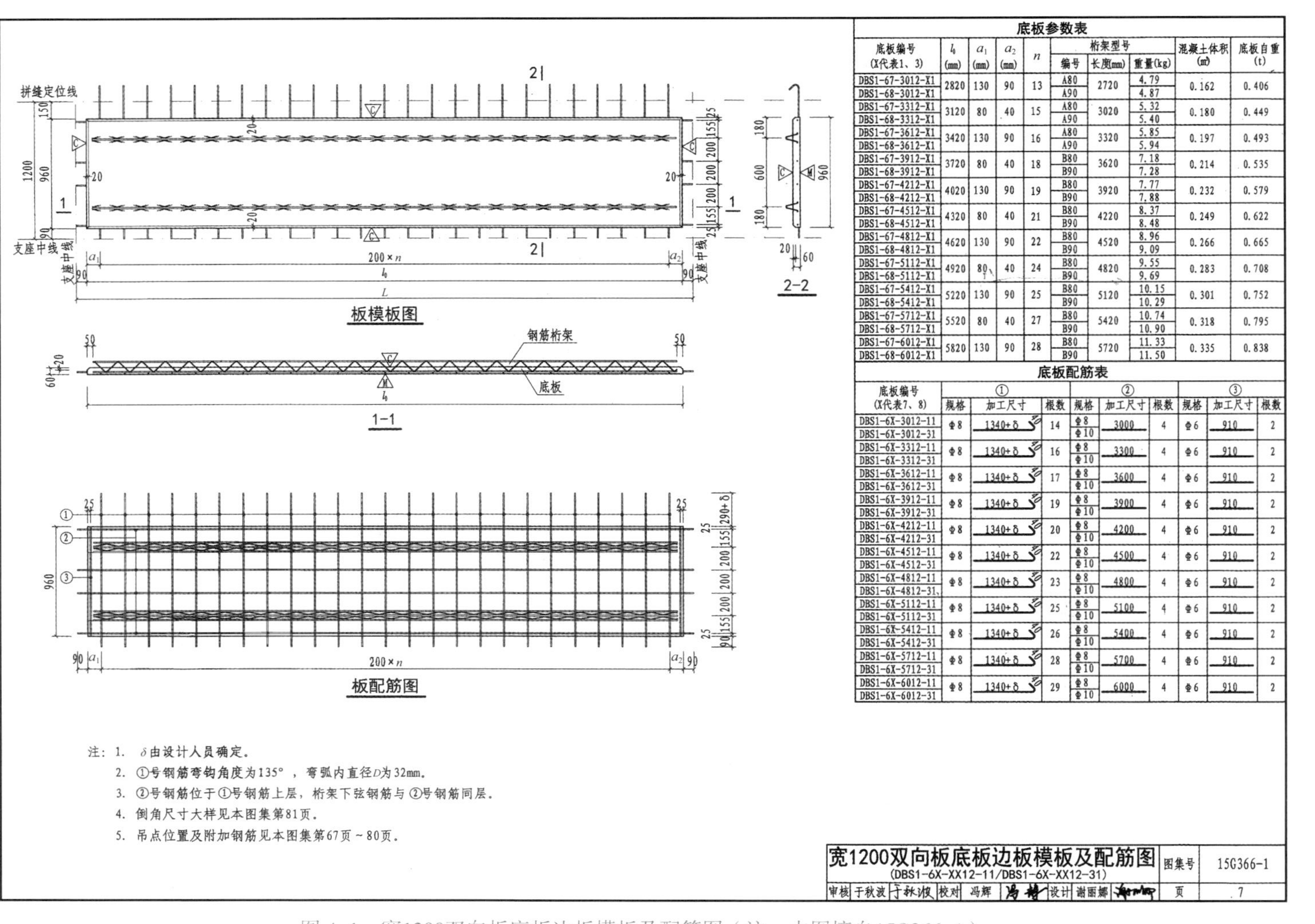

底板参数表

底板编号 (X代表1、3)	l_0 (mm)	a_1 (mm)	a_2 (mm)	n	桁架型号 编号	桁架型号 长度(mm)	桁架型号 重量(kg)	混凝土体积 (m³)	底板自重 (t)
DBS1-67-3012-X1	2820	130	90	13	A80	2720	4.79	0.162	0.406
DBS1-68-3012-X1					A90		4.87		
DBS1-67-3312-X1	3120	80	40	15	A80	3020	5.32	0.180	0.449
DBS1-68-3312-X1					A90		5.40		
DBS1-67-3612-X1	3420	130	90	16	A80	3320	5.85	0.197	0.493
DBS1-68-3612-X1					A90		5.94		
DBS1-67-3912-X1	3720	80	40	18	B80	3620	7.18	0.214	0.535
DBS1-68-3912-X1					B90		7.28		
DBS1-67-4212-X1	4020	130	90	19	B80	3920	7.77	0.232	0.579
DBS1-68-4212-X1					B90		7.88		
DBS1-67-4512-X1	4320	80	40	21	B80	4220	8.37	0.249	0.622
DBS1-68-4512-X1					B90		8.48		
DBS1-67-4812-X1	4620	130	90	22	B80	4520	8.96	0.266	0.665
DBS1-68-4812-X1					B90		9.09		
DBS1-67-5112-X1	4920	80	40	24	B80	4820	9.55	0.283	0.708
DBS1-68-5112-X1					B90		9.69		
DBS1-67-5412-X1	5220	130	90	25	B80	5120	10.15	0.301	0.752
DBS1-68-5412-X1					B90		10.29		
DBS1-67-5712-X1	5520	80	40	27	B80	5420	10.74	0.318	0.795
DBS1-68-5712-X1					B90		10.90		
DBS1-67-6012-X1	5820	130	90	28	B80	5720	11.33	0.335	0.838
DBS1-68-6012-X1					B90		11.50		

底板配筋表

底板编号 (X代表7、8)	① 规格	① 加工尺寸	① 根数	② 规格	② 加工尺寸	② 根数	③ 规格	③ 加工尺寸	③ 根数
DBS1-6X-3012-11	⌀8	1340+δ (40)	14	⌀8	3000	4	⌀6	910	2
DBS1-6X-3012-31				⌀10					
DBS1-6X-3312-11	⌀8	1340+δ (40)	16	⌀8	3300	4	⌀6	910	2
DBS1-6X-3312-31				⌀10					
DBS1-6X-3612-11	⌀8	1340+δ (40)	17	⌀8	3600	4	⌀6	910	2
DBS1-6X-3612-31				⌀10					
DBS1-6X-3912-11	⌀8	1340+δ (40)	19	⌀8	3900	4	⌀6	910	2
DBS1-6X-3912-31				⌀10					
DBS1-6X-4212-11	⌀8	1340+δ (40)	20	⌀8	4200	4	⌀6	910	2
DBS1-6X-4212-31				⌀10					
DBS1-6X-4512-11	⌀8	1340+δ (40)	22	⌀8	4500	4	⌀6	910	2
DBS1-6X-4512-31				⌀10					
DBS1-6X-4812-11	⌀8	1340+δ (40)	23	⌀8	4800	4	⌀6	910	2
DBS1-6X-4812-31				⌀10					
DBS1-6X-5112-11	⌀8	1340+δ (40)	25	⌀8	5100	4	⌀6	910	2
DBS1-6X-5112-31				⌀10					
DBS1-6X-5412-11	⌀8	1340+δ (40)	26	⌀8	5400	4	⌀6	910	2
DBS1-6X-5412-31				⌀10					
DBS1-6X-5712-11	⌀8	1340+δ (40)	28	⌀8	5700	4	⌀6	910	2
DBS1-6X-5712-31				⌀10					
DBS1-6X-6012-11	⌀8	1340+δ (40)	29	⌀8	6000	4	⌀6	910	2
DBS1-6X-6012-31				⌀10					

注：1. δ由设计人员确定。
2. ①号钢筋弯钩角度为135°，弯弧内直径D为32mm。
3. ②号钢筋位于①号钢筋上层，桁架下弦钢筋与②号钢筋同层。
4. 倒角尺寸大样见本图集第81页。
5. 吊点位置及附加钢筋见本图集第67页～80页。

宽1200双向板底板边板模板及配筋图
(DBS1-6X-XX12-11/DBS1-6X-XX12-31)

图集号	15G366-1
审核 于秋波	校对 冯辉	设计 谢画娜	页 7

图 4-1　宽1200双向板底板边板模板及配筋图（注：本图摘自15G366-1）

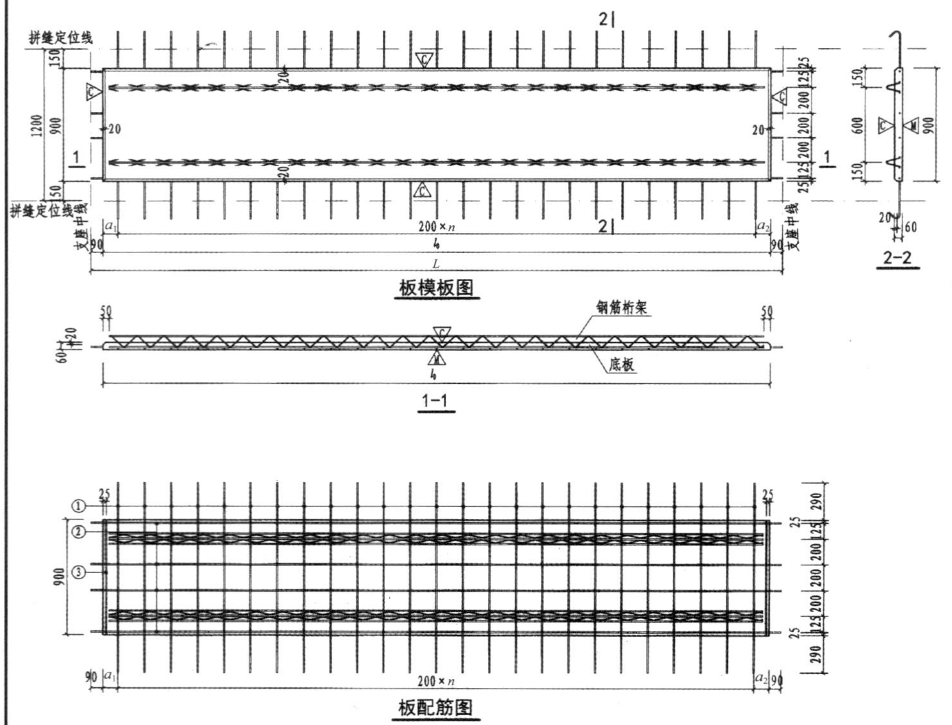

底板参数表

底板编号(X代表1、3)	l_0(mm)	a_1(mm)	a_2(mm)	n	桁架型号 编号	长度(mm)	重量(kg)	混凝土体积(m³)	底板自重(t)
DBS2-67-3012-X1	2820	150	70	13	A80	2720	4.79	0.152	0.381
DBS2-68-3012-X1					A90		4.87		
DBS2-67-3312-X1	3120	70	50	15	A80	3020	5.32	0.168	0.421
DBS2-68-3312-X1					A90		5.40		
DBS2-67-3612-X1	3420	150	70	16	A80	3320	5.85	0.185	0.462
DBS2-68-3612-X1					A90		5.94		
DBS2-67-3912-X1	3720	70	50	18	B80	3620	7.18	0.201	0.502
DBS2-68-3912-X1					B90		7.28		
DBS2-67-4212-X1	4020	150	70	19	B80	3920	7.77	0.217	0.543
DBS2-68-4212-X1					B90		7.88		
DBS2-67-4512-X1	4320	70	50	21	B80	4220	8.37	0.233	0.584
DBS2-68-4512-X1					B90		8.48		
DBS2-67-4812-X1	4620	150	70	22	B80	4520	8.96	0.249	0.624
DBS2-68-4812-X1					B90		9.09		
DBS2-67-5112-X1	4920	70	50	24	B80	4820	9.55	0.266	0.665
DBS2-68-5112-X1					B90		9.69		
DBS2-67-5412-X1	5220	150	70	25	B80	5120	10.15	0.282	0.705
DBS2-68-5412-X1					B90		10.29		
DBS2-67-5712-X1	5520	70	50	27	B80	5420	10.74	0.298	0.745
DBS2-68-5712-X1					B90		10.90		
DBS2-67-6012-X1	5820	150	70	28	B80	5720	11.33	0.314	0.785
DBS2-68-6012-X1					B90		11.50		

底板配筋表

底板编号(X代表7、8)	① 规格	① 加工尺寸	① 根数	② 规格	② 加工尺寸	② 根数	③ 规格	③ 加工尺寸	③ 根数
DBS2-6X-3012-11	Φ8	1480	14	Φ8	3000	4	Φ6	850	2
DBS2-6X-3012-31				Φ10					
DBS2-6X-3312-11	Φ8	1480	16	Φ8	3300	4	Φ6	850	2
DBS2-6X-3312-31				Φ10					
DBS2-6X-3612-11	Φ8	1480	17	Φ8	3600	4	Φ6	850	2
DBS2-6X-3612-31				Φ10					
DBS2-6X-3912-11	Φ8	1480	19	Φ8	3900	4	Φ6	850	2
DBS2-6X-3912-31				Φ10					
DBS2-6X-4212-11	Φ8	1480	20	Φ8	4200	4	Φ6	850	2
DBS2-6X-4212-31				Φ10					
DBS2-6X-4512-11	Φ8	1480	22	Φ8	4500	4	Φ6	850	2
DBS2-6X-4512-31				Φ10					
DBS2-6X-4812-11	Φ8	1480	23	Φ8	4800	4	Φ6	850	2
DBS2-6X-4812-31				Φ10					
DBS2-6X-5112-11	Φ8	1480	25	Φ8	5100	4	Φ6	850	2
DBS2-6X-5112-31				Φ10					
DBS2-6X-5412-11	Φ8	1480	26	Φ8	5400	4	Φ6	850	2
DBS2-6X-5412-31				Φ10					
DBS2-6X-5712-11	Φ8	1480	28	Φ8	5700	4	Φ6	850	2
DBS2-6X-5712-31				Φ10					
DBS2-6X-6012-11	Φ8	1480	29	Φ8	6000	4	Φ6	850	2
DBS2-6X-6012-31				Φ10					

板模板图

板配筋图

注：1. ①号钢筋弯钩角度为135°，弯弧内直径D为32mm。
2. ②号钢筋位于①号钢筋上层，桁架下弦钢筋与②号钢筋同层。
3. 倒角尺寸大样见本图集第81页。
4. 吊点位置及附加钢筋见本图集第67页～80页。

宽1200双向板底板中板模板及配筋图 (DBS2-6X-XX12-11/DBS2-6X-XX12-31)	图集号	15G366-1
审核 于秋波 校对 于志伟 设计 王建	页	32

图 4-2　宽1200双向板底板中板模板及配筋图（注：本图摘自15G366-1）

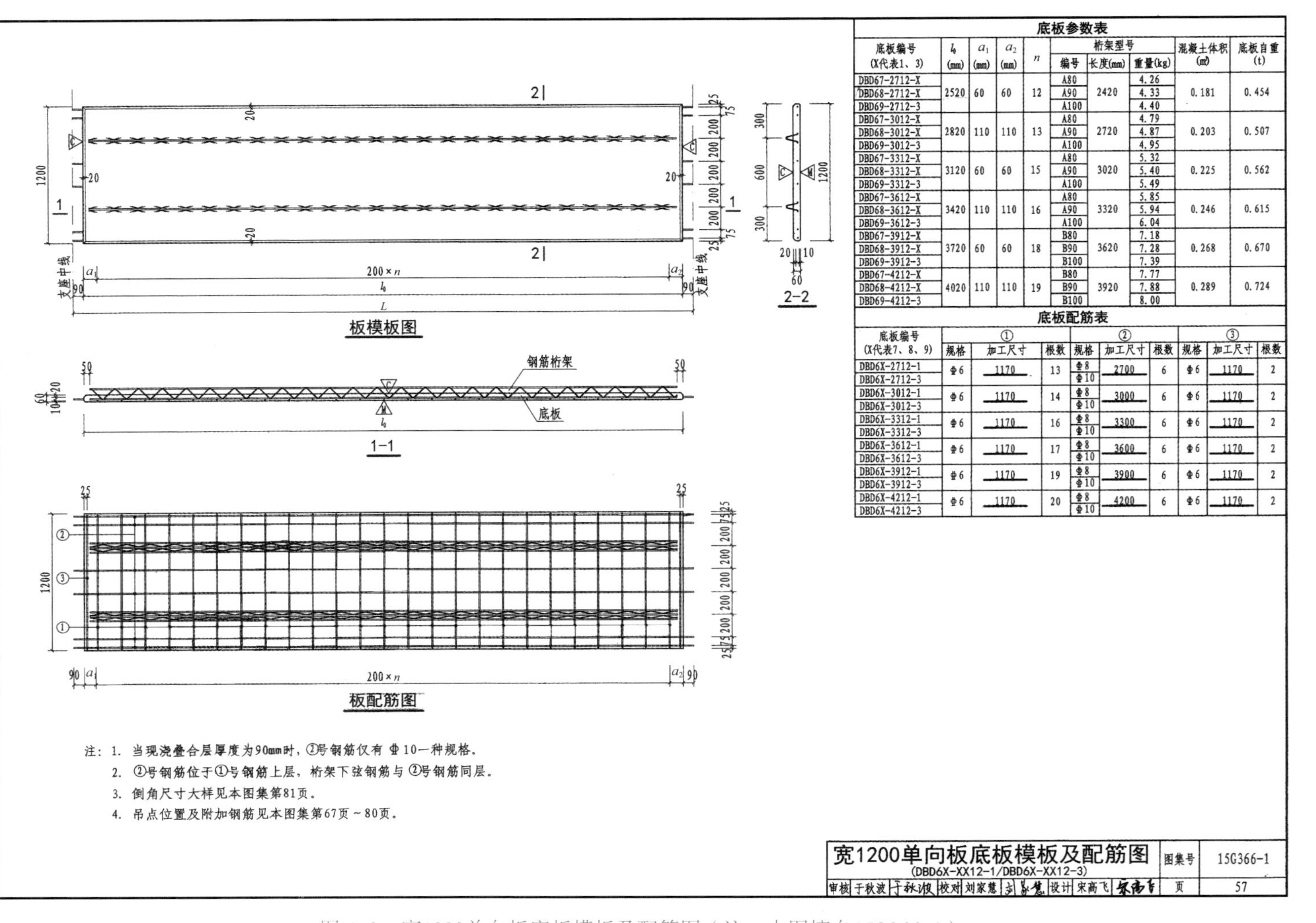

底板参数表

底板编号 (X代表1、3)	l_0 (mm)	a_1 (mm)	a_2 (mm)	n	桁架型号 编号	长度(mm)	重量(kg)	混凝土体积 (m³)	底板自重 (t)
DBD67-2712-X	2520	60	60	12	A80	2420	4.26	0.181	0.454
DBD68-2712-X					A90		4.33		
DBD69-2712-3					A100		4.40		
DBD67-3012-X	2820	110	110	13	A80	2720	4.79	0.203	0.507
DBD68-3012-X					A90		4.87		
DBD69-3012-3					A100		4.95		
DBD67-3312-X	3120	60	60	15	A80	3020	5.32	0.225	0.562
DBD68-3312-X					A90		5.40		
DBD69-3312-3					A100		5.49		
DBD67-3612-X	3420	110	110	16	A80	3320	5.85	0.246	0.615
DBD68-3612-X					A90		5.94		
DBD69-3612-3					A100		6.04		
DBD67-3912-X	3720	60	60	18	B80	3620	7.18	0.268	0.670
DBD68-3912-X					B90		7.28		
DBD69-3912-3					B100		7.39		
DBD67-4212-X	4020	110	110	19	B80	3920	7.77	0.289	0.724
DBD68-4212-X					B90		7.88		
DBD69-4212-3					B100		8.00		

底板配筋表

底板编号 (X代表7、8、9)	① 规格	① 加工尺寸	① 根数	② 规格	② 加工尺寸	② 根数	③ 规格	③ 加工尺寸	③ 根数
DBD6X-2712-1 DBD6X-2712-3	⌀6	1170	13	⌀8 ⌀10	2700	6	⌀6	1170	2
DBD6X-3012-1 DBD6X-3012-3	⌀6	1170	14	⌀8 ⌀10	3000	6	⌀6	1170	2
DBD6X-3312-1 DBD6X-3312-3	⌀6	1170	16	⌀8 ⌀10	3300	6	⌀6	1170	2
DBD6X-3612-1 DBD6X-3612-3	⌀6	1170	17	⌀8 ⌀10	3600	6	⌀6	1170	2
DBD6X-3912-1 DBD6X-3912-3	⌀6	1170	19	⌀8 ⌀10	3900	6	⌀6	1170	2
DBD6X-4212-1 DBD6X-4212-3	⌀6	1170	20	⌀8 ⌀10	4200	6	⌀6	1170	2

注：1. 当现浇叠合层厚度为90mm时，②号钢筋仅有 ⌀10一种规格。
2. ②号钢筋位于①号钢筋上层，桁架下弦钢筋与②号钢筋同层。
3. 倒角尺寸大样见本图集第81页。
4. 吊点位置及附加钢筋见本图集第67页～80页。

图 4-3　宽1200单向板底板模板及配筋图（注：本图摘自15G366-1）

长度方向水平筋在上。桁架下弦钢筋与长度方向水平筋同层。

宽度方向板筋间距为200mm，其中，最左侧的宽度方向板筋距板边130mm布置，最右侧的宽度方向板筋距板边90mm布置。在支座一侧外伸90mm，在拼缝一侧外伸290mm后做135°弯钩，弯钩平直段长度40mm。距板边25mm处布置宽度方向端部板筋，沿宽度方向通长，不外伸，每端布置1道。

长度方向板筋自板边25mm处开始布置，在桁架钢筋位置处不重复布置，在桁架钢筋之间按200mm间距布置。长度方向板筋在两侧支座处均外伸90mm。

2. DBS2-67-3012-11 基本构造

叠合板双向板底板，用做中板。宽度方向上，两拼缝定位线间距为1200mm，两侧板边至拼缝定位线均为150mm，预制板混凝土面宽度900mm。长度方向上，两侧板边至支座中线均为90mm，预制板混凝土面长度2820mm。预制板四边及顶面均设置粗糙面，预制板底面为模板面。预制混凝土层厚度60mm。

沿长度方向布置两道桁架钢筋，桁架中心线距离板边150mm，桁架中心线间距600mm。桁架钢筋端部距离板边50mm。

预制板板筋为网片状，宽度方向水平筋在下，长度方向水平筋在上。桁架下弦钢筋与长度方向水平筋同层。

宽度方向板筋间距为200mm，其中，最左侧的宽度方向板筋距板边150mm，最右侧的宽度方向板筋距板边70mm。沿宽度方向外伸290mm后做135°弯钩，弯钩平直段长度40mm。距板边25mm处布置宽度方向端部板筋，沿宽度方向通长，不外伸，每端布置1道。

长度方向板筋自板边25mm处开始布置，在桁架钢筋位置处不重复布置，在桁架钢筋之间按200mm间距布置。长度方向板筋在两侧支座处均外伸90mm。

3. DBD67-2712-1 基本构造

叠合板单向板底板，预制板混凝土面宽度1200mm，预制板混凝土面长度2520mm。预制板两个宽度方向侧边及顶面均设置粗糙面，预制板底面为模板面。预制混凝土层厚度60mm。

沿长度方向布置两道桁架钢筋，桁架中心线距离板边300mm，桁架中心线间距600mm。桁架钢筋端部距离板边50mm。

预制板板筋为网片状，宽度方向水平筋在下，长度方向水平筋在上。桁架下弦钢筋与长度方向水平筋同层。

宽度方向板筋距板边60mm开始布置，间距为200mm，沿宽度方向通长，不外伸。距板边25mm处布置宽度方向端部板筋，沿宽度方向通长，不外伸，每端布置1道。

长度方向板筋以桁架钢筋为基准，间距200mm布置，在桁架钢筋位置处不重复布置，在桁架钢筋之间布置2道，两道桁架钢筋外侧200mm各布置1道。板边25mm处布置长度方向端部板筋。长度方向板筋在两侧支座处均外伸90mm。

4. 吊点位置（图 4-4、图 4-5）

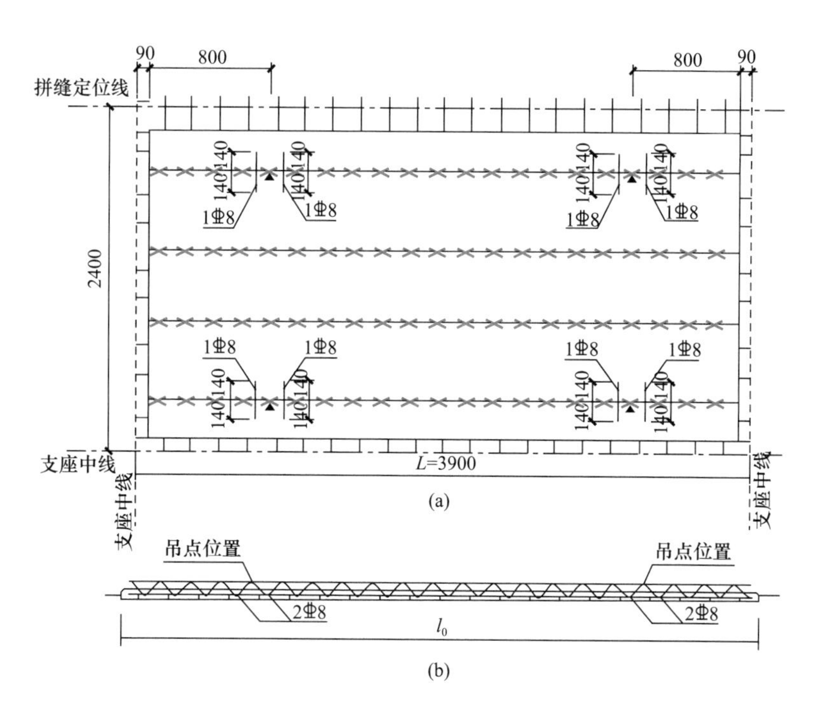

图 4-4　宽 2400 双向板吊点位置示意图（注：本图摘自 15G366-1）

（a）平面示意图；（b）侧面示意图

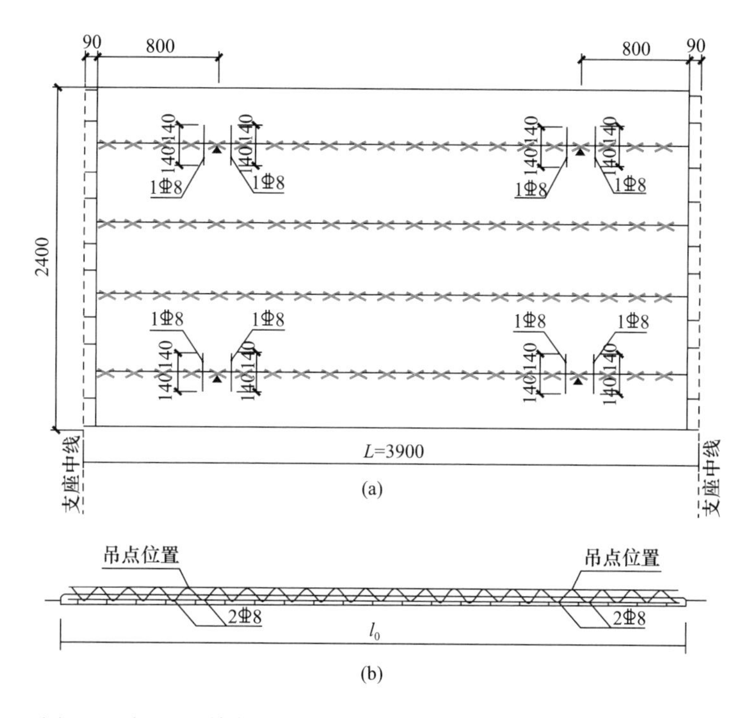

图 4-5　宽 2400 单向板吊点位置示意图（注：本图摘自 15G366-1）

（a）平面示意图；（b）侧面示意图

4.1.3 叠合板详图识读训练

识读相关叠合板底板模板图及配筋图，完成下列叠合板详图识读训练。

(1) 以下不属于叠合板类型的是（　　）。

A. 单向板底板　　B. 双向板底板

C. 单向板底板中板　　D. 双向板底板中板

(2) 以下关于叠合板桁架钢筋的描述中错误的是（　　）。

A. 桁架钢筋端部距离板边 50mm

B. 桁架下弦钢筋与宽度方向水平筋同层

C. 桁架上弦钢筋在后浇叠合层混凝土中

D. 桁架钢筋中心线间距一般不大于 600mm

(3) 叠合板底板 DBS1-67-3012-11 的四个侧边分别是（　　）。

A. 一个侧边为支座，三个侧边为拼缝

B. 两个侧边为支座，两个侧边为拼缝

C. 三个侧边为支座，一个侧边为拼缝

D. 四个侧边均为支座

(4) 叠合板底板 DBS1-67-3012-11 的外表面中不是粗糙面的是（　　）。

A. 拼缝侧边　　B. 支座侧边　　C. 底面　　D. 顶面

(5) 以下关于叠合板底板 DBS1-67-3012-11 的配筋描述中错误的是（　　）。

A. 板筋为网片状

B. 宽度方向水平筋在下，长度方向水平筋在上

C. 长度方向布置两道桁架钢筋

D. 桁架下弦钢筋与宽度方向水平筋同层

(6) 叠合板底板 DBS1-67-3012-11 的配筋中不外伸的是（　　）。

A. 宽度方向分布筋　　B. 长度方向分布筋

C. 宽度方向端部筋　　D. 长度方向端部筋

(7) 叠合板底板 DBS1-67-3012-11 的配筋外伸尺寸错误的是（　　）。

A. 宽度方向分布筋两端外伸尺寸相同

B. 长度方向分布筋两端外伸尺寸相同

C. 宽度方向端部筋两端未外伸

D. 桁架钢筋两端未外伸

(8) 叠合板底板 DBS2-67-3012-11 的四个侧边分别是（　　）。

A. 一个侧边为支座，三个侧边为拼缝

B. 两个侧边为支座，两个侧边为拼缝

C. 三个侧边为支座，一个侧边为拼缝

D. 四个侧边均为支座

(9) 以下关于叠合板底板 DBS2-67-3012-11 的配筋描述错误的是（　　）。

A. 宽度方向分布筋两端外伸尺寸相同

B. 长度方向分布筋两端外伸尺寸相同

C. 宽度方向端部筋两端未外伸

D. 长度方向端部筋两端未外伸

(10) 叠合板底板 DBD67-2712-1 的配筋中外伸的是（　　）。

A. 宽度方向分布筋　　　　B. 长度方向分布筋

C. 宽度方向端部筋　　　　D. 桁架钢筋

任务 4.2　识读梯段板详图

标准图集《预制钢筋混凝土板式楼梯》15G367-1 中的标准梯段板共有 2 种类型，分别为双跑楼梯和剪刀楼梯，编号规则如下：

(1) 双跑楼梯：ST-××-××。其中，ST 表示楼梯类型为双跑楼梯；第一组两个数字表示梯段板的适用层高（dm），第二组两个数字表示楼梯间净宽（dm）。

(2) 剪刀楼梯：JT-××-××。其中，JT 表示楼梯类型为剪刀楼梯；第一组两个数字表示梯段板的适用层高（dm），第二组两个数字表示楼梯间净宽（dm）。

楼梯梯段板为预制混凝土构件，平台梁、板可采用现浇混凝土。梯段板支座处为销键连接，上端支承处为固定铰支座，下端支承处为滑动铰支座。图集中的标准梯段板对应层高分为 2.8m、2.9m 和 3.0m 三种。双跑楼梯楼梯间净宽为 2.4m 或 2.5m，剪刀楼梯楼梯间净宽为 2.5m 或 2.6m。楼梯入户处建筑面层厚度 50mm，楼梯平台板处建筑面层厚度 30mm。

混凝土强度等级为 C30，钢筋采用 HPB300（Φ）、HRB400（Φ）。预埋件的锚板采用 Q235-B 级钢材。钢筋保护层厚度按 20mm 设计，环境类别为一类。

4.2.1　梯段板详图识读要求

识读给出的梯段板模板图和配筋图，明确梯段板的基本尺寸和配筋情况，完成任务训练要求。

4.2.2　梯段板基本构造

教学视频（1）

教学视频（2）

1. ST-28-24 基本构造

(1) 模板图（图 4-6）

楼梯间净宽 2400mm，其中梯井宽 110mm，梯段板宽 1125mm，梯段板与楼梯间外

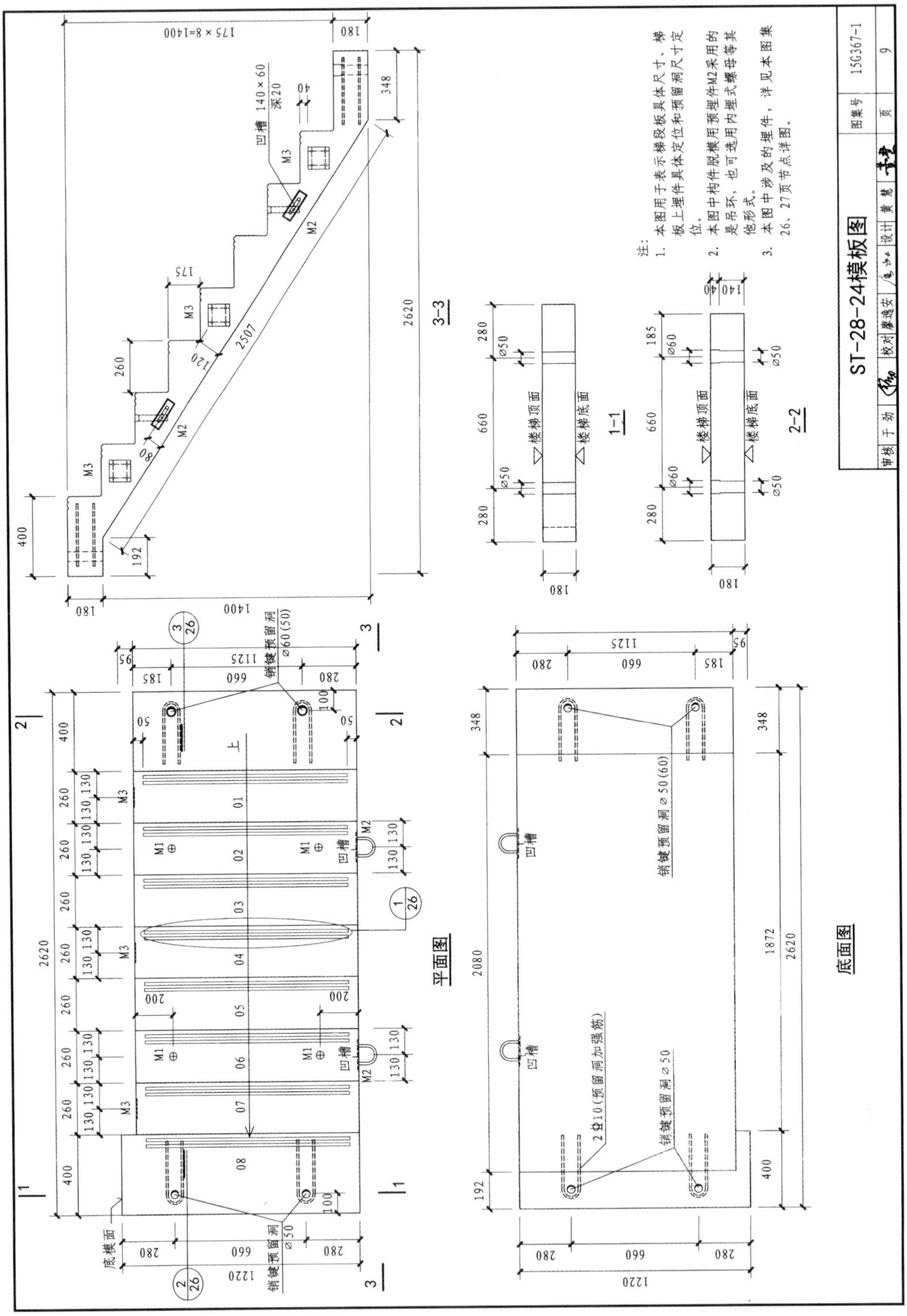

平面图

3-3

底面图

1-1

2-2

注：

1. 本图用于表示梯段板具体尺寸、梯板上埋件具体定位和预留洞尺寸定位。
2. 本图中构件脱模用预埋件M2采用的是吊环，也可选用内埋式螺母等其他形式。
3. 本图中涉及的埋件，详见本图集26、27页节点详图。

ST-28-24模板图								图集号	15G367-1
审核	于劲		校对	廖逸安		设计	黄慧	页	9

图4-6　ST-28-24模板图（注：本图摘自15G367-1）

墙间距20mm。梯段板水平投影长2620mm。梯段板厚120mm。

梯段板设置一个与低处楼梯平台连接的底部平台、七个梯段中间的正常踏步（图纸中编号为01至07）和一个与高处楼梯平台连接的踏步平台（图纸中编号为08）。

梯段底部平台面宽400mm（因梯段有倾斜角度，平台底宽348mm），长度与梯段宽度相同，厚180mm。顶面与低处楼梯平台顶面建筑面层平齐，搁置在平台挑梁上，与平台顶面间留30mm空隙。平台上设置2个销键预留洞，预留洞中心距离梯段板底部平台侧边分别为100mm（靠楼梯平台一侧）和280mm（靠楼梯间外墙一侧），对称设置。预留洞下部140mm孔径为50mm，上部40mm孔径为60mm。

梯段中间的01至07号踏步自下而上排列，踏步高175mm，踏步宽260mm，踏步面长度与梯段宽度相同。踏步面上均设置防滑槽。第01、04和07号踏步台阶靠近梯井一侧的侧面各设置1个栏杆预留埋件M3，在踏步宽度上居中设置。第02和06号踏步台阶靠近楼梯间外墙一侧的侧面各设置1个梯段板吊装预埋件M2，在踏步宽度上居中设置。第02和06号踏步面上各设置2个梯段板吊装预埋件M1，在踏步宽度上居中，距离踏步两侧边（靠楼梯间外墙一侧和靠梯井一侧）200mm处对称设置。

与高处楼梯平台连接的08号踏步平台面宽400mm（因梯段有倾斜角度，平台底宽192mm），长1220mm（靠楼梯间外墙一侧与其他踏步平齐，靠梯井一侧比其他踏步长95mm），厚180mm。顶面与高处楼梯平台顶面建筑面层平齐，搁置在平台挑梁上，与平台顶面间留30mm空隙。平台上设置2个销键预留洞，孔径为50mm，预留洞中心距离踏步侧边分别为100mm（靠楼梯平台一侧）和280mm（靠楼梯间外墙一侧），对称设置。该踏步平台与上一梯段板底部平台搁置在同一楼梯平台挑梁上，之间留15mm空隙。

（2）配筋图（图4-7）

从配筋图中可以读出以下信息：

1）下部纵筋：7根，布置在梯段板底部。沿梯段板方向倾斜布置，在梯段板底部平台处弯折成水平向。间距200mm，梯段板宽度上最外侧的两根下部纵筋间距调整为125mm，距离板边分别为40mm和35mm。

2）上部纵筋：7根，布置在梯段板顶部。沿梯段板方向倾斜布置，在梯段板底部平台处不弯折，直伸至下部纵筋水平段处。在梯段板宽度上与下部纵筋对称布置。

3）上、下分布筋：20根，分别布置在下部纵筋和上部纵筋内侧，与下部纵筋和上部纵筋分别形成网片。仅在梯段倾斜区均匀布置，底部平台和顶部踏步平台处不布置。单根分布筋两端90°弯折，弯钩长度80mm，对应的上、下分布筋通过弯钩搭接成封闭状（位于纵筋内侧，不能称之为箍筋）。

4）边缘纵筋：12根，分别布置在底部平台和顶部踏步平台处，沿平台长度方向（即梯段宽度方向）。每个平台布置6根，平台上、下部各3根，采用类似梁纵筋形式布置。因顶部踏步平台长度较梯段板宽度稍大，其边缘纵筋长度大于底部平台边缘纵筋长度。底部平台边缘纵筋布置在梯段板下部纵筋水平段之上。

5）边缘箍筋：18根，分别布置在底部平台和顶部踏步平台处，箍住各自的边缘纵

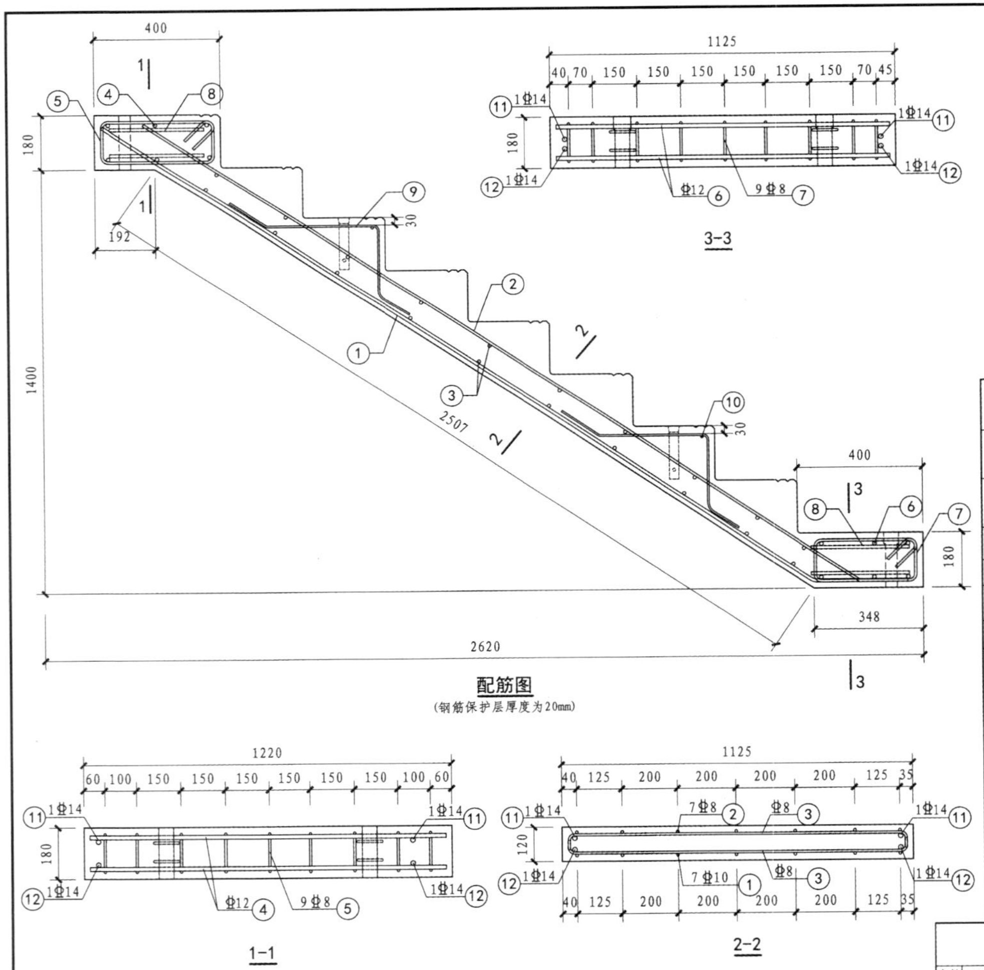

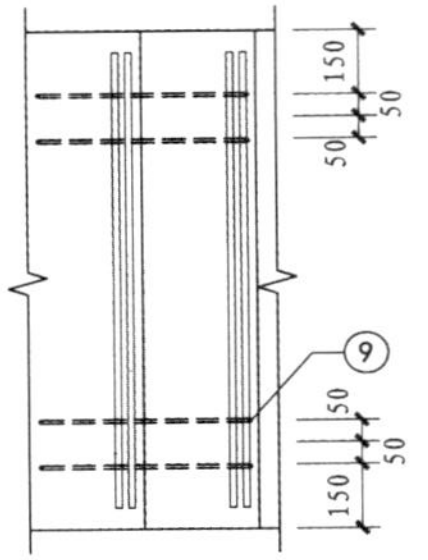

配筋图

（钢筋保护层厚度为20mm）

3-3

1-1

2-2

⑨钢筋平面定位图

钢筋明细表

编号	数量	规格	形状	钢筋名称	重量(kg)	钢筋总重(kg)	混凝土(m³)
①	7	Φ10	2700 321	下部纵筋	13.05	72.18	0.6524
②	7	Φ8	2728	上部纵筋	7.54		
③	20	Φ8	80 1085 80	上、下分布筋	9.84		
④	6	Φ12	1180	边缘纵筋1	7.57		
⑤	9	Φ8	360 140	边缘箍筋1	3.56		
⑥	6	Φ12	1085	边缘纵筋2	5.79		
⑦	9	Φ8	328 140	边缘箍筋2	3.33		
⑧	8	Φ10	280	加强筋	3.31		
⑨	8	Φ8	100 327 213 100	吊点加强筋	2.34		
⑩	2	Φ8	1085	吊点加强筋	0.86		
⑪	2	Φ14	150 2700 275	边缘加强筋	7.57		
⑫	2	Φ14	2700 368	边缘加强筋	7.42		

ST-28-24配筋图　图集号 15G367-1

审核 于劲　校对 李化　设计 黄慧　页 10

图 4-7　ST-28-24配筋图（注：本图摘自15G367-1）

筋。间距 150mm，底部平台最外侧两道箍筋间距调整为 70mm，顶部踏步平台最外侧两道箍筋间距调整为 100mm。

6）边缘加强筋：4 根，布置在上、下分布筋的弯钩内侧，与梯段板下部纵筋和上部纵筋同向。在梯段板底部平台处均弯折成水平向，与梯段板下部纵筋水平段同层。上部边缘加强筋在顶部踏步平台处弯折成水平向。

7）销键预留洞加强筋：8 根，每个销键预留洞处上、下各 1 根，布置在边缘纵筋内侧，水平布置。

8）吊点加强筋：8 根，每个吊点预埋件 M1 中心线左、右两侧 50mm 处各布置1 根。

9）吊点加强筋：2 根。

2. JT-28-25 基本构造

（1）模板图（图 4-8）

教学视频（1）

教学视频（2）

楼梯间净宽 2500mm，其中梯井宽 140mm，梯段板宽 1160mm，梯段板与楼梯间外墙间距 20mm。梯段板水平投影长 4900mm。梯段板厚 200mm。

梯段板设置一个与低处楼梯平台连接的底部平台、15 个梯段中间的正常踏步（图纸中编号为 01 至 15）和一个与高处楼梯平台连接的踏步平台（图纸中编号为 16）。

梯段底部平台面宽 500mm（因梯段有倾斜角度，平台底宽 531mm），自楼梯平台一侧起 430mm 宽度范围内的平台长度比梯段宽度长 65mm，为 1225mm。剩余 70mm 宽度范围内的平台长度与梯段宽度相等，为 1160mm。平台厚 220mm，顶面与低处楼梯平台顶面建筑面层平齐，搁置在平台挑梁上，与平台顶面间留 30mm 空隙。平台上设置 2 个销键预留洞，预留洞中心距离梯段板底部平台靠楼梯平台一侧侧边 100mm，靠楼梯间外墙一侧预留洞中心距离对应侧边 200mm，靠梯井一侧预留洞中心距离对应侧边 255mm。预留洞下部 160mm 孔径为 50mm，上部 60mm 孔径为 60mm。

梯段中间的 01 至 15 号踏步自下而上排列，踏步高 175mm，踏步面宽 260mm，踏步面长 1160mm，与梯段宽度相同。踏步面上均设置防滑槽。第 03 和 13 号踏步台阶靠近楼梯间外墙一侧的侧面各设置 1 个梯段板吊装预埋件 M2，在踏步宽度上居中设置。第 03 和 13 号踏步面上各设置 2 组 4 个梯段板吊装预埋件 M1，在踏步宽度上居中，距离踏步两侧边（靠楼梯间外墙一侧和靠梯井一侧）200mm 和 350mm 处对称设置。

与高处楼梯平台连接的 16 号踏步平台尺寸与梯段底部平台相同，对称布置，区别为平台上设置的销键预留洞孔径为 50mm。该踏步平台与上一梯段板底部平台搁置在同一楼梯平台挑梁上，之间留 10mm 空隙。

（2）配筋图（图 4-9）

从配筋图中可以读出以下信息：

1）下部纵筋：8 根，布置在梯段板底部。沿梯段板方向倾斜布置，在梯段板底部平台处弯折成水平向。间距 150mm，距离两侧板边均为 55mm。

2）上部纵筋：7 根，布置在梯段板顶部。沿梯段板方向倾斜布置，在梯段板底部平台处不弯折，直伸至水平向下部纵筋处。间距 200mm，梯段板宽度上最外侧的两根

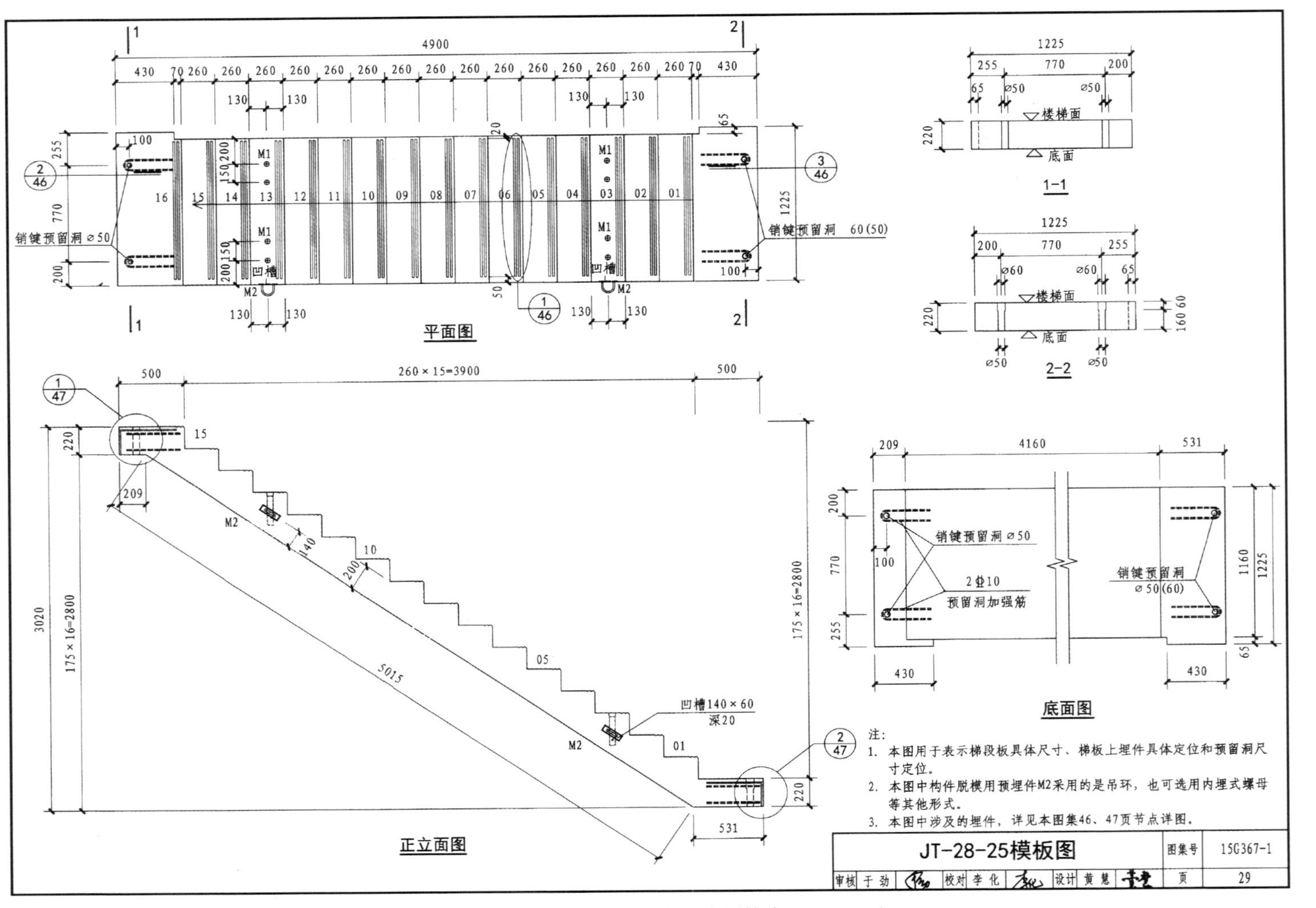

图 4-8　JT-28-25模板图（注：本图摘自15G367-1）

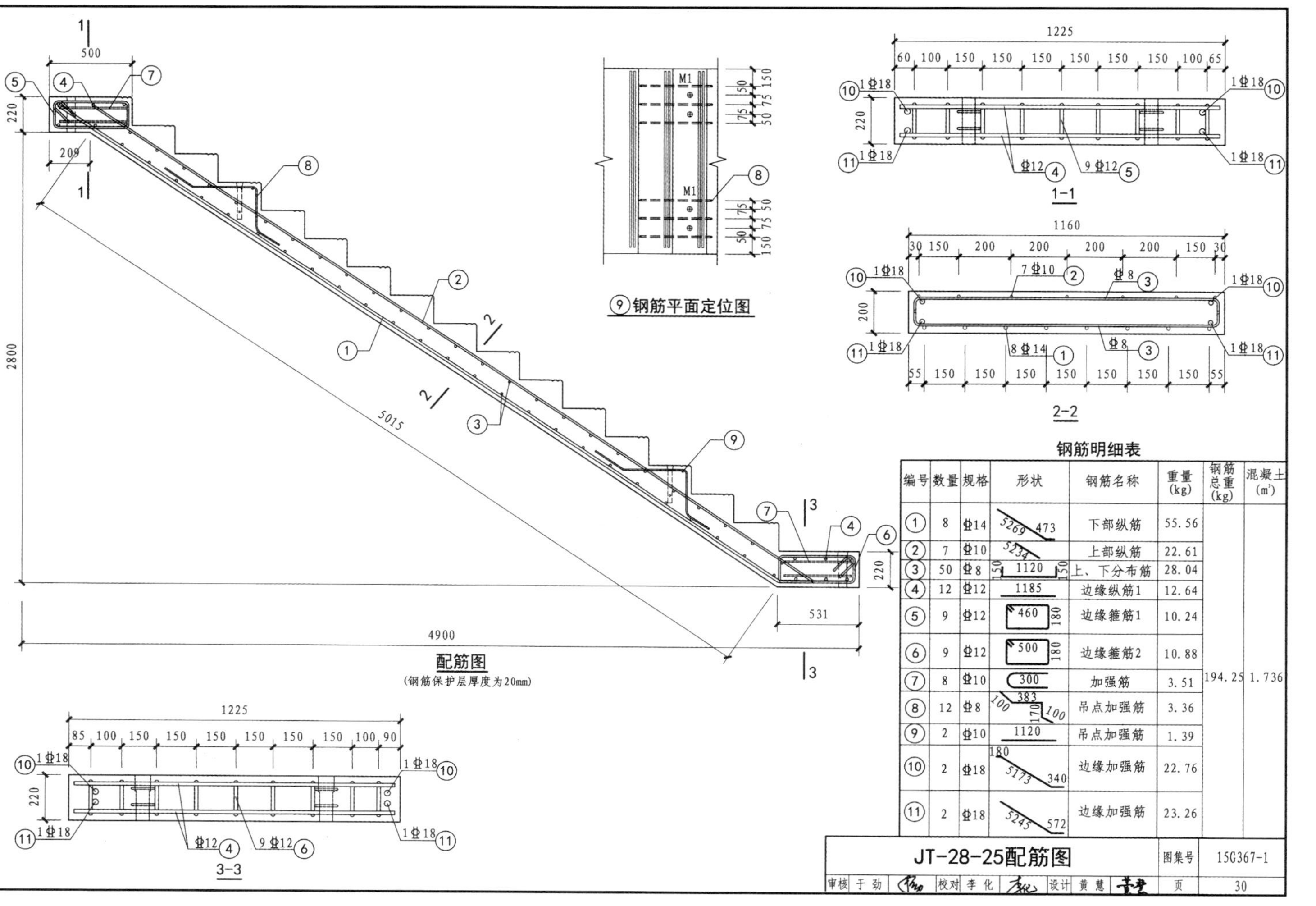

编号	数量	规格	形状	钢筋名称	重量(kg)	钢筋总重(kg)	混凝土(m³)
①	8	Φ14	5269 473	下部纵筋	55.56	194.25	1.736
②	7	Φ10	5234	上部纵筋	22.61		
③	50	Φ8	150 1120 150	上、下分布筋	28.04		
④	12	Φ12	1185	边缘纵筋1	12.64		
⑤	9	Φ12	460 180	边缘箍筋1	10.24		
⑥	9	Φ12	500 180	边缘箍筋2	10.88		
⑦	8	Φ10	300	加强筋	3.51		
⑧	12	Φ8	100 383 170 100	吊点加强筋	3.36		
⑨	2	Φ10	1120	吊点加强筋	1.39		
⑩	2	Φ18	180 5173 340	边缘加强筋	22.76		
⑪	2	Φ18	5245 572	边缘加强筋	23.26		

图 4-9 JT-28-25配筋图（注：本图摘自15G367-1）

下部纵筋间距调整为 150mm，距离板边均为 55mm。

3）上、下分布筋：50 根，分别布置在下部纵筋和上部纵筋内侧，与下部纵筋和上部纵筋分别形成网片。仅在梯段倾斜区均匀布置，底部平台和顶部踏步平台处不布置。单根分布筋两端 90°弯折，弯钩长度 80mm，对应的上、下分布筋通过弯钩搭接成封闭状（位于纵筋内侧，不能称之为箍筋）。

4）边缘纵筋：12 根，分别布置在底部平台和顶部踏步平台处，沿平台长度方向（即梯段宽度方向）。每个平台布置 6 根，平台上、下部各 3 根，采用类似梁纵筋形式布置。底部平台边缘纵筋布置在梯段板下部纵筋水平段之上。

5）边缘箍筋：18 根，分别布置在底部平台和顶部踏步平台处，箍住各自的边缘纵筋。间距 150mm，最外侧两道箍筋间距调整为 100mm。

6）边缘加强筋：4 根，布置在上、下分布筋的弯钩内侧，与梯段板下部纵筋和上部纵筋同向。在梯段板底部平台处均弯折成水平向，与梯段板下部纵筋水平段同层。上部边缘加强筋在顶部踏步平台处弯折成水平向。

7）销键预留洞加强筋：8 根，每个销键预留洞处上、下各 1 根，布置在梯段板上、下分布筋内侧，水平布置。

8）吊点加强筋：12 根，每组 2 个吊点预埋件 M1 左、中、右各布置 1 根。定位见钢筋平面位置定位图。

9）吊点加强筋：2 根。

4.2.3 梯段板详图识读训练

识读给出的 ST-28-24 模板图和配筋图，完成下列识读训练。

（1）该梯段板的厚度为（　　）。

A. 80mm　　B. 100mm　　C. 120mm　　D. 180mm

（2）该梯段板的栏杆焊接预埋件个数为（　　）。

A. 2　　B. 3　　C. 4　　D. 无此项

（3）该梯段板同高度处两预留销键孔的中心距为（　　）。

A. 185mm　　B. 280mm　　C. 660mm　　D. 95mm

（4）该梯段板高处预留销键孔的孔径尺寸为（　　）。

A. 50mm　　B. 60mm

C. 上部 50mm，下部 60mm　　D. 上部 60mm，下部 50mm

（5）该梯段板安装吊点距离梯段板边（　　）。

A. 200mm　　B. 100mm　　C. 80mm　　D. 0

（6）该梯段板两端所连接的平台高差为（　　）。

A. 1320mm　　B. 1400mm　　C. 1580mm　　D. 2620mm

（7）编号为④的边缘纵筋 1 是指（　　）边缘纵筋。

A. 梯段　　B. 高端平台　　C. 低端平台　　D. 不是纵筋

(8) 编号为⑪的边缘加强筋是指（　　）边缘加强筋。

A. 梯段　　B. 高端平台　　C. 低端平台　　D. 不是加强筋

(9) 每个安装吊点两侧布置（　　）根编号为⑨的吊点加强筋。

A. 1　　B. 2　　C. 3　　D. 4

(10) 钢筋明细表中预留销键孔加强筋的编号为（　　）。

A. ⑦　　B. ⑧　　C. ⑨　　D. ⑩

小　结

通过本部分的学习，要求学生掌握叠合板和梯段板模板图和配筋图的识读方法，能够明确构件各组成部分的基本尺寸和配筋情况。

任务 5

识读预制墙连接节点详图

【教学目标】 熟悉预制墙间竖向接缝、预制墙与现浇墙间竖向接缝、预制墙与后浇边缘暗柱间竖向接缝、预制墙与后浇端柱间竖向接缝、预制墙在转角墙处竖向接缝、预制墙在有翼墙处竖向接缝、预制墙在十字形墙处竖向接缝、预制墙水平接缝和连梁及楼（屋）面梁与预制墙连接构造形式，掌握预制墙连接节点详图的识读方法，能够正确识读预制墙连接节点详图。树立爱岗敬业意识，培养求真务实的工作作风。

本学习任务选取标准图集《装配式混凝土结构连接节点构造（剪力墙）》15G310-2中的节点基本构造要求、预制墙的竖向接缝构造、预制墙的水平接缝构造等进行图纸识读任务练习。通过不同形式的任务训练，使学生熟悉图集中预制墙连接节点标准做法，掌握各类预制墙连接节点详图的识读方法，为识读实际工程相关图纸打好基础。

教学视频

任务 5.1 认知预制墙连接节点基本构造规定

5.1.1 预制墙连接节点基本构造规定认知要求

认知预制墙连接节点基本构造规定，能够在后续节点构造图纸识读和现场施工中应用。

5.1.2 预制墙连接节点基本构造规定

1. 混凝土结构的环境类别

环境是影响混凝土结构耐久性最重要的因素。混凝土结构暴露的环境类别见表 5-1。

混凝土结构的环境类别　　表 5-1

环境类别	条件
一	室内干燥环境； 无侵蚀性静水浸没环境
二 a	室内潮湿环境； 非严寒和非寒冷地区的露天环境； 非严寒和非寒冷地区与无侵蚀性的水或土壤直接接触的环境； 严寒和寒冷地区的冰冻线以下与无侵蚀性的水或土壤直接接触的环境
二 b	干湿交替环境； 水位频繁变动环境； 严寒和寒冷地区的露天环境； 严寒和寒冷地区的冰冻线以上与无侵蚀性的水或土壤直接接触的环境
三 a	严寒和寒冷地区冬季水位变动区环境； 受除冰盐影响环境； 海风环境
三 b	盐渍土环境； 受除冰盐作用环境； 海岸环境
四	海水环境
五	受人为或自然的侵蚀性物质影响的环境

注：1. 室内潮湿环境是指构件表面经常处于结露或湿润状态的环境。
2. 严寒和寒冷地区的划分应符合现行国家标准《民用建筑热工设计规范》GB 50176 的有关规定。
3. 海岸环境和海风环境宜根据当地情况，考虑主导风向及结构所处迎风、背风部位等因素的影响，由调查研究和工程经验确定。
4. 受除冰盐影响环境是指受到除冰盐盐雾影响的环境；受除冰盐作用环境是指被除冰盐溶液溅射的环境以及使用除冰盐地区的洗车房、停车楼等建筑。
5. 混凝土结构的环境类别是指混凝土暴露表面所处的环境条件。

2. 混凝土保护层的最小厚度

混凝土保护层厚度指最外层钢筋外边缘至混凝土表面的距离，可以保证混凝土和钢筋之间的粘结，同时可以保护钢筋免受锈蚀。图集中规定的混凝土保护层的最小厚度见表 5-2。

混凝土保护层的最小厚度（mm）　　**表 5-2**

环境类别	板、墙	梁、柱
一	15	20
二 a	20	25
二 b	25	35
三 a	30	40
三 b	40	50

注：1. 表中混凝土保护层厚度指最外层钢筋外边缘至混凝土表面的距离，适用于设计工作年限为 50 年的混凝土结构。
2. 构件中受力钢筋的保护层厚度不应小于钢筋的公称直径。
3. 一类环境中，设计工作年限为 100 年的结构最外层钢筋的保护层厚度不应小于表中数值的 1.4 倍；二、三类环境，设计工作年限为 100 年的结构应采取专门的有效措施。四类和五类环境类别的混凝土结构，其耐久性要求应符合国家现行有关标准的规定。
4. 混凝土强度等级为 C25 时，表中保护层厚度数值应增加 5mm。
5. 基础底面钢筋的保护层厚度，有混凝土垫层时应从垫层顶面算起，且不应小于 40mm。

有套筒连接的钢筋，保护层从套筒或箍筋外皮算起。剪力墙混凝土保护层厚度从墙体水平筋外侧算起，不考虑拉结水平筋的拉筋（图 5-1）。钢筋锚固板的混凝土保护层厚度从锚固板最外侧算起，钢筋机械连接接头的混凝土保护层厚度从机械连接接头最外侧算起。

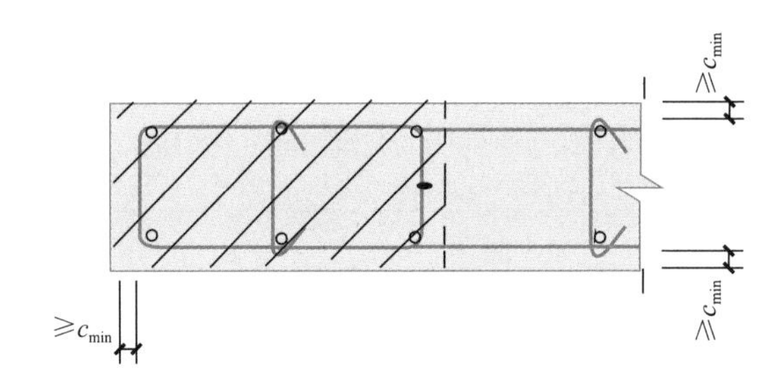

图 5-1　剪力墙混凝土保护层厚度

3. 受拉钢筋的基本锚固长度和抗震基本锚固长度

参考 22G101 系列图集中的相关规定，受拉钢筋的基本锚固长度 l_{ab}、抗震基本锚固长度 l_{abE}见表 5-3 和表 5-4。

受拉钢筋基本锚固长度 l_{ab}　　**表 5-3**

钢筋种类	混凝土强度等级							
	C25	C30	C35	C40	C45	C50	C55	≥C60
HPB300	34d	30d	28d	25d	24d	23d	22d	21d
HRB400、HRBF400、RRB400	40d	35d	32d	29d	28d	27d	26d	25d
HRB500、HRBF500	48d	43d	39d	36d	34d	32d	31d	30d

抗震设计时受拉钢筋基本锚固长度 l_{abE} 表 5-4

钢筋种类	抗震等级	混凝土强度等级							
		C25	C30	C35	C40	C45	C50	C55	≥C60
HPB300	一、二级	39*d*	35*d*	32*d*	29*d*	28*d*	26*d*	25*d*	24*d*
	三级	36*d*	32*d*	29*d*	26*d*	25*d*	24*d*	23*d*	22*d*
HRB400、HRBF400	一、二级	46*d*	40*d*	37*d*	33*d*	32*d*	31*d*	30*d*	29*d*
	三级	42*d*	37*d*	34*d*	30*d*	29*d*	28*d*	27*d*	26*d*
HRB500、HRBF500	一、二级	55*d*	49*d*	45*d*	41*d*	39*d*	37*d*	36*d*	35*d*
	三级	50*d*	45*d*	41*d*	38*d*	36*d*	34*d*	33*d*	32*d*

注：1. 四级抗震时，$l_{abE}=l_{ab}$。
2. 混凝土强度等级应取锚固区的混凝土强度等级。
3. 当锚固钢筋的保护层厚度不大于 5*d* 时，锚固钢筋长度范围内应设置横向构造钢筋，其直径不应小于 *d*/4（*d* 为锚固钢筋的最大直径）；对梁、柱等构件间距不应大于 5*d*，对板、墙等构件不应大于 10*d*，且均不应大于 100（*d* 为锚固钢筋的最小直径）。

4. 受拉钢筋的锚固长度和抗震锚固长度

参考 22G101 系列图集中的相关规定，受拉钢筋的锚固长度 l_a、抗震锚固长度 l_{aE} 见表 5-5 和表 5-6。

5. 受拉钢筋的搭接长度和抗震搭接长度

参考 22G101 系列图集中的相关规定，纵向受拉钢筋的搭接长度 l_l 和抗震搭接长度 l_{lE} 见表 5-7 和表 5-8。

6. 预制墙钢筋套筒灌浆连接部位水平分布钢筋加密构造

当采用套筒灌浆连接时，自套筒底部至套筒顶部并向上延伸 300mm 范围内，预制剪力墙的水平分布钢筋应加密。加密区水平分布钢筋的最大间距及最小直径应符合表 5-9 的规定，套筒上端第一道水平分布钢筋距离套筒顶部不应大于 50mm（图 5-2）。

7. 后浇剪力墙竖向分布钢筋连接构造

后浇剪力墙竖向分布钢筋连接构造见图 5-3。后浇剪力墙竖向分布钢筋连接可采用钢筋连接接头面积百分率为 100％的Ⅰ级接头机械连接，也可采用钢筋连接接头面积百分率为 50％的常规形式机械连接、焊接和绑扎搭接连接。

后浇剪力墙竖向分布钢筋采用Ⅰ级接头机械连接时，接头中心距离楼板顶面或基础顶面不小于 100mm，同时满足机械连接接头施工工艺要求。

后浇剪力墙竖向分布钢筋采用常规形式机械连接时，相邻钢筋交错机械连接，相邻钢筋的接头中心距不小于 35*d*。同时，钢筋机械连接接头距离楼板顶面或基础顶面不小于 500mm。

后浇剪力墙竖向分布钢筋采用常规形式焊接连接时，相邻钢筋交错焊接连接，相邻钢筋的接头中心距不小于 35*d* 且不小于 500mm。同时，钢筋焊接连接接头距离楼板顶面或基础顶面不小于 500mm。

后浇剪力墙竖向分布钢筋采用常规形式绑扎搭接连接时，相邻钢筋交错绑扎搭接连接，搭接连接区段长度不小于 1.2 倍的抗震锚固长度，相邻钢筋的绑扎搭接连接区段净距不小于 500mm。

受拉钢筋锚固长度 l_a（mm） 表 5-5

钢筋种类	混凝土强度等级															
	C25		C30		C35		C40		C45		C50		C55		≥C60	
	d≤25	d>25	d≤25	d>25	d≤25	d>25	d≤25	d>25	d≤25	d>25	d≤25	d>25	d≤25	d>25	d≤25	d>25
HPB300	34d	—	30d	—	28d	—	25d	—	24d	—	23d	—	22d	—	21d	—
HRB400、HRBF400	40d	44d	35d	39d	32d	35d	29d	32d	28d	31d	27d	30d	26d	29d	25d	28d
HRB500、HRBF500	48d	53d	43d	47d	39d	43d	36d	40d	34d	37d	32d	35d	31d	34d	30d	33d

受拉钢筋抗震锚固长度 l_{aE}（mm） 表 5-6

钢筋种类	抗震等级	混凝土强度等级															
		C25		C30		C35		C40		C45		C50		C55		≥C60	
		d≤25	d>25	d≤25	d>25	d≤25	d>25	d≤25	d>25	d≤25	d>25	d≤25	d>25	d≤25	d>25	d≤25	d>25
HPB300	一、二级	39d	—	35d	—	32d	—	29d	—	28d	—	26d	—	25d	—	24d	—
	三级	36d	—	32d	—	29d	—	26d	—	25d	—	24d	—	23d	—	22d	—
HRB400、HRBF400	一、二级	46d	51d	40d	45d	37d	40d	33d	37d	32d	36d	31d	35d	30d	33d	29d	32d
	三级	42d	46d	37d	41d	34d	37d	30d	34d	29d	33d	28d	32d	27d	30d	26d	29d
HRB500、HRBF500	一、二级	55d	61d	49d	54d	45d	49d	41d	46d	39d	43d	37d	40d	36d	39d	35d	38d
	三级	50d	56d	45d	49d	41d	45d	38d	42d	36d	39d	34d	37d	33d	36d	32d	35d

注：1. 当为环氧树脂涂层带肋钢筋时，表中数据尚应乘以 1.25。
2. 当纵向受拉钢筋在施工过程中易受扰动时，表中数据尚应乘以 1.1。
3. 当锚固区长度范围内纵向受力钢筋周边保护层厚度为 3d（d 为锚固钢筋的直径）时，表中数据可乘以 0.8；保护层厚度不小于 5d 时，表中数据可乘以 0.7；中间时按内插值。
4. 当纵向受拉普通钢筋锚固长度修正系数（注 1～注 3）多于一项时，可按连乘计算。
5. 受拉钢筋的锚固长度 l_a、l_{aE}计算值不应小于 200mm。
6. 四级抗震时，$l_{aE}=l_a$。
7. 当锚固钢筋的保护层厚度不大于 5d 时，锚固钢筋长度范围内应设置横向构造钢筋，其直径不应小于 $d/4$（d 为锚固钢筋的最大直径）；对梁、柱等构件间距不应大于 5d，对板、墙等构件不应大于 10d，且均不应大于 100mm（d 为锚固钢筋的最小直径）。
8. HPB300 钢筋末端应做 180°弯钩，做法详见图集。
9. 混凝土强度等级应取锚固区的混凝土强度等级。

表 5-7

纵向受拉钢筋的搭接长度 l_l（mm）

钢筋种类及同一区段内搭接钢筋面积百分率		混凝土强度等级															
		C25		C30		C35		C40		C45		C50		C55		≥C60	
		$d≤25$	$d>25$	$d≤25$	$d>25$	$d≤25$	$d>25$	$d≤25$	$d>25$	$d≤25$	$d>25$	$d≤25$	$d>25$	$d≤25$	$d>25$	$d≤25$	$d>25$
HPB300	≤25%	41d	—	36d	—	34d	—	30d	—	29d	—	28d	—	26d	—	25d	—
	50%	48d	—	42d	—	39d	—	35d	—	34d	—	32d	—	31d	—	29d	—
	100%	54d	—	48d	—	45d	—	40d	—	38d	—	37d	—	35d	—	34d	—
HRB400、HRBF400、RRB400	≤25%	48d	53d	42d	47d	38d	42d	35d	38d	34d	37d	32d	36d	31d	35d	30d	34d
	50%	56d	62d	49d	55d	45d	49d	41d	45d	39d	43d	38d	42d	36d	41d	35d	39d
	100%	64d	70d	56d	62d	51d	56d	46d	51d	45d	50d	43d	48d	42d	46d	40d	45d
HRB500、HRBF500	≤25%	58d	64d	52d	56d	47d	52d	43d	48d	41d	44d	38d	42d	37d	41d	36d	40d
	50%	67d	74d	60d	66d	55d	60d	50d	56d	48d	52d	45d	49d	43d	48d	42d	46d
	100%	77d	85d	69d	75d	62d	69d	58d	64d	54d	59d	51d	56d	50d	54d	48d	53d

注：1. 表中数值为纵向受拉钢筋绑扎搭接接头的搭接长度。
2. 两根不同直径钢筋搭接时，表中 d 取较小直径。
3. 当为环氧树脂涂层带肋钢筋时，表中数据尚应乘以 1.25。
4. 当纵向受拉钢筋在施工过程中易受扰动时，表中数据尚应乘以 1.1。
5. 当搭接长度范围内纵向受力钢筋周边保护层厚度为 3d（d 为锚固钢筋的直径）时，表中数据可乘以 0.8；保护层厚度不小于 5d 时，表中数据可乘以 0.7；中间时按内插值。
6. 当上述修正系数（注 3～注 5）多于一项时，可按连乘计算。
7. 当位于同一连接区段内的钢筋搭接接头面积百分率为表中数据中间值时，搭接长度可按内插取值。
8. 任何情况下，搭接长度不应小于 300mm。
9. HPB300 钢筋末端应做 180°弯钩，做法详见图集。

表 5-8

纵向受拉钢筋抗震搭接长度 l_{lE}（mm）

抗震等级	钢筋种类及同一区段内搭接钢筋面积百分率		混凝土强度等级															
			C25		C30		C35		C40		C45		C50		C55		≥C60	
			$d\leqslant25$	$d>25$	$d\leqslant25$	$d>25$	$d\leqslant25$	$d>25$	$d\leqslant25$	$d>25$	$d\leqslant25$	$d>25$	$d\leqslant25$	$d>25$	$d\leqslant25$	$d>25$	$d\leqslant25$	$d>25$
一、二级	HPB300	≤25%	47d	—	42d	—	38d	—	35d	—	34d	—	31d	—	30d	—	29d	—
		50%	55d	—	49d	—	45d	—	41d	—	39d	—	36d	—	35d	—	34d	—
	HRB400、HRBF400	≤25%	55d	61d	48d	54d	44d	48d	40d	44d	38d	43d	37d	42d	36d	40d	35d	38d
		50%	64d	71d	56d	63d	52d	56d	46d	52d	45d	50d	43d	49d	42d	46d	41d	45d
	HRB500、HRBF500	≤25%	66d	73d	59d	65d	54d	59d	49d	55d	47d	52d	44d	48d	43d	47d	42d	46d
		50%	77d	85d	69d	76d	63d	69d	57d	64d	55d	60d	52d	56d	50d	55d	49d	53d
三级	HPB300	≤25%	43d	—	38d	—	35d	—	31d	—	30d	—	29d	—	28d	—	26d	—
		50%	50d	—	45d	—	41d	—	36d	—	35d	—	34d	—	32d	—	31d	—
	HRB400、HRBF400	≤25%	50d	55d	44d	49d	41d	44d	36d	41d	35d	40d	34d	38d	32d	36d	31d	35d
		50%	59d	64d	52d	57d	48d	52d	42d	48d	41d	46d	39d	45d	38d	42d	36d	41d
	HRB500、HRBF500	≤25%	60d	67d	54d	59d	49d	54d	46d	50d	43d	47d	41d	44d	40d	43d	38d	42d
		50%	70d	78d	63d	69d	57d	63d	53d	59d	50d	55d	48d	52d	46d	50d	45d	49d

注：1. 表中数值为纵向受拉钢筋绑扎搭接接头的搭接长度。
2. 两根不同直径钢筋搭接时，表中 d 取较小直径。
3. 当为环氧树脂涂层带肋钢筋时，表中数据尚应乘以 1.25。
4. 当纵向受拉钢筋在施工过程中易受扰动时，表中数据尚应乘以 1.1。
5. 当搭接长度范围内纵向受力钢筋周边保护层厚度为 $3d$（d 为锚固钢筋的直径）时，表中数据可乘以 0.8；保护层厚度不小于 $5d$ 时，表中数据可乘以 0.7；中间时按内插值。
6. 当上述修正系数（注 3～注 5）多于一项时，可按连乘计算。
7. 当位于同一连接区段内的钢筋搭接接头面积百分率为 100%时，$l_{lE}=1.6l_{aE}$。
8. 当位于同一连接区段内的钢筋搭接接头面积百分率为表中数据中间值时，搭接长度可按内插取值。
9. 任何情况下，搭接长度不应小于 300mm。
10. 四级抗震等级时，$l_{lE}=l_l$。
11. HPB300 钢筋末端应做 180°弯钩，做法详见图集。

加密区水平分布钢筋的要求（mm） 表5-9

抗震等级	最大间距	最小直径
一、二级	100	8
三、四级	150	8

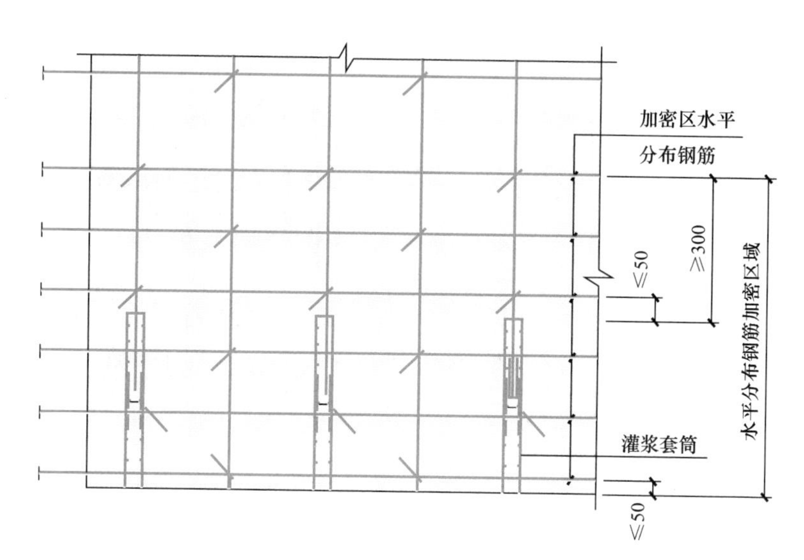

图5-2 预制墙钢筋套筒灌浆连接部位水平分布钢筋加密构造

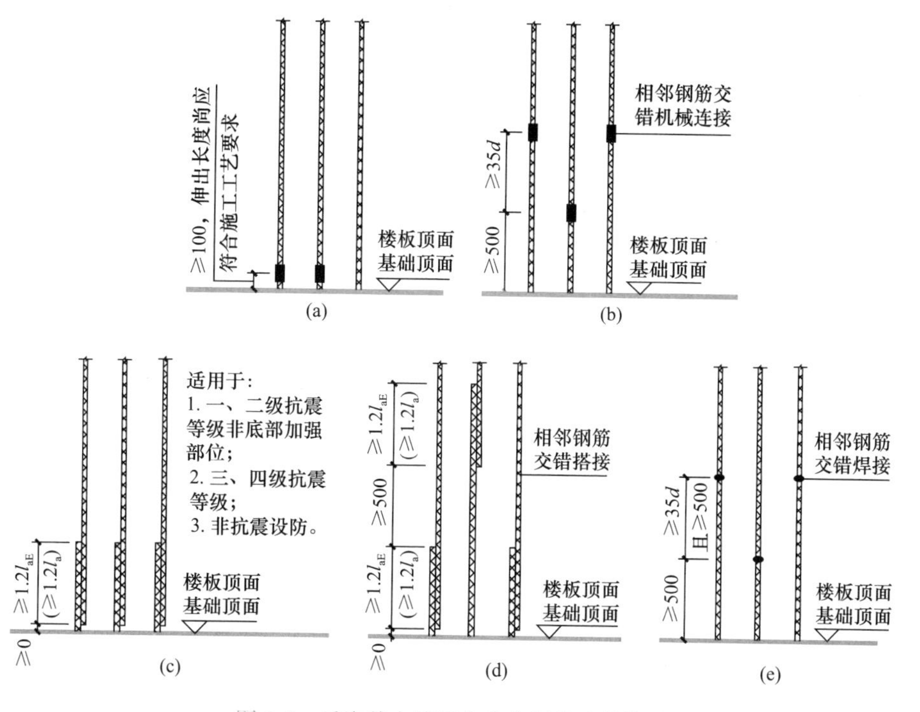

图5-3 后浇剪力墙竖向分布钢筋连接构造

(a) Ⅰ级接头机械连接；(b) 机械连接；(c) 搭接（一）；(d) 搭接（二）；(e) 焊接

在一、二级抗震等级的非底部加强部位，或者当抗震等级为三、四级，及非抗震设防时，可采用不交错的绑扎搭接连接形式，搭接连接区段长度不小于1.2倍的抗震锚固长度。

8. 后浇剪力墙竖向钢筋连接构造

后浇剪力墙边缘构件竖向钢筋连接构造见图5-4。后浇剪力墙边缘构件竖向钢筋连接可采用钢筋连接接头面积百分率为100%的Ⅰ级接头机械连接，也可采用钢筋连接接头面积百分率为50%的常规形式机械连接、焊接和绑扎搭接连接。

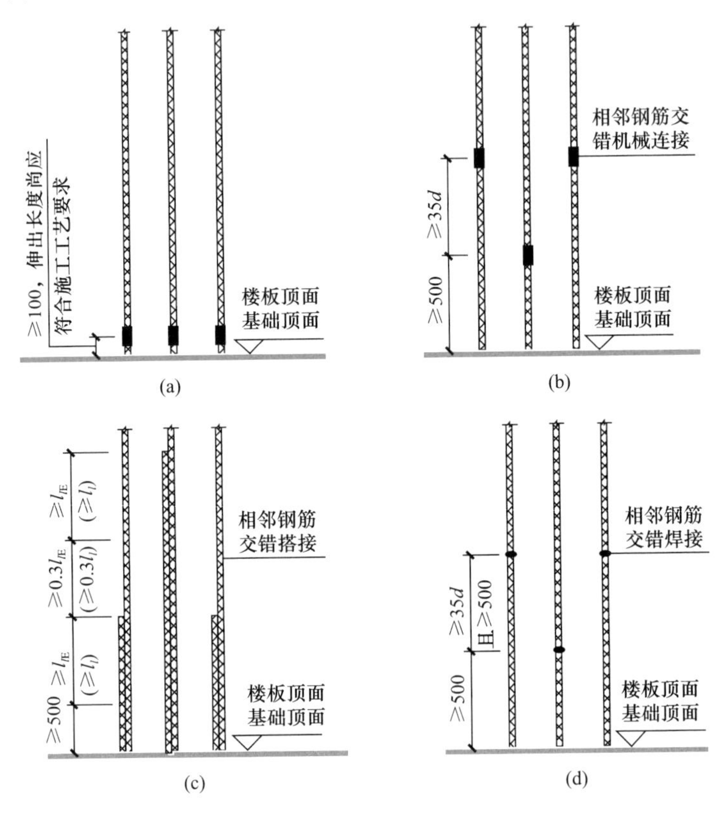

图5-4 后浇剪力墙边缘构件竖向钢筋连接构造

(a) Ⅰ级接头机械连接；(b) 机械连接；(c) 搭接；(d) 焊接

后浇剪力墙边缘构件竖向钢筋采用Ⅰ级接头机械、常规形式机械连接和焊接的基本要求与后浇剪力墙竖向分布钢筋连接形式相同。

后浇剪力墙边缘构件竖向钢筋采用常规形式绑扎搭接连接时，相邻钢筋交错绑扎搭接连接，搭接连接区段长度不小于钢筋抗震搭接长度，相邻钢筋的绑扎搭接连接区段净距不小于0.3倍的钢筋抗震搭接长度。绑扎搭接连接区段距离楼板顶面或基础顶面不小于500mm。搭接长度范围内，边缘构件端柱的箍筋直径不应小于竖向钢筋最大直径的0.25倍，箍筋间距不应大于竖向钢筋最小直径的5倍，且不应大于100mm。

5.1.3 预制墙连接节点基本构造规定认知训练

认识预制墙连接节点基本构造规定，能够在后续节点构造图纸识读和现场施工中准确应用。

（1）后浇剪力墙竖向分布钢筋采用Ⅰ级接头机械连接时，钢筋连接接头面积百分率为（　　）。

A. 25%　　B. 50%　　C. 75%　　D. 100%

（2）后浇剪力墙竖向分布钢筋采用常规形式机械连接时，接头中心距（　　）。

A. 不小于35d　　B. 不大于35d　　C. 不小于500mm　D. 不大于500mm

（3）后浇剪力墙竖向分布钢筋采用焊接连接时，钢筋连接接头面积百分率为（　　）。

A. 25%　　B. 50%　　C. 75%　　D. 100%

（4）后浇剪力墙竖向分布钢筋采用常规形式绑扎搭接连接连接时，搭接连接区段长度（　　）。

A. 不小于1.2倍的抗震锚固长度

B. 不大于1.2倍的抗震锚固长度

C. 不小于1.2倍的抗震搭接长度

D. 不大于1.2倍的抗震搭接长度

（5）后浇剪力墙竖向分布钢筋采用不交错绑扎搭接连接连接的情况不包括（　　）。

A. 一、二级抗震等级的底部加强部位

B. 一、二级抗震等级的非底部加强部位

C. 三、四级抗震等级

D. 非抗震设防要求时

任务5.2　识读墙间竖向接缝构造详图

5.2.1　墙间竖向接缝构造详图识读要求

识读给出的预制墙间竖向接缝构造详图和预制墙与现浇墙间竖向接缝构造详图，掌握各种节点连接构造形式。

5.2.2　墙间竖向接缝基本构造

教学视频

1. 预制墙间竖向接缝构造

预制墙间竖向接缝构造是指预制墙与预制墙之间通过设置竖向后浇段接缝的形式实现两预制墙之间的连接构造。后浇段的宽度一般不小于墙厚且不宜小于200mm，后浇段具体宽度及后浇段内竖向分布钢筋具体规格由设计确定。

图集中给出了九种形式的接缝构造，根据实际工程需要选择使用。

（1）Q1-1—预留直线钢筋搭接

两预制墙均预留水平向外伸直线钢筋，上下错位搭接（图 5-5）。搭接长度不小于 1.2 倍的抗震锚固长度 l_{aE}（l_a）。水平向外伸钢筋端部距离对向预制墙体间距不小于 10mm。当预制墙预留水平向外伸钢筋位置允许时，可采用外伸钢筋水平错位或水平弯折错位的形式进行搭接（图 5-6）。

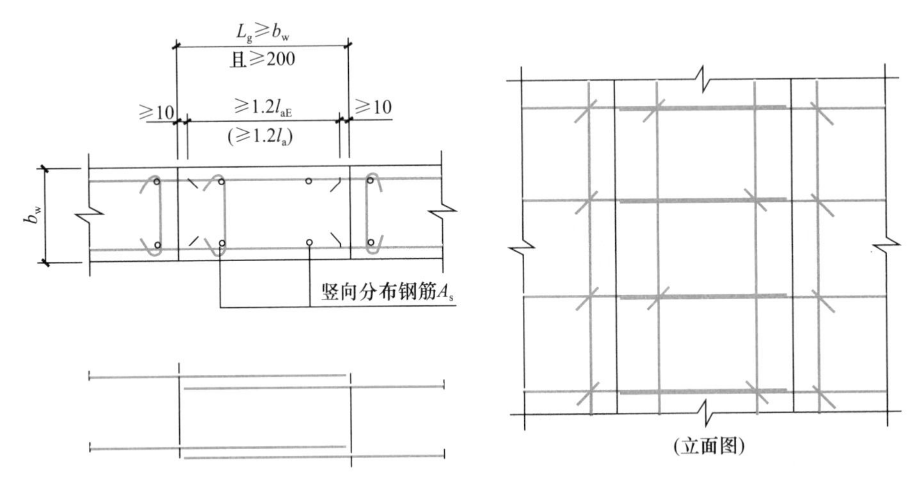

图 5-5 Q1-1—预留直线钢筋搭接

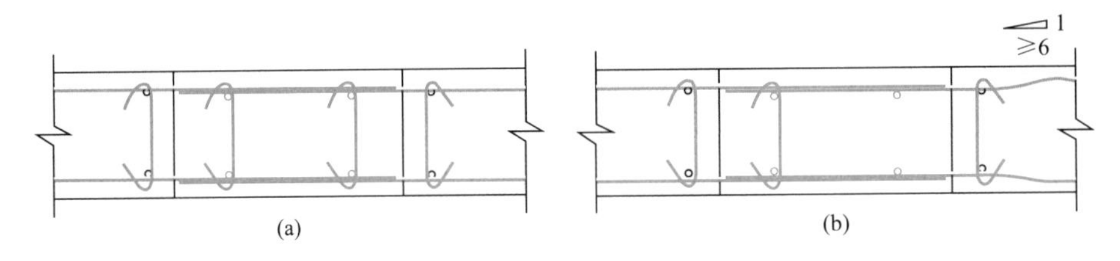

图 5-6 预留钢筋不同错位形式

（a）水平错位布置；（b）水平弯折错位

后浇段内竖向分布钢筋设置在预制墙外伸水平向钢筋内侧，不少于 4 根，钢筋直径不应小于墙体竖向分布钢筋直径且不应小于 8mm。接缝网片拉筋竖向间距为墙体水平向分布纵筋间距的两倍，水平交错布置。

（2）Q1-2—预留弯钩钢筋连接

两预制墙均预留直线外伸钢筋，末端做 135°或 90°弯钩。两预制墙水平向外伸钢筋上下错位直线搭接（图 5-7），搭接长度不小于抗震锚固长度 l_{aE}（l_a）。水平向外伸钢筋端部距离对向预制墙体间距不小于 10mm。

后浇段内竖向分布筋与拉筋的设置与预留直线钢筋搭接的预制墙间竖向接缝构造相同。

（3）Q1-3—预留 U 形钢筋连接

两预制墙均预留 U 形外伸连接钢筋，上下错位搭接（图 5-8），搭接长度不小于 0.6

倍的抗震锚固长度 $l_{aE}(l_a)$。U形连接钢筋端部距离对向预制墙体间距不小于10mm。

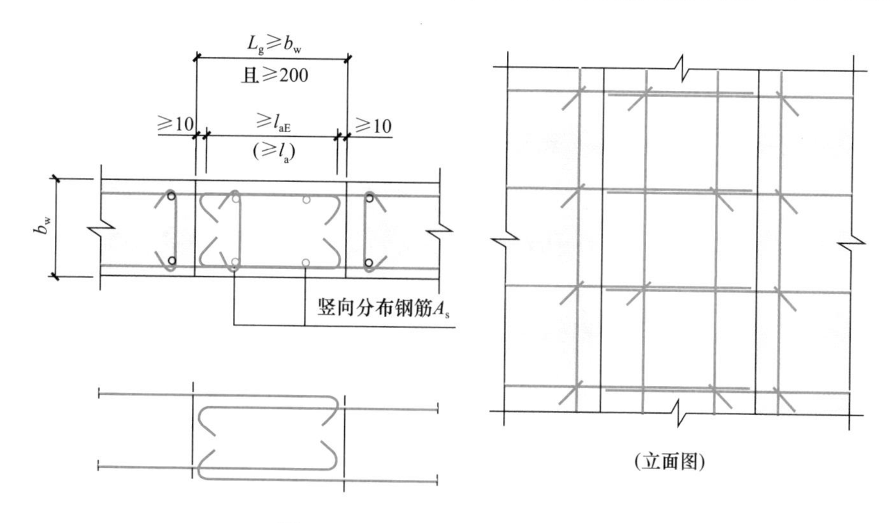

图5-7 Q1-2—预留弯钩钢筋连接

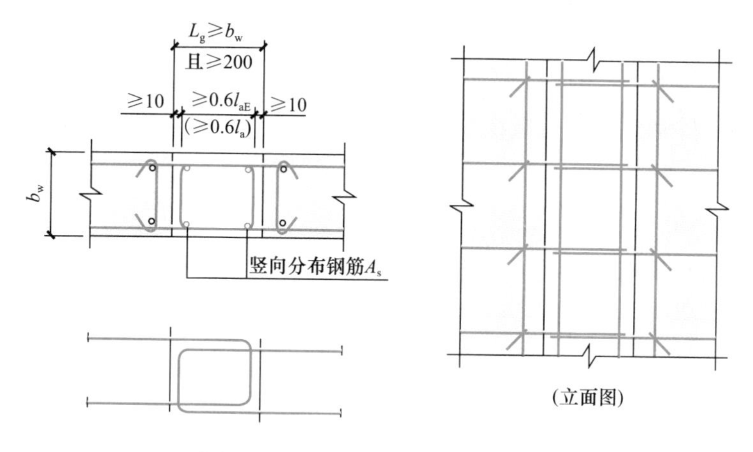

图5-8 Q1-3—预留U形钢筋连接

后浇段内竖向分布钢筋设置在两预制墙外伸U形连接钢筋搭接形成的矩形角部内侧，不少于4根，钢筋直径不应小于墙体竖向分布钢筋直径且不应小于8mm。竖向分布钢筋连接构造宜采用Ⅰ级接头机械连接。后浇段内不设置拉筋。

（4）Q1-4—预留半圆形钢筋连接

两预制墙均预留半圆形外伸连接钢筋，上下错位搭接（图5-9），搭接长度不小于0.6倍的抗震锚固长度 $l_{aE}(l_a)$，且不小于半圆形钢筋中心弯弧直径与半圆形钢筋直径之和。半圆形连接钢筋端部距离对向预制墙体间距不小于10mm。

后浇段内设置不少于4根竖向分布钢筋，钢筋直径不应小于墙体竖向分布钢筋直径且不应小于8mm。后浇段内竖向分布钢筋设置在预制墙外伸半圆形连接钢筋内侧。竖向分布钢筋连接构造宜采用Ⅰ级接头机械连接。后浇段内不设置拉筋。

以上四种竖向接缝构造形式，两预制墙的预留筋直接接触，施工时候要采取相应措施避免预留筋的碰撞以保障吊装的顺利进行。

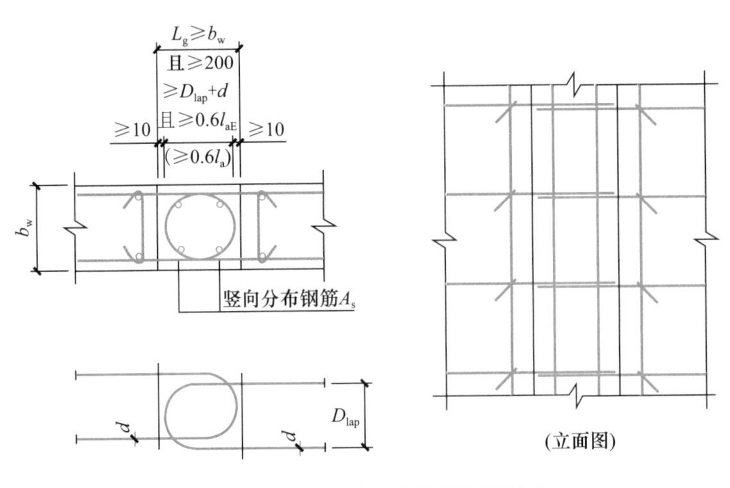

图 5-9　Q1-4—预留半圆形钢筋连接

（5）Q1-5—附加封闭连接钢筋与预留 U 形钢筋连接

两预制墙均预留 U 形外伸钢筋，预留筋不直接接触，通过附加封闭连接钢筋分别与两预制墙的预留 U 形钢筋进行连接（图 5-10）。两预制墙预留 U 形外伸钢筋端部间距不小于 20mm。附加封闭连接钢筋采用焊接封闭箍筋形式，设置在预留 U 形钢筋上部，与两侧预留 U 形钢筋均形成搭接，搭接长度不小于 0.6 倍的抗震锚固长度 l_{aE}(l_a)，端部距预制墙体不小于 10mm。

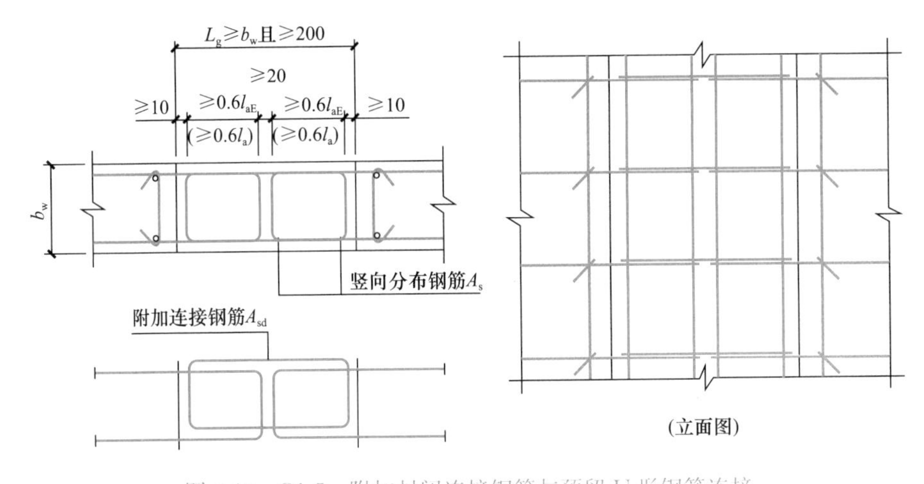

图 5-10　Q1-5—附加封闭连接钢筋与预留 U 形钢筋连接

后浇段内竖向分布钢筋设置在附加封闭连接钢筋与预制墙外伸 U 形连接钢筋形成的矩形角部内侧。竖向分布钢筋连接构造宜采用 Ⅰ 级接头机械连接。后浇段内不设置拉筋。

后浇段具体宽度、附加连接钢筋及竖向分布钢筋具体规格由设计确定。

（6）Q1-6—附加封闭连接钢筋与预留弯钩钢筋连接

两预制墙预留外伸 135°或 90°弯钩钢筋，预留筋不直接接触，通过附加封闭连接钢筋分别与两预制墙的预留弯钩钢筋进行连接（图 5-11）。两预制墙预留外伸弯钩钢筋端部间距不小于 20mm。附加封闭连接钢筋采用焊接封闭箍筋形式，设置在预留弯钩钢筋上部，与两墙预留弯钩钢筋均形成搭接，搭接长度不小于 0.8 倍的抗震锚固长度 l_{aE}(l_a)，端部距离预制墙体不小于 10mm。

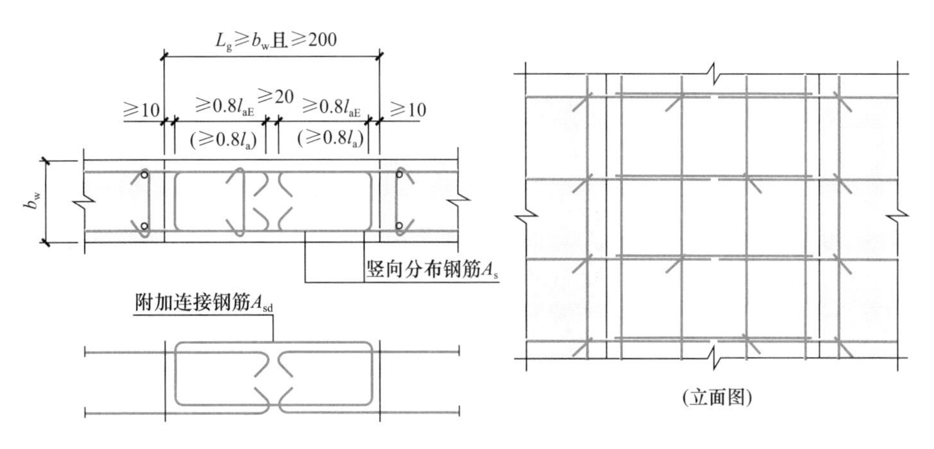

图 5-11　Q1-6—附加封闭连接钢筋与预留弯钩钢筋连接

后浇段内竖向分布钢筋设置在附加封闭连接钢筋矩形角部内侧以及附加封闭连接钢筋长边上。竖向分布钢筋连接构造宜采用Ⅰ级接头机械连接。竖向分布钢筋与附加封闭连接钢筋长边交点处需设置拉结筋，拉结筋竖向间距为墙体水平向分布纵筋间距的两倍，水平交错布置。

后浇段具体宽度、附加连接钢筋及竖向分布钢筋具体规格由设计确定。

(7) Q1-7—附加弯钩连接钢筋与预留 U 形钢筋连接

两预制墙均预留 U 形外伸钢筋，预留筋不直接接触，通过附加弯钩连接钢筋分别与两预制墙的预留 U 形钢筋进行连接（图 5-12）。两预制墙预留 U 形外伸钢筋端部间距不小于 20mm。附加弯钩连接钢筋设置在预留 U 形钢筋上部（对应墙体两侧钢筋网片位置处各设置一根），与两侧预留 U 形钢筋均形成搭接，搭接长度不小于 0.8 倍的抗震锚固长度 l_{aE}(l_a)，端部距离预制墙体不小于 10mm。

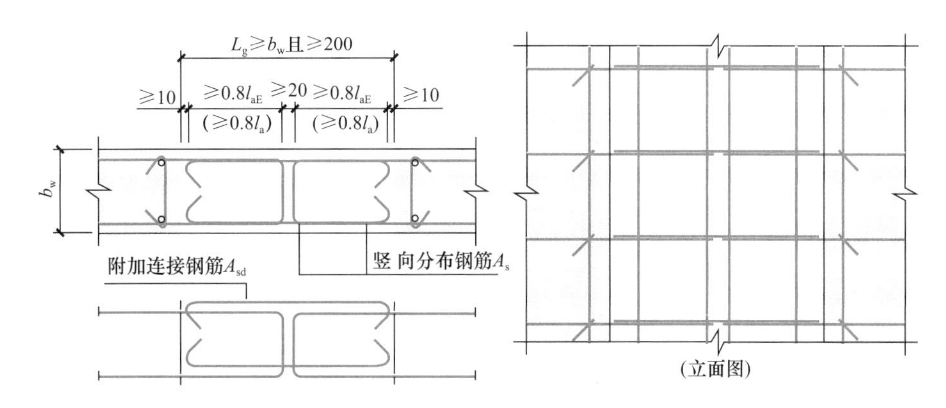

图 5-12　Q1-7—附加弯钩连接钢筋与预留 U 形钢筋连接

后浇段内竖向分布钢筋设置在预留 U 形外伸钢筋与附加弯钩连接钢筋搭接形成的

近似矩形角部内侧。后浇段内不设置拉筋。

后浇段具体宽度、附加连接钢筋及竖向分布钢筋具体规格由设计确定。

（8）Q1-8—附加弯钩连接钢筋与预留弯钩钢筋连接

两预制墙均预留 135°弯钩外伸钢筋，预留筋不直接接触，通过附加弯钩连接钢筋分别与两预制墙的预留弯钩钢筋进行连接（图 5-13）。两预制墙预留弯钩外伸钢筋端部间距不小于 20mm。附加弯钩连接钢筋设置在预留弯钩钢筋上部（对应墙体两侧钢筋网片位置处各设置一根），与两侧预留弯钩钢筋均形成搭接，搭接长度不小于抗震锚固长度 $l_{aE}(l_a)$，端部距离预制墙体不小于 10mm。

后浇段内竖向分布钢筋沿附加弯钩连接钢筋长边排布，设置在附加弯钩连接钢筋内侧。竖向分布钢筋与附加弯钩连接钢筋交点处需设置拉结筋，拉结筋竖向间距为墙体水平向分布纵筋间距的两倍，水平交错布置。

后浇段具体宽度、附加连接钢筋及竖向分布钢筋具体规格由设计确定。

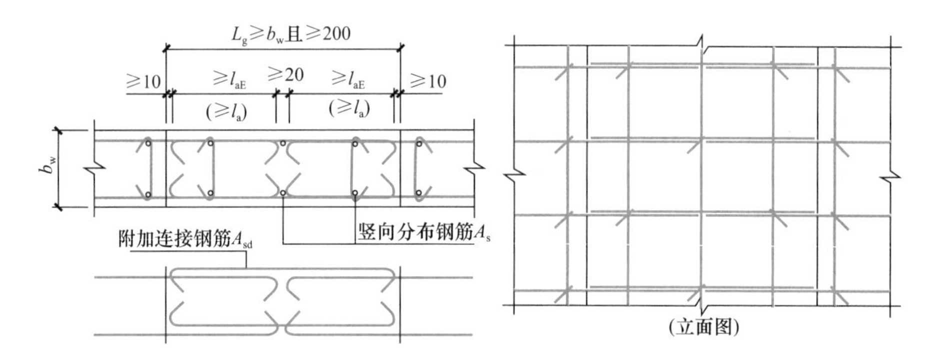

图 5-13 Q1-8—附加弯钩连接钢筋与预留弯钩钢筋连接

（9）Q1-9—附加长圆环连接钢筋与预留半圆形钢筋连接

两预制墙均预留半圆形外伸钢筋，预留筋不直接接触，通过附加长圆环连接钢筋分别与两预制墙的预留半圆形钢筋进行连接（图 5-14）。两预制墙预留半圆形外伸钢筋端部间距不小于 20mm。附加长圆环连接钢筋设置在预留半圆形钢筋上部，与两侧预留半

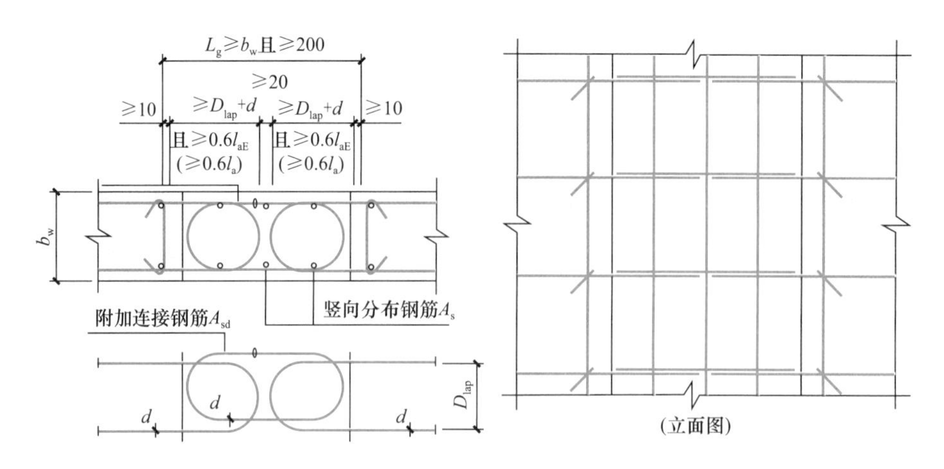

图 5-14 Q1-9—附加长圆环连接钢筋与预留半圆形钢筋连接

圆形钢筋均形成搭接，搭接长度不小于0.6倍的抗震锚固长度 $l_{aE}(l_a)$，且不小于半圆形钢筋中心弯弧直径与半圆形钢筋直径之和。附加长圆环连接钢筋端部距离预制墙体不小于10mm。

后浇段内竖向分布钢筋沿附加长圆环连接钢筋长边排布，设置在附加长圆环连接钢筋内侧。竖向分布钢筋连接构造宜采用Ⅰ级接头机械连接。后浇段内不设置拉筋。

后浇段具体宽度、附加连接钢筋、竖向分布钢筋及半圆形钢筋中心弯弧直径由设计确定。

2. 预制墙与现浇墙间竖向接缝构造

预制墙与现浇墙间竖向接缝构造，图集中给出了六种形式的接缝构造，根据实际工程需要选择使用，需要注意每种构造形式中预制墙外伸预留筋与现浇段墙体钢筋网片的搭接处理方式。

（1）Q2-1—现浇墙直线连接钢筋与预留直线钢筋搭接

预制墙预留外伸钢筋与现浇墙钢筋均为直线钢筋，搭接连接（图5-15），搭接长度不小于1.2倍的抗震锚固长度 $l_{aE}(l_a)$。现浇墙钢筋端部距离预制墙体不小于10mm。搭接区内按照现浇墙网片要求布置竖向分布钢筋和拉结筋。

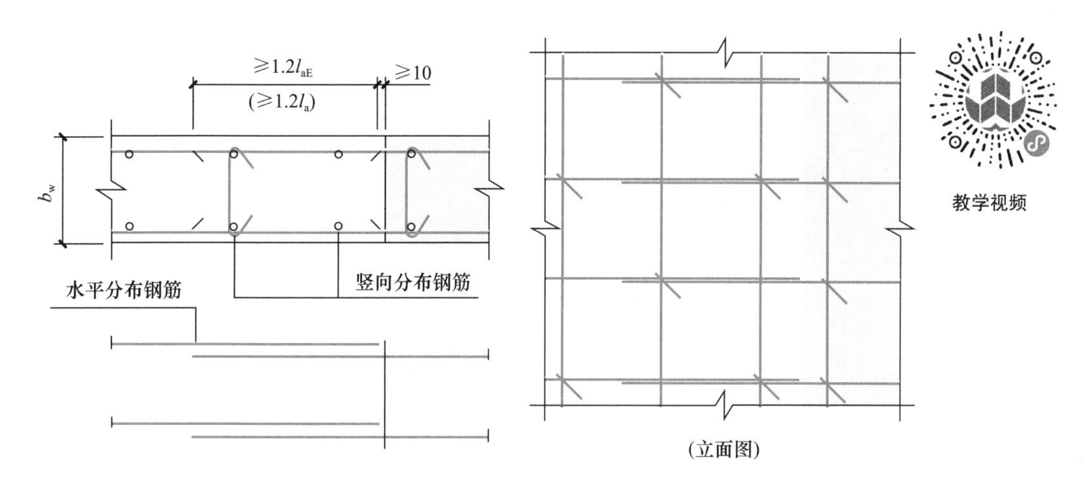

图5-15 Q2-1—现浇墙直线连接钢筋与预留直线钢筋搭接

（2）Q2-2—现浇墙U形连接钢筋与预留U形钢筋连接

预制墙预留外伸钢筋与现浇墙钢筋均为U形钢筋，搭接连接（图5-16），搭接长度不小于0.6倍的抗震锚固长度 $l_{aE}(l_a)$。现浇墙U形钢筋端部距离预制墙体不小于10mm。U形钢筋搭接形成的矩形角部内设置竖向分布钢筋，不设置拉结筋。竖向分布钢筋连接构造宜采用Ⅰ级接头机械连接。

（3）Q2-3—现浇墙U形连接钢筋与预留弯钩钢筋连接

现浇墙钢筋为U形钢筋，预制墙预留外伸钢筋为135°或90°弯钩钢筋，搭接连接（图5-17），搭接长度不小于0.8倍的抗震锚固长度 $l_{aE}(l_a)$。现浇墙U形钢筋端部距离预制墙体不小于10mm。现浇墙U形连接钢筋与预制墙预留弯钩钢筋搭接形成的近似矩形角部内设置竖向分布钢筋，竖向分布钢筋连接构造宜采用Ⅰ级接头机械连接。现浇墙U形连接钢筋端部的竖向分布钢筋不设置拉结筋，预制墙预留弯钩钢筋端部的竖向分布钢筋需按墙体要求设置拉结筋。

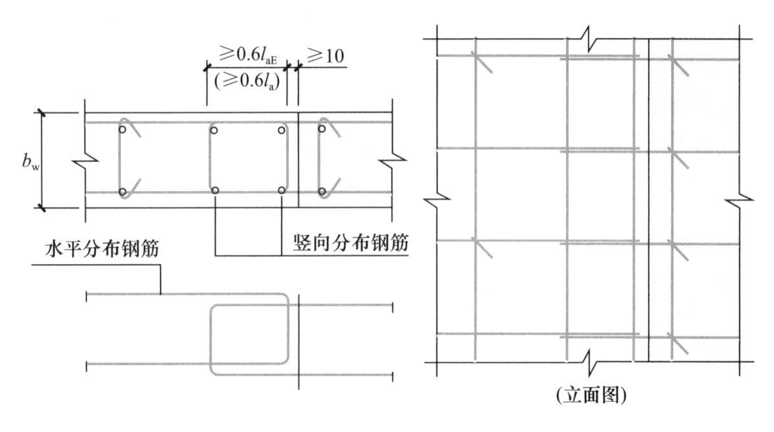

图5-16　Q2-2—现浇墙U形连接钢筋与预留U形钢筋连接

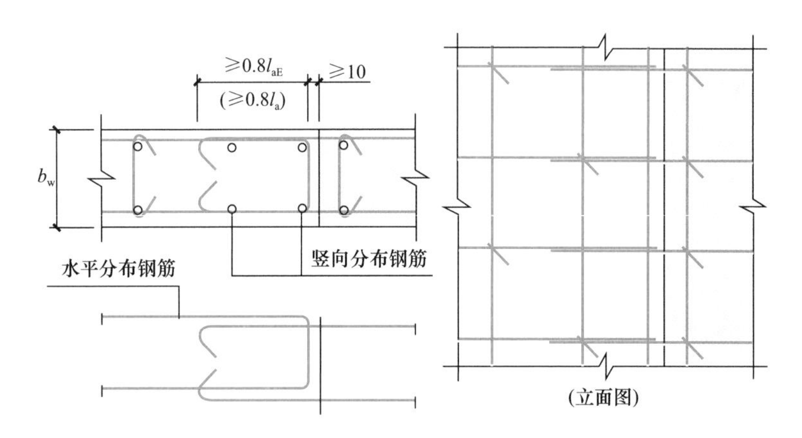

图5-17　Q2-3—现浇墙U形连接钢筋与预留弯钩钢筋连接

（4）Q2-4—现浇墙弯钩连接钢筋与预留U形钢筋连接

现浇墙钢筋为135°或90°弯钩钢筋，预制墙预留外伸钢筋为U形钢筋，搭接连接（图5-18），搭接长度不小于0.8倍的抗震锚固长度l_{aE}(l_a)。现浇墙弯钩钢筋端部距离预制墙体不小于10mm。现浇墙弯钩连接钢筋与预制墙预留U形钢筋搭接形成的近似矩形角部内设置竖向分布钢筋，不设置拉结筋。

（5）Q2-5—现浇墙弯钩连接钢筋与预留弯钩钢筋连接

现浇墙钢筋和预制墙预留外伸钢筋均为135°或90°弯钩钢筋，搭接连接（图5-19），搭接长度不小于抗震锚固长度l_{aE}(l_a)。现浇墙弯钩钢筋连接端部距离预制墙体不小于10mm。搭接区内按照现浇墙墙体网片要求布置竖向分布钢筋和拉结筋。

（6）Q2-6—现浇墙半圆形连接钢筋与预留半圆形钢筋连接

现浇墙钢筋和预制墙预留外伸钢筋均为半圆形钢筋，搭接连接（图5-20），搭接长度不小于0.6倍的抗震锚固长度l_{aE}(l_a)，且不小于半圆形钢筋中心弯弧直径与半圆形钢筋直径之和。现浇墙半圆形连接钢筋端部距离预制墙体不小于10mm。搭接区内按照现

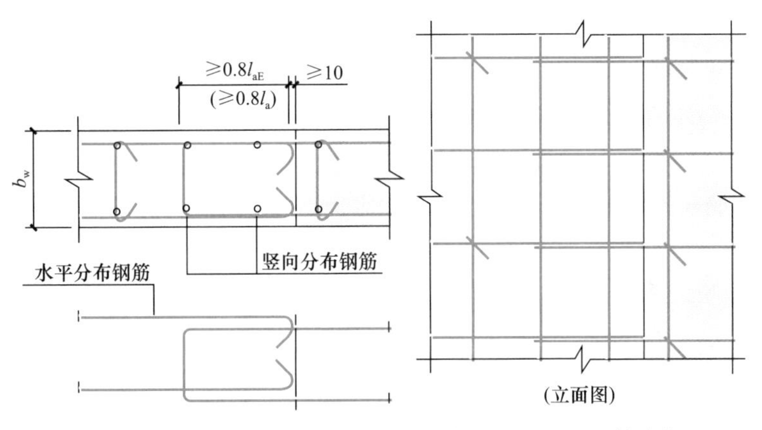

图 5-18 Q2-4—现浇墙弯钩连接钢筋与预留 U 形钢筋连接

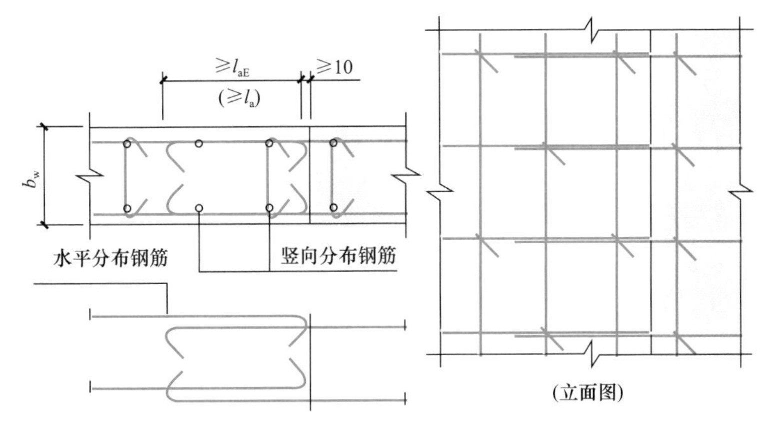

图 5-19 Q2-5—现浇墙弯钩连接钢筋与预留弯钩钢筋连接

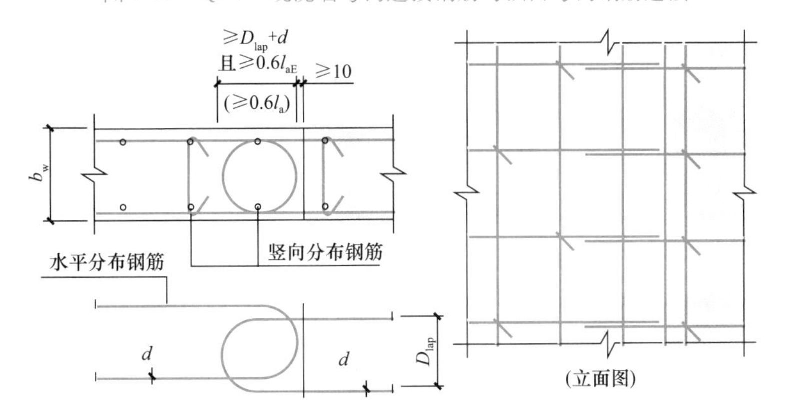

图 5-20 Q2-6—现浇墙半圆形连接钢筋与预留半圆形钢筋连接

浇墙网片要求布置竖向分布钢筋，竖向分布钢筋连接构造宜采用Ⅰ级接头机械连接。搭接区内不设置拉结筋。

5.2.3 墙间竖向接缝构造详图识读训练

识读预制墙间竖向接缝构造详图 Q1-1、Q1-2、Q1-5、Q1-6 和预制墙与现浇墙间竖向接缝构造详图 Q2-1，完成下列详图识读训练。

（1）预制墙间预留直线钢筋搭接的竖向接缝构造，预留直线钢筋的搭接长度（　　）。

A. 不小于 1.2 倍的抗震锚固长度　　B. 不大于 1.2 倍的抗震锚固长度

C. 不小于 1.2 倍的抗震搭接长度　　D. 不大于 1.2 倍的抗震搭接长度

（2）预制墙间预留弯钩钢筋搭接的竖向接缝构造，预留弯钩钢筋的搭接长度（　　）。

A. 不小于 1.2 倍的抗震锚固长度

B. 不小于抗震锚固长度

C. 不小于 1.2 倍的抗震搭接长度

D. 不小于抗震搭接长度

（3）预制墙间预留 U 形钢筋连接的竖向接缝构造，预留 U 形钢筋的搭接长度不小于（　　）的抗震锚固长度。

A. 0.6 倍　　B. 0.8 倍　　C. 1.0 倍　　D. 1.2 倍

（4）预制墙间附加封闭连接钢筋与预留 U 形钢筋连接的竖向接缝构造，附加封闭连接钢筋与预留 U 形钢筋的搭接长度不小于（　　）的抗震锚固长度。

A. 0.6 倍　　B. 0.8 倍　　C. 1.0 倍　　D. 1.2 倍

（5）预制墙预留直线钢筋与现浇墙直线连接钢筋的竖向接缝构造，现浇墙直线连接钢筋与预制墙预留直线钢筋的搭接长度（　　）。

A. 不小于 1.2 倍的抗震锚固长度

B. 不小于抗震锚固长度

C. 不小于 1.2 倍的抗震搭接长度

D. 不小于抗震搭接长度

任务 5.3　识读墙柱间和转角墙处竖向接缝构造详图

5.3.1　墙柱间和转角墙处竖向接缝构造详图识读要求

识读给出的预制墙与后浇边缘暗柱间竖向接缝构造详图、预制墙与后浇端柱间竖向接缝构造详图和预制墙在转角墙处的竖向接缝构造详图，掌握各标准节点连接构造形式。

教学视频

5.3.2　墙柱间和转角墙处竖向接缝基本构造

1. 预制墙与后浇边缘暗柱间竖向接缝构造

预制墙与后浇边缘暗柱间竖向接缝构造，后浇边缘暗柱长度需不小于剪力墙厚度，且不小于 400mm。图集中给出了三种形式的接缝构造，根据实际图纸选择使用，需要注意每种构造形式中预制墙外伸预留筋与现浇段墙体钢筋的搭接处理方式。

（1）Q3-1—无附加连接钢筋，预留长 U 形钢筋

预制墙预留长 U 形钢筋，伸至后浇边缘暗柱尽端，箍住后浇边缘暗柱所有竖向分布筋（图 5-21）。后浇边缘暗柱竖向分布钢筋连接构造宜采用Ⅰ级接头机械连接。除长 U 形钢筋角部竖向分布筋外，长 U 形钢筋内其他竖向分布筋均需设置拉结筋。预留长 U 形钢筋符合水平分布钢筋和构造边缘构件箍筋直径及间距要求时，可作为后浇边缘暗柱箍筋使用。

后浇边缘暗柱内其他箍筋及拉结筋由设计确定。

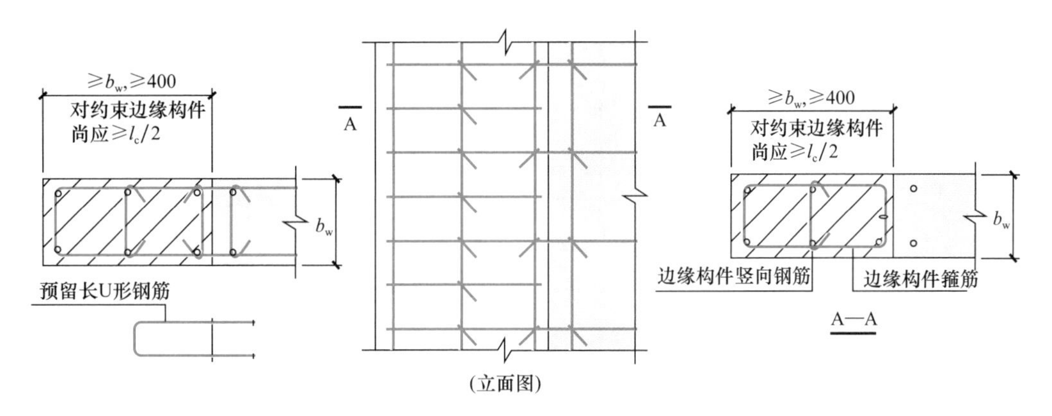

图 5-21　Q3-1—无附加连接钢筋，预留长 U 形钢筋

（2）Q3-2—附加封闭连接钢筋与预留 U 形钢筋连接

预制墙预留 U 形钢筋，与后浇边缘暗柱内附加封闭连接钢筋进行搭接（图 5-22）。附加封闭连接钢筋采用焊接封闭箍筋形式，设置在预留 U 形钢筋上部，箍住后浇边缘暗柱所有竖向分布筋。预制墙预留 U 形钢筋与附加封闭连接钢筋搭接长度不小于 0.6 倍的抗震锚固长度 l_{aE}(l_a)，附加封闭连接钢筋端部距离预制墙体不小于 10mm。

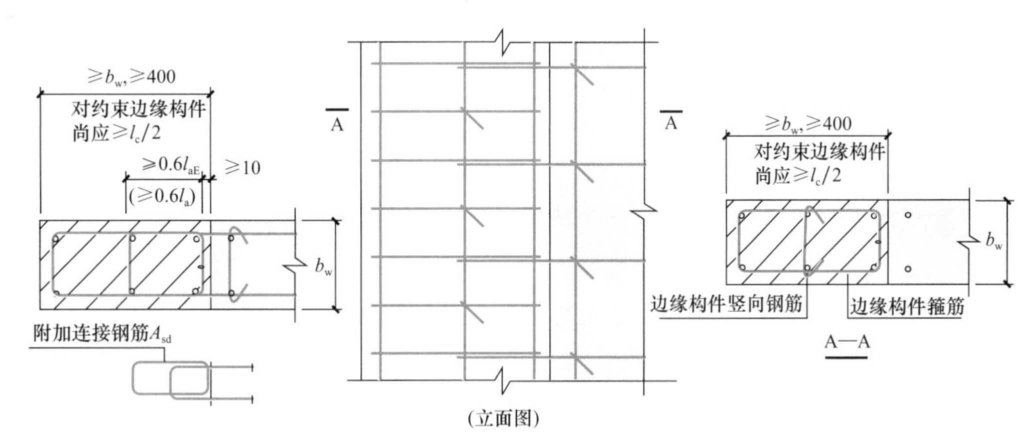

图 5-22　Q3-2—附加封闭连接钢筋与预留 U 形钢筋连接

后浇边缘暗柱竖向分布钢筋连接构造宜采用Ⅰ级接头机械连接。附加封闭连接钢筋

与后浇边缘暗柱竖向分布筋交点处不需设置拉结筋。附加封闭连接钢筋符合水平分布钢筋和构造边缘构件箍筋直径及间距要求时，可作为后浇边缘暗柱箍筋使用。

附加封闭连接钢筋具体规格由设计确定。后浇边缘暗柱内其他箍筋及拉结筋由设计确定。

（3）Q3-3—附加 U 形连接钢筋与预留钢筋连接

预制墙预留直线钢筋，后浇边缘暗柱内设置附加 U 形连接钢筋。附加 U 形连接钢筋开口端与预留直线钢筋搭接（图 5-23），搭接长度不小于 1.2 倍的抗震锚固长度 $l_{aE}(l_a)$，端部距离预制墙体不小于 10mm。后浇边缘暗柱竖向分布钢筋连接构造宜采用Ⅰ级接头机械连接。除 U 形钢筋角部竖向分布筋外，搭接区内其他竖向分布筋均需设置拉结筋。

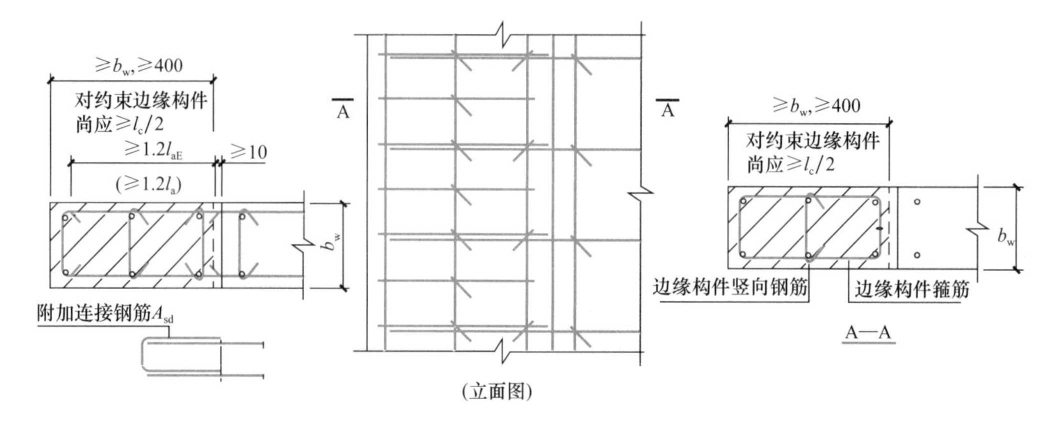

图 5-23　Q3-3—附加 U 形连接钢筋与预留钢筋连接

附加 U 形连接钢筋具体规格由设计确定。预制墙预留直线钢筋与后浇边缘暗柱内设置的附加 U 形连接钢筋开口端均可设置弯钩，均设置弯钩时的搭接长度不小于抗震锚固长度 $l_{aE}(l_a)$，其他构造要求与前述形式相同。后浇边缘暗柱内其他箍筋及拉结筋由设计确定。

2. 预制墙与后浇端柱间竖向接缝构造

（1）Q4-1—无附加连接钢筋，预留长 U 形钢筋

预制墙预留长 U 形钢筋间距满足构造边缘端柱箍筋间距要求时，预制墙预留长 U 形钢筋伸至端柱尽端竖向分布筋外侧，箍住端柱竖向分布筋（图 5-24），作为端柱复合箍筋的一部分使用。端柱竖向分布钢筋连接构造宜采用Ⅰ级接头机械连接，端柱其他箍筋按设计要求设置。

（2）Q4-2—无附加连接钢筋，预留长 U 形钢筋，伸至尽端竖向钢筋内侧

预制墙预留钢筋间距不满足构造边缘端柱箍筋间距要求时，预留长 U 形钢筋伸至端柱尽端竖向钢筋内侧，或预留直线钢筋伸至端柱尽端竖向钢筋内侧后弯折的形式（图 5-25）。端柱竖向分布钢筋连接构造宜采用Ⅰ级接头机械连接，端柱箍筋按设计要求设置，不考虑预制墙预留筋的作用。

（3）Q4-3—无附加连接钢筋，预留长 U 形钢筋

预制墙预留长 U 形钢筋伸至端柱尽端竖向分布筋外侧，箍住端柱竖向分布筋

（图 5-26），作为端柱复合箍筋的一部分使用。端柱范围以外的竖向分布钢筋设置拉结筋。端柱其他位置处箍筋和拉结筋按照设计要求设置。预留长 U 形钢筋内竖向分布钢筋连接构造宜采用Ⅰ级接头机械连接。

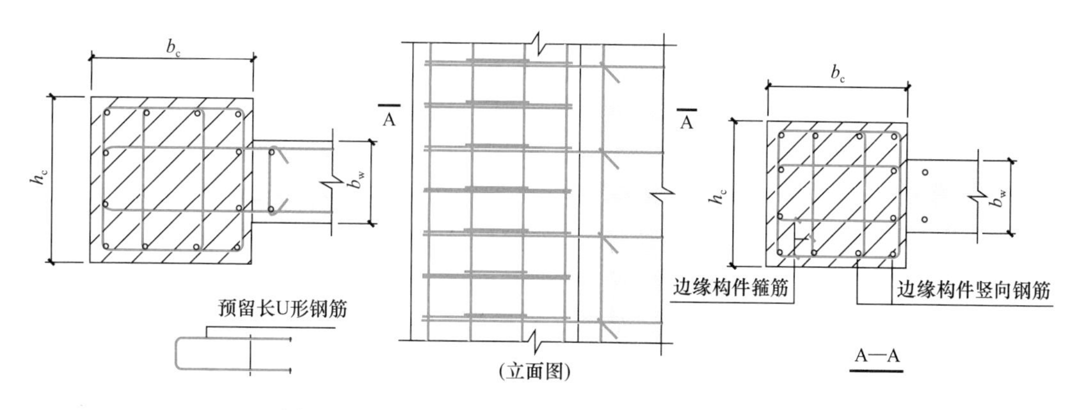

图 5-24　Q4-1—无附加连接钢筋，预留长 U 形钢筋

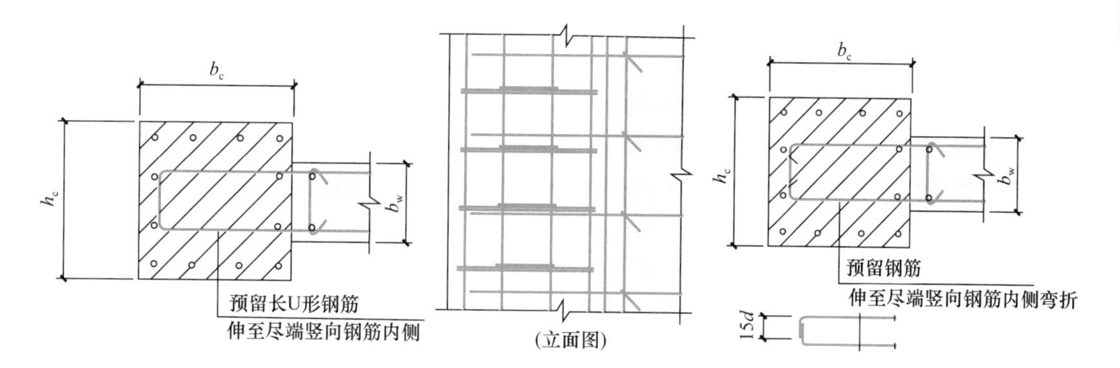

图 5-25　Q4-2—无附加连接钢筋，预留长 U 形钢筋，伸至尽端竖向钢筋内侧

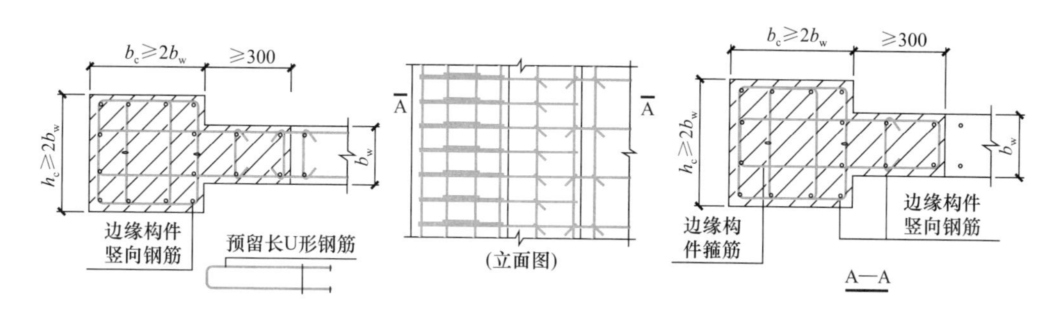

图 5-26　Q4-3—无附加连接钢筋，预留长 U 形钢筋

（4）Q4-4—附加封闭连接钢筋与预留 U 形钢筋连接

预制墙预留 U 形钢筋与端柱附加封闭连接钢筋搭接（图 5-27），搭接长度不小于 0.6 倍的抗震锚固长度 $l_{aE}(l_a)$，附加封闭连接钢筋端部距离预制墙体不小于 10mm。附加封闭连接钢筋与预留 U 形钢筋搭接形成的矩形角部内设置竖向分布钢筋，连接构造宜采用Ⅰ级接头机械连接，不设置拉结筋。

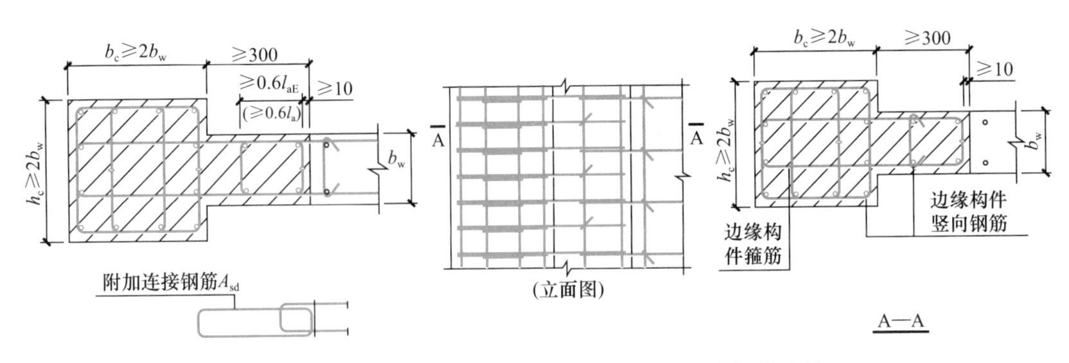

图 5-27　Q4-4 一附加封闭连接钢筋与预留 U 形钢筋连接

3. 预制墙在转角墙处竖向接缝构造

预制墙在转角墙处的竖向接缝构造，按照转角墙类型分为构造边缘转角墙和约束边缘转角墙。其中，构造边缘转角墙又分为全后浇式和部分后浇式两大类竖向接缝构造，约束边缘转角墙一般采用全后浇形式竖向接缝构造。

（1）Q5-1—附加封闭连接钢筋与对称预留 U 形钢筋连接

转角墙两墙肢均预留 U 形外伸钢筋，转角处分别设置两个方向的附加封闭连接钢筋与两侧墙肢的预留 U 形外伸钢筋分别搭接连接（图 5-28），搭接长度不小于 0.6 倍的抗震锚固长度 $l_{aE}(l_a)$。两向附加封闭连接钢筋在转角处互相搭接，附加封闭连接钢筋端部距离预制墙体不小于 10mm。

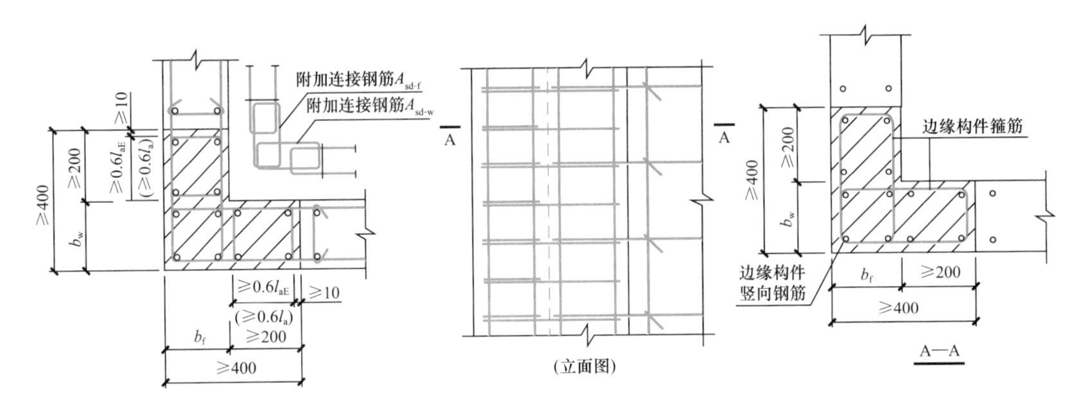

图 5-28　Q5-1 一附加封闭连接钢筋与对称预留 U 形钢筋连接

附加封闭连接钢筋与对称预留 U 形钢筋搭接形成的矩形角部内侧，以及附加封闭连接钢筋之间搭接形成的矩形角部内侧，均需设置边缘构件竖向分布钢筋，竖向分布钢筋连接构造宜采用Ⅰ级接头机械连接。

附加封闭连接钢筋以及转角墙钢筋由设计确定，附加封闭连接钢筋符合转角墙水平分布钢筋和箍筋直径及间距要求时，可作为构造边缘构件箍筋使用。

（2）Q5-2—附加封闭连接钢筋与对称预留弯钩钢筋连接

转角墙两墙肢均预留 135°或 90°弯钩钢筋外伸钢筋，转角处分别设置两个方向的附加封闭连接钢筋与两侧墙肢的预留弯钩外伸钢筋分别连接（图5-29），搭接长度不小于0.8倍的抗震锚固长度 $l_{aE}(l_a)$。两向附加封闭连接钢筋在转角处互相搭接，附加封闭连接钢筋端部距离预制墙体不小于10mm。

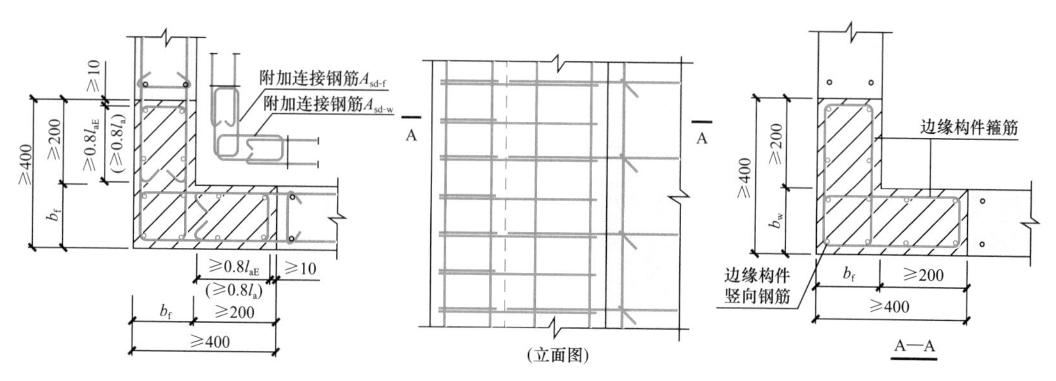

图5-29 Q5-2—附加封闭连接钢筋与对称预留弯钩钢筋连接

附加封闭连接钢筋与对称预留弯钩外伸钢筋搭接形成的近似矩形角部内侧，以及附加封闭连接钢筋之间搭接形成的矩形角部内侧，均需设置边缘构件竖向分布钢筋，竖向分布钢筋连接构造宜采用Ⅰ级接头机械连接。

附加封闭连接钢筋以及转角墙钢筋由设计确定。

（3）Q5-3—附加封闭连接钢筋与不对称预留U形钢筋连接

转角墙一侧墙肢预留长U形外伸钢筋，另一侧墙肢预留普通U形外伸钢筋，并在该侧设置附加连接钢筋与预留U形外伸钢筋及另一侧的预留长U形外伸钢筋分别搭接连接（图5-30）。长U形外伸钢筋与附加封闭连接钢筋分别从两墙肢方向伸至转角竖向筋外侧并箍住竖向筋，在转角处形成搭接。U形外伸钢筋与附加封闭连接钢筋搭接长度不小于0.6倍的抗震锚固长度 $l_{aE}(l_a)$。附加封闭连接钢筋端部距离预制墙体不小于10mm。

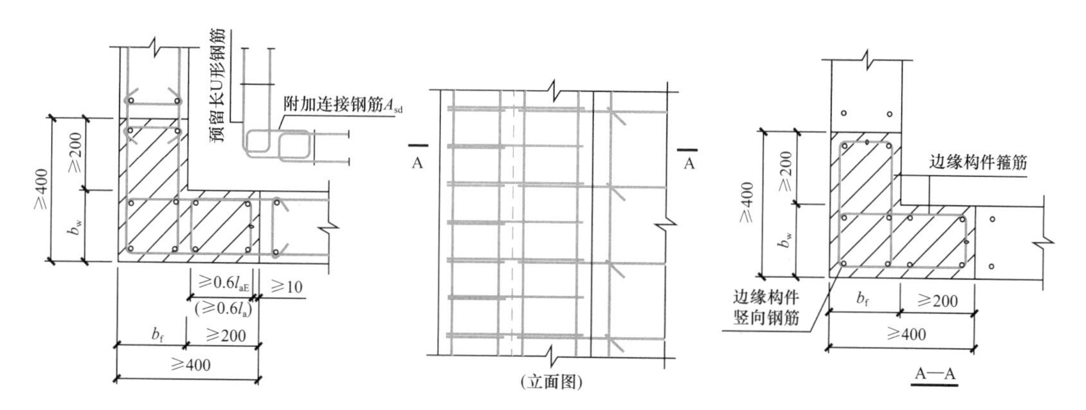

图5-30 Q5-3—附加封闭连接钢筋与不对称预留U形钢筋连接

附加封闭连接钢筋与不对称预留U形钢筋搭接形成的矩形角部内侧，需设置边缘构件竖向分布钢筋，不设拉结筋。预留长U形外伸钢筋根部（靠近预制墙体处），需按照设计设置边缘构件竖向分布钢筋和拉结筋。边缘构件竖向分布钢筋连接构造宜采用Ⅰ级接头机械连接。

附加封闭连接钢筋以及转角墙钢筋由设计确定。预留长 U 形外伸钢筋与附加封闭连接钢筋符合转角墙水平分布钢筋和箍筋直径及间距要求时，可作为构造边缘构件箍筋使用。

（4）Q5-4—附加封闭连接钢筋与预留长 U 形钢筋、弯钩钢筋连接

转角墙一侧墙肢预留长 U 形外伸钢筋，另一侧墙肢预留 135°或 90°弯钩外伸钢筋，并在该侧设置附加连接钢筋与预留弯钩外伸钢筋及另一侧的预留长 U 形外伸钢筋分别搭接连接（图 5-31）。除弯钩外伸钢筋与附加封闭连接钢筋搭接长度不小于 0.8 倍的抗震锚固长度 $l_{aE}(l_a)$ 外，其基本构造形式与 Q5-3 相同。

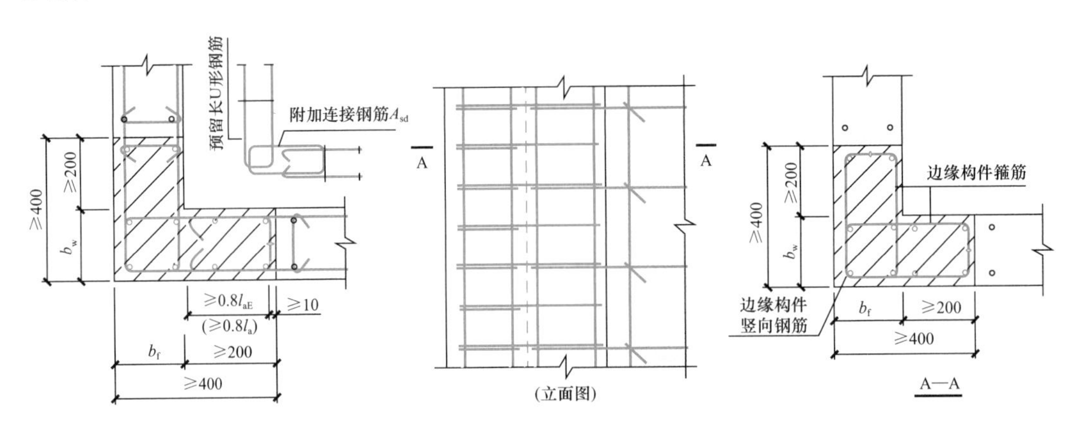

图 5-31　Q5-4—附加封闭连接钢筋与预留长 U 形钢筋、弯钩钢筋连接

附加封闭连接钢筋与预留弯钩外伸钢筋搭接形成的近似矩形角部内侧，附加封闭连接钢筋与长 U 形外伸钢筋形成的矩形角部内侧，需设置竖向分布钢筋。预留长 U 形外伸钢筋根部（靠近预制墙体处），需按照设计设置竖向分布钢筋和拉结筋。竖向分布钢筋连接构造宜采用Ⅰ级接头机械连接。

附加封闭连接钢筋以及转角墙钢筋由设计确定。

（5）Q5-5—无附加连接钢筋，预留直线钢筋连接

部分后浇构造边缘转角墙竖向接缝，是指一侧墙肢完全预制（包括转角处），并在转角处预埋垂直该侧墙肢的外伸钢筋，与另一侧预制墙肢形成连接的竖向接缝构造形式。

无附加连接钢筋，预留直线钢筋连接的部分后浇构造边缘转角墙竖向接缝构造，两墙肢均预留直线外伸钢筋，上下错位搭接连接，搭接长度不小于 1.2 倍的抗震锚固长度 $l_{aE}(l_a)$。预留直线钢筋端部距离预制墙体不小于 10mm。当条件允许时，预留直线外伸钢筋可采用水平错位搭接（图 5-32）。

预留直线钢筋搭接区内需设置边缘构件竖向分布钢筋及拉结筋，竖向分布钢筋连接构造宜采用Ⅰ级接头机械连接。后浇段宽度和竖向分布钢筋由设计确定，后浇段宽度一般不小于 300mm。

（6）Q5-6—无附加连接钢筋，预留弯钩钢筋连接

两墙肢均预留 135°或 90°弯钩外伸钢筋，上下错位搭接连接（图 5-33），搭接长度

不小于抗震锚固长度 $l_{aE}(l_a)$。预留弯钩钢筋端部距离预制墙体不小于 10mm。

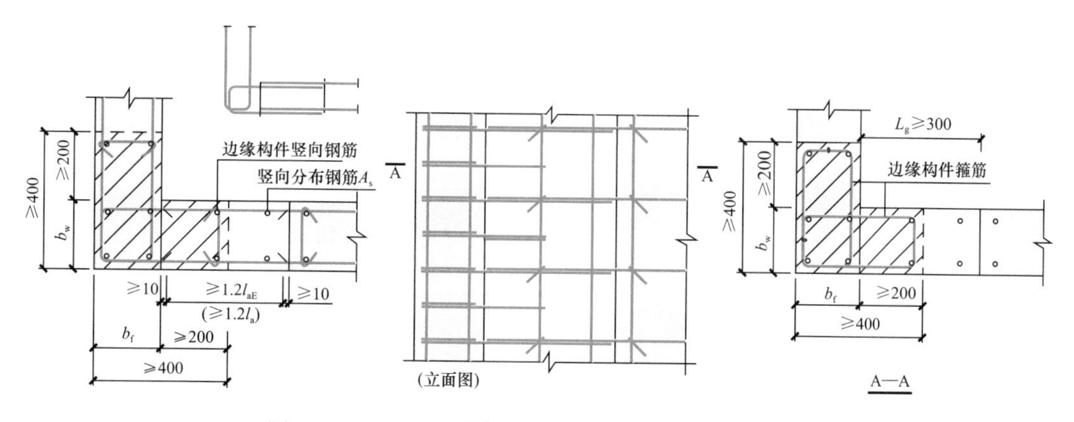

图 5-32 Q5-5—无附加连接钢筋，预留直线钢筋连接

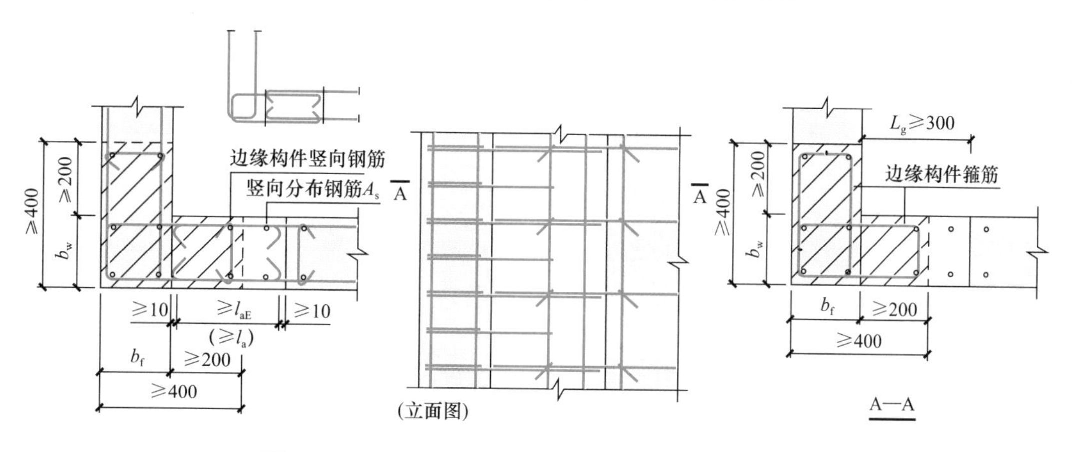

图 5-33 Q5-6—无附加连接钢筋，预留弯钩钢筋连接

预留弯钩钢筋搭接区内需设置边缘构件竖向分布钢筋及拉结筋，竖向分布钢筋连接构造宜采用Ⅰ级接头机械连接。后浇段宽度和竖向分布钢筋由设计确定，后浇段宽度一般不小于 300mm。

（7）Q5-7—附加封闭连接钢筋与预留 U 形钢筋连接

两墙肢均预留 U 形外伸钢筋，与附加封闭连接钢筋上下错位搭接连接（图 5-34），搭接长度不小于 0.6 倍的抗震锚固长度 $l_{aE}(l_a)$。附加封闭连接钢筋端部距离预制墙体不小于 10mm，预留 U 形外伸钢筋间距不小于 20mm。

附加封闭连接钢筋与预留 U 形外伸钢筋搭接形成的矩形角部内侧，需设置边缘构件竖向分布钢筋，竖向分布钢筋连接构造宜采用Ⅰ级接头机械连接。

后浇段宽度和竖向分布钢筋由设计确定，后浇段宽度一般不小于 300mm。预留 U 形外伸钢筋与附加封闭连接钢筋符合转角墙水平分布钢筋和箍筋直径及间距要求时，可作为构造边缘构件箍筋使用。

（8）Q5-8—附加封闭连接钢筋与预留弯钩钢筋连接

两墙肢均预留 135°或 90°弯钩外伸钢筋，与附加封闭连接钢筋上下错位搭接连接

（图 5-35），搭接长度不小于 0.8 倍的抗震锚固长度 l_{aE}（l_a）。附加封闭连接钢筋端部距离预制墙体不小于 10mm，两墙肢预留弯钩外伸钢筋端部间距不小于 20mm。

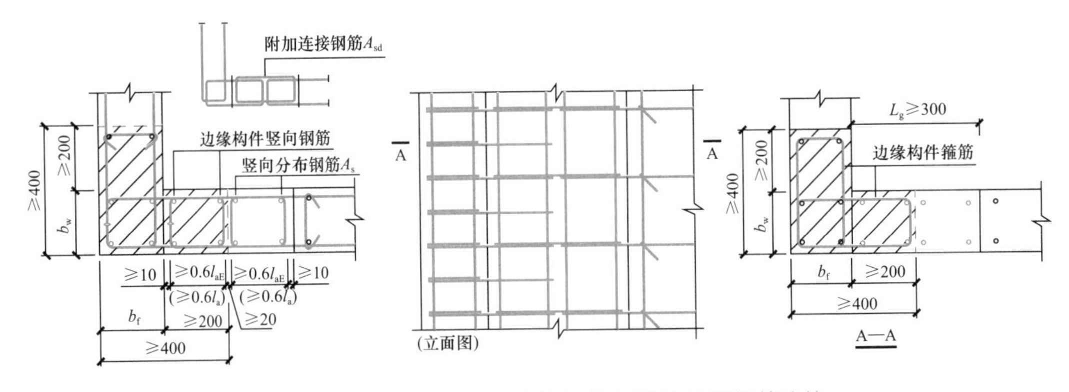

图 5-34　Q5-7　附加封闭连接钢筋与预留 U 形钢筋连接

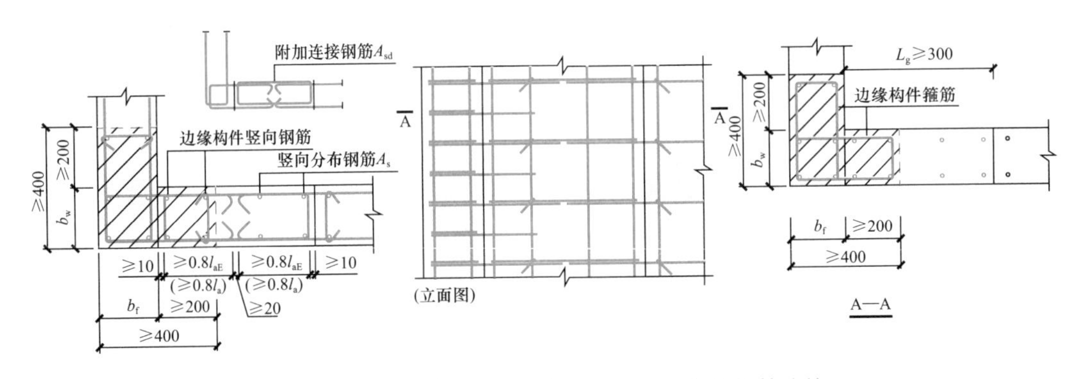

图 5-35　Q5-8　附加封闭连接钢筋与预留弯钩钢筋连接

附加封闭连接钢筋与预留弯钩外伸钢筋搭接形成的近似矩形角部内侧，需设置边缘构件竖向分布钢筋。竖向分布钢筋连接构造宜采用Ⅰ级接头机械连接，靠近完全预制墙肢一侧的竖向分布钢筋需设置拉结筋。

后浇段宽度、附加连接钢筋和竖向分布钢筋由设计确定，后浇段宽度一般不小于 300mm。

（9）Q5-9—附加弯钩连接钢筋与预留 U 形钢筋连接

两墙肢均预留 U 形外伸钢筋，与附加 135°或 90°弯钩连接钢筋上下错位搭接连接（图 5-36），搭接长度不小于 0.8 倍的抗震锚固长度 l_{aE}（l_a）。附加弯钩连接钢筋端部距离预制墙体不小于 10mm，两墙肢预留 U 形外伸钢筋端部间距不小于 20mm。

附加弯钩连接钢筋与预留 U 形外伸钢筋搭接形成的近似矩形角部内侧，需设置边缘构件竖向分布钢筋，竖向分布钢筋连接构造宜采用Ⅰ级接头机械连接。

后浇段宽度、附加连接钢筋和竖向分布钢筋由设计确定，后浇段宽度一般不小于 300mm。

（10）Q5-10—附加弯钩连接钢筋与预留弯钩钢筋连接

两墙肢均预留 135°或 90°弯钩外伸钢筋，与附加 135°或 90°弯钩连接钢筋上下错位搭接连接（图 5-37），搭接长度不小于抗震锚固长度 $l_{aE}(l_a)$。附加弯钩连接钢筋端部距离预制墙体不小于 10mm，两墙肢预留弯钩外伸钢筋端部间距不小于 20mm。

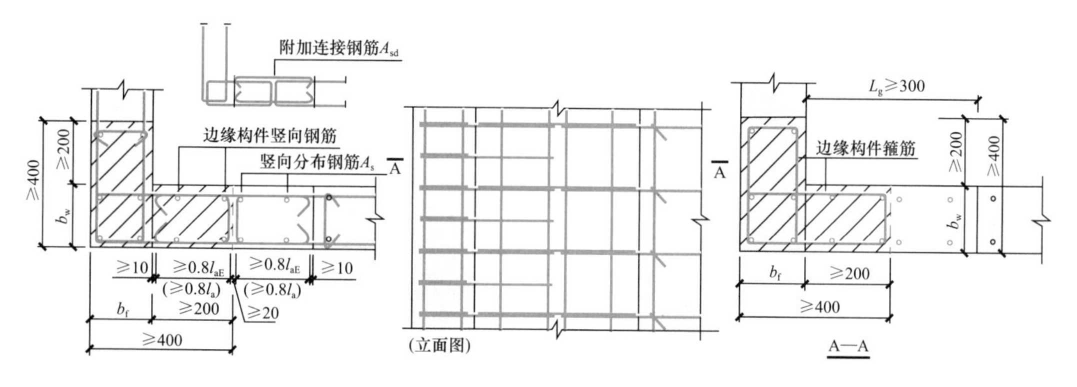

图 5-36　Q5-9—附加弯钩连接钢筋与预留 U 形钢筋连接

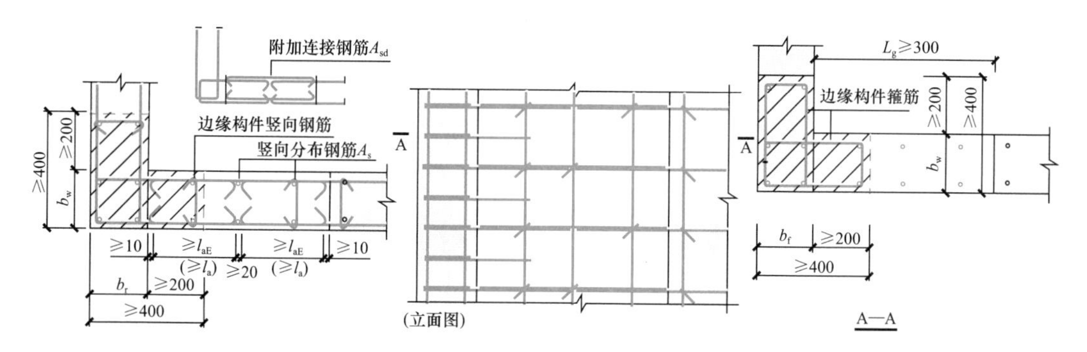

图 5-37　Q5-10—附加弯钩连接钢筋与预留弯钩钢筋连接

搭接区内需设置边缘构件竖向分布钢筋和拉结筋，竖向分布钢筋连接构造宜采用 I 级接头机械连接。

后浇段宽度、附加连接钢筋和竖向分布钢筋由设计确定，后浇段宽度一般不小于 300mm。

（11）Q5-11—附加封闭连接钢筋与对称预留 U 形钢筋连接

约束边缘转角墙一般采用全后浇形式竖向接缝构造。附加封闭连接钢筋与对称预留 U 形钢筋连接的全后浇式约束边缘转角墙竖向接缝构造，转角墙两墙肢均预留 U 形外伸钢筋。转角处分别设置两个方向的附加封闭连接钢筋与两侧墙肢的预留 U 形外伸钢筋分别连接（图 5-38），搭接长度不小于 0.6 倍的抗震锚固长度 $l_{aE}(l_a)$。两向附加封闭连接钢筋在转角处互相搭接，附加封闭连接钢筋端部距离预制墙体不小于 10mm。

附加封闭连接钢筋与对称预留 U 形钢筋搭接形成的矩形角部内侧，以及附加封闭连接钢筋之间搭接形成的矩形角部内侧，均需设置边缘构件竖向分布钢筋，竖向分布钢筋连接构造宜采用 I 级接头机械连接。

附加封闭连接钢筋以及转角墙钢筋由设计确定。

（12）Q5-12—附加封闭连接钢筋与对称预留弯钩钢筋连接

附加封闭连接钢筋与对称预留弯钩钢筋连接的全后浇式约束边缘转角墙竖向接缝构

造，转角墙两墙肢均预留 135°或 90°弯钩外伸钢筋。转角处分别设置两个方向的附加封闭连接钢筋与两侧墙肢的预留弯钩外伸钢筋分别连接（图 5-39），搭接长度不小于 0.8 倍的抗震锚固长度 l_{aE}（l_a）。两向附加封闭连接钢筋在转角处互相搭接，附加封闭连接钢筋端部距离预制墙体不小于 10mm。

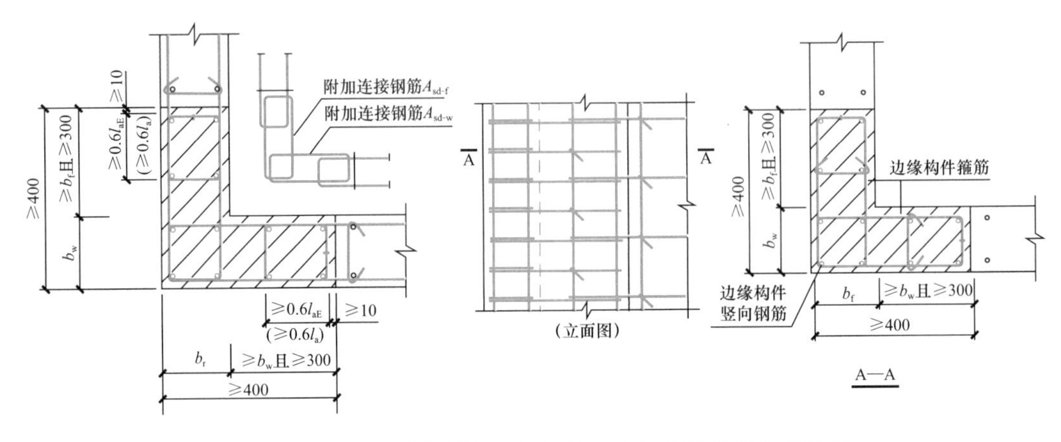

图 5-38　Q5-11　附加封闭连接钢筋与对称预留 U 形钢筋连接

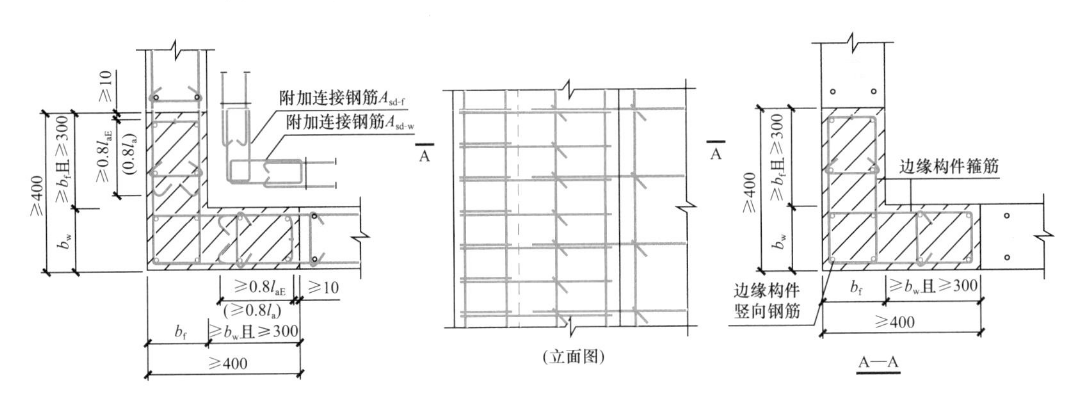

图 5-39　Q5-12—附加封闭连接钢筋与对称预留弯钩钢筋连接

附加封闭连接钢筋与对称预留弯钩钢筋搭接形成的近似矩形角部内侧，需设置竖向分布钢筋，竖向分布钢筋连接构造宜采用Ⅰ级接头机械连接。预留弯钩外伸钢筋形成开口处的竖向分布钢筋需设置拉结筋。

附加封闭连接钢筋以及转角墙钢筋由设计确定。

（13）Q5-13—附加封闭连接钢筋与不对称预留 U 形钢筋连接

附加封闭连接钢筋与不对称预留 U 形钢筋连接的全后浇式约束边缘转角墙竖向接缝构造，转角墙一侧墙肢预留长 U 形外伸钢筋，另一侧墙肢预留普通 U 形外伸钢筋。长 U 形外伸钢筋伸至转角竖向筋外侧并箍住竖向筋（图 5-40）。U 形外伸钢筋与附加封闭连接钢筋连接，搭接长度不小于 0.6 倍的抗震锚固长度 l_{aE}（l_a）。附加封闭连接钢筋同时与长 U 形外伸钢筋在转角处搭接，端部距离预制墙体不小于 10mm。

附加封闭连接钢筋与不对称预留 U 形钢筋搭接形成的矩形角部内侧，需设置竖向分布钢筋。预留长 U 形外伸钢筋根部（靠近预制墙体处），需按照设计设置竖向分布钢筋和拉结筋。竖向分布钢筋连接构造宜采用Ⅰ级接头机械连接。

附加封闭连接钢筋以及转角墙钢筋由设计确定。

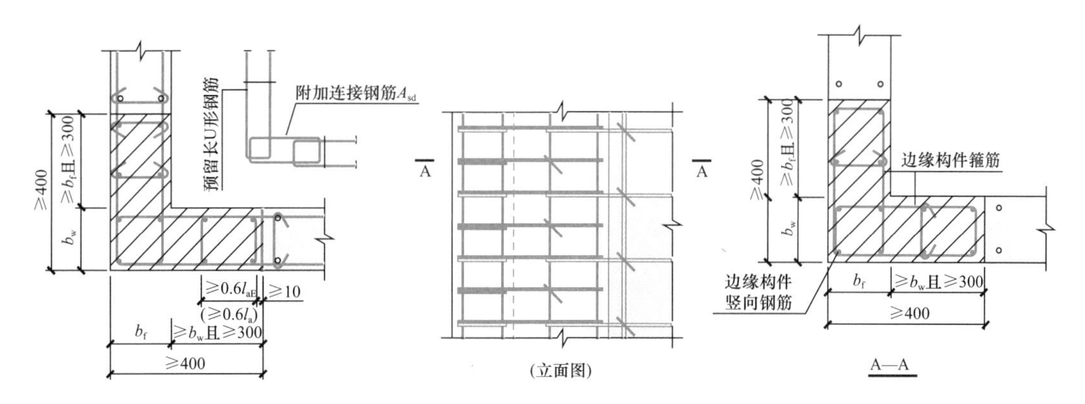

图5-40 Q5-13—附加封闭连接钢筋与不对称预留U形钢筋连接

5.3.3 墙柱间和转角墙处竖向接缝构造详图识读训练

识读预制墙在转角墙处竖向接缝构造详图Q5-1、Q5-3、Q5-5、Q5-6、Q5-7、Q5-8和Q5-11，完成下列详图识读训练。

（1）以下关于预制墙在转角墙处的竖向接缝构造形式的描述不正确的是（　　）。

A. 全后浇式构造边缘转角墙　　B. 部分后浇式构造边缘转角墙

C. 全后浇式约束边缘转角墙　　D. 部分后浇式约束边缘转角墙

（2）以下关于全后浇式构造边缘转角墙竖向接缝构造附加封闭连接钢筋与对称预留U形钢筋连接的描述中不正确的是（　　）。

A. 附加封闭连接钢筋与两侧墙肢的预留U形外伸钢筋分别搭接连接

B. 两向附加封闭连接钢筋在转角处互相搭接

C. 边缘构件竖向分布钢筋竖向分布钢筋连接构造宜采用Ⅰ级接头机械连接

D. 转角墙区域设置拉结筋保证每点拉结

（3）以下关于全后浇式构造边缘转角墙竖向接缝构造附加封闭连接钢筋与不对称预留U形钢筋连接的描述中不正确的是（　　）。

A. 转角墙一侧墙肢预留长U形外伸钢筋，另一侧墙肢预留普通U形外伸钢筋

B. 设置附加封闭连接钢筋与预留U形外伸钢筋及另一侧的预留长U形外伸钢筋分别搭接连接

C. U形外伸钢筋与附加封闭连接钢筋搭接长度不小于0.6倍的抗震锚固长度l_{aE}（l_a）

D. 搭接区内设置边缘构件竖向分布钢筋和拉结筋

（4）以下关于部分后浇式构造边缘转角墙竖向接缝构造的描述中不正确的是（　　）。

A. 预留直线外伸钢筋，搭接长度不小于1.2倍的抗震锚固长度l_{aE}（l_a）

B. 预留135°或90°弯钩外伸钢筋，搭接长度不小于0.8倍抗震锚固长度l_{aE}（l_a）

C. 预留 U 形外伸钢筋，与附加封闭连接钢筋的搭接长度不小于 0.6 倍的抗震锚固长度 l_{aE}（l_a）

D. 预留 135°或 90°弯钩外伸钢筋，与附加封闭连接钢筋的搭接长度不小于 0.8 倍的抗震锚固长度 l_{aE}（l_a）

（5）以下关于约束边缘转角墙竖向接缝构造附加封闭连接钢筋与对称预留 U 形钢筋连接的描述中不正确的是（　　）。

A. 设置两个方向的附加封闭连接钢筋与两侧墙肢的预留 U 形外伸钢筋分别连接

B. 搭接长度不小于 0.6 倍的抗震锚固长度 l_{aE}（l_a）

C. 竖向分布钢筋连接构造不宜采用Ⅰ级接头机械连接

D. 竖向分布钢筋应做到每点拉结

任务 5.4　识读有翼墙处和十字形墙处竖向接缝构造详图

5.4.1　识读有翼墙处和十字形墙处竖向接缝构造详图任务要求

识读给出的预制墙在有翼墙处和十字形墙处的竖向接缝构造详图，掌握各标准节点连接构造形式。

5.4.2　有翼墙处和十字形墙处竖向接缝基本构造

1. 预制墙在有翼墙处的竖向接缝构造

预制墙在有翼墙处的竖向接缝构造，按照有翼墙类型分为构造边缘翼墙和约束边缘翼墙。其中，构造边缘翼墙又分为全后浇式和部分后浇式两大类竖向接缝构造，约束边缘翼墙一般采用全后浇形式竖向接缝构造。

教学视频（1）

教学视频（2）

（1）Q6-1—腹墙为预留长 U 形钢筋，翼墙为附加封闭连接钢筋与预留 U 形钢筋连接

腹墙为预留长 U 形钢筋，翼墙为附加封闭连接钢筋与预留 U 形钢筋连接的全后浇构造边缘翼墙竖向接缝构造（图 5-41），腹墙预留长 U 形钢筋伸至翼墙外部竖向分布钢筋外侧并箍住竖向分布钢筋。翼墙两墙肢预留 U 形钢筋，分别与附加封闭连接钢筋两端搭接连接，搭接长度不小于 0.6 倍的抗震锚固长度 l_{aE}(l_a)。附加封闭连接钢筋端部与翼墙墙肢预制墙体间距不小于 10mm。

附加封闭连接钢筋与翼墙预留 U 形钢筋搭接形成的矩形角部内侧，以及附加封闭连接钢筋与腹墙预留长U形钢筋搭接形成的矩形角部内侧，均需设置竖向分布钢筋。腹墙预留长U形外伸钢筋根部（靠近预制墙体处），需按照设计设置竖向分布钢筋和拉结筋。竖向分布钢筋连接构造宜采用Ⅰ级接头机械连接。

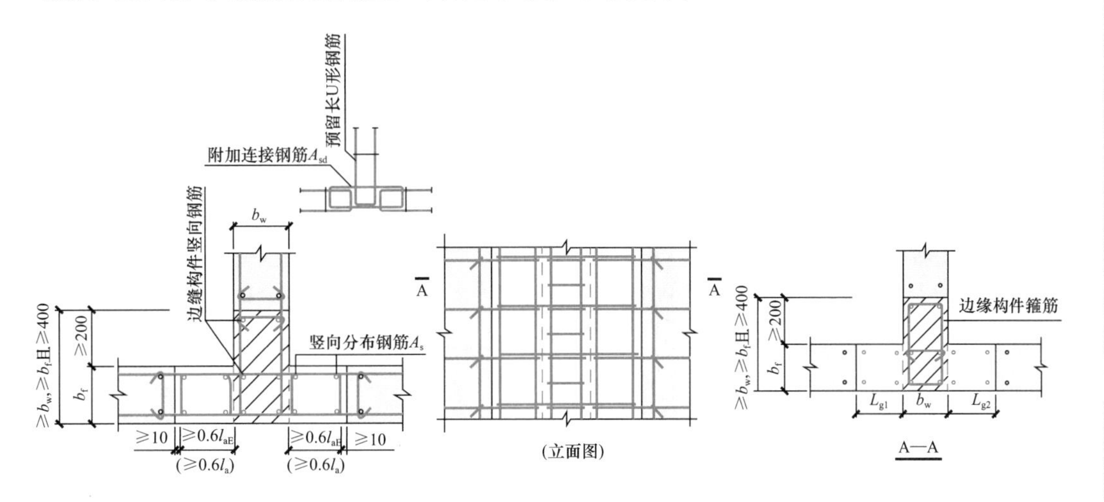

图5-41 Q6-1—腹墙为预留长U形钢筋，翼墙为附加封闭连接钢筋与预留U形钢筋连接

后浇段宽度、附加连接钢筋和竖向分布钢筋由设计确定，当腹墙预留长U形钢筋符合水平分布钢筋和构造边缘翼墙箍筋直径及间距要求时，可作为构造边缘构件箍筋使用。

（2）Q6-2—腹墙为预留长U形钢筋，翼墙为附加弯钩连接钢筋与预留U形钢筋连接

腹墙为预留长U形钢筋，翼墙为附加弯钩连接钢筋与预留U形钢筋连接的全后浇构造边缘翼墙竖向接缝构造（图5-42），腹墙预留长U形钢筋伸至翼墙端部竖向分布钢筋外侧并箍住竖向分布钢筋。翼墙两墙肢预留U形钢筋，分别与附加135°或90°弯钩连接钢筋两端搭接连接，搭接长度不小于0.8倍的抗震锚固长度l_{aE}(l_a)。附加弯钩连接钢筋端部与翼墙墙肢预制墙体间距不小于10mm。

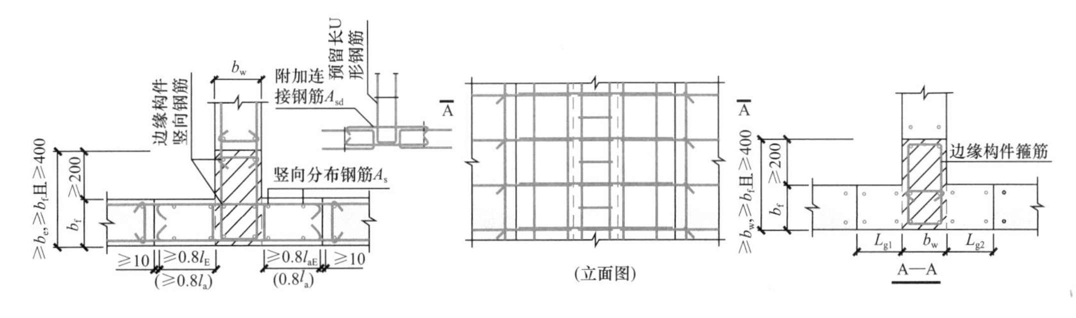

图5-42 Q6-2—腹墙为预留长U形钢筋，翼墙为附加弯钩连接钢筋与预留U形钢筋连接

附加弯钩连接钢筋与翼墙预留U形钢筋搭接形成的近似矩形角部内侧，以及附加弯钩连接钢筋与腹墙预留长U形钢筋搭接形成的矩形角部内侧，均需设置竖向分布钢筋。腹墙预留长U形外伸钢筋根部（靠近预制墙体处），需按照设计设置竖向分布钢筋和拉结筋。竖向分布钢筋连接构造宜采用Ⅰ级接头机械连接。

后浇段宽度、附加连接钢筋和竖向分布钢筋由设计确定，当腹墙预留长U形钢筋符合水平分布钢筋和构造边缘翼墙箍筋直径及间距要求时，可作为构造边缘构件箍筋使用。

（3）Q6-3—腹墙为预留长U形钢筋，翼墙为附加封闭连接钢筋与预留弯钩钢筋连接

腹墙为预留长U形钢筋，翼墙为附加封闭连接钢筋与预留弯钩钢筋连接的全后浇构造边缘翼墙竖向接缝构造（图5-43），腹墙预留长U形钢筋伸至翼墙端部竖向分布钢筋外侧并箍住竖向分布钢筋。翼墙两墙肢预留135°或90°弯钩钢筋，分别与附加封闭连接钢筋两端搭接连接，搭接长度不小于0.8倍的抗震锚固长度l_{aE}(l_a)。附加封闭连接钢筋端部与翼墙墙肢预制墙体间距不小于10mm。

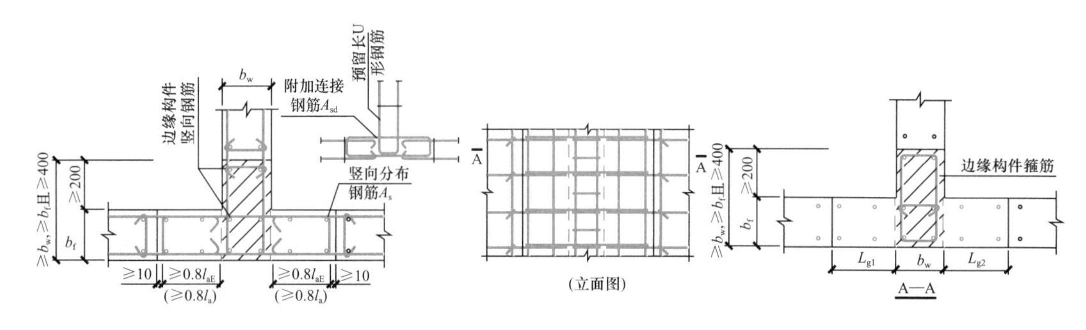

图5-43 Q6-3—腹墙为预留长U形钢筋，翼墙为附加封闭连接钢筋与预留弯钩钢筋连接

附加封闭连接钢筋与翼墙预留弯钩钢筋搭接形成的近似矩形角部内侧，以及附加封闭连接钢筋与腹墙预留长U形钢筋搭接形成的矩形角部内侧，均需设置竖向分布钢筋。腹墙预留长U形外伸钢筋根部（靠近预制墙体处），需按照设计设置竖向分布钢筋和拉结筋。竖向分布钢筋连接构造宜采用Ⅰ级接头机械连接。

后浇段宽度、附加连接钢筋和竖向分布钢筋由设计确定，当腹墙预留长U形钢筋符合水平分布钢筋和构造边缘翼墙箍筋直径及间距要求时，可作为构造边缘构件箍筋使用。

（4）Q6-4—腹墙为预留长U形钢筋，翼墙为附加弯钩连接钢筋与预留弯钩钢筋连接

腹墙为预留长U形钢筋，翼墙为附加弯钩连接钢筋与预留弯钩钢筋连接的全后浇构造边缘翼墙竖向接缝构造（图5-44），腹墙预留长U形钢筋伸至翼墙端部竖向分布钢筋外侧并箍住竖向分布钢筋。翼墙两墙肢预留135°或90°弯钩钢筋，分别与附加135°或90°弯钩连接钢筋两端搭接连接，搭接长度不小于抗震锚固长度l_{aE}(l_a)。附加弯钩连接钢筋端部与翼墙墙肢预制墙体间距不小于10mm。

附加弯钩连接钢筋与翼墙预留弯钩钢筋搭接形成的近似矩形角部内侧，以及附加弯钩连接钢筋与腹墙预留长U形钢筋搭接形成的矩形角部内侧，均需设置竖向分布钢筋。腹墙预留长U形外伸钢筋根部（靠近预制墙体处），需按照设计设置竖向分布钢筋和拉结筋。竖向分布钢筋连接构造宜采用Ⅰ级接头机械连接。

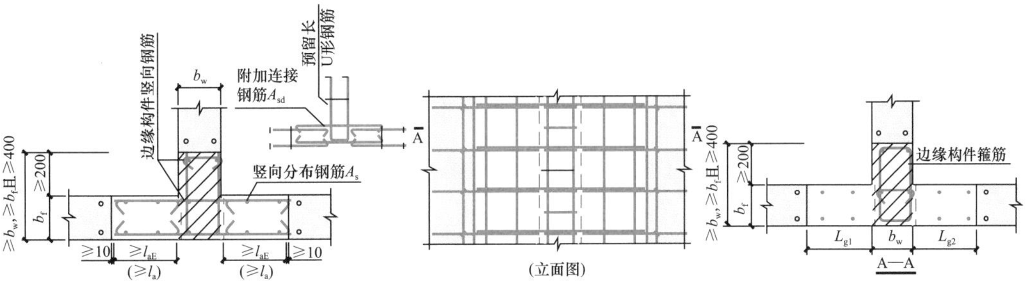

图 5-44　Q6-4—腹墙为预留长 U 形钢筋，翼墙为附加弯钩连接钢筋与预留弯钩钢筋连接

后浇段宽度、附加连接钢筋和竖向分布钢筋由设计确定，当腹墙预留长 U 形钢筋符合水平分布钢筋和构造边缘翼墙箍筋直径及间距要求时，可作为构造边缘构件箍筋使用。

（5）Q6-5—腹墙和翼墙均为附加封闭连接钢筋与预留 U 形钢筋连接

腹墙和翼墙均为附加封闭连接钢筋与预留 U 形钢筋连接的全后浇构造边缘翼墙竖向接缝构造（图 5-45），腹墙和翼墙分别设置附加封闭连接钢筋与预留 U 形钢筋搭接连接，搭接长度均不小于 0.6 倍的抗震锚固长度 l_{aE}（l_a）。翼墙两墙肢预留 U 形钢筋端部间距不小于 20mm，附加封闭连接钢筋端部与腹墙及翼墙墙肢预制墙体间距不小于 10mm。

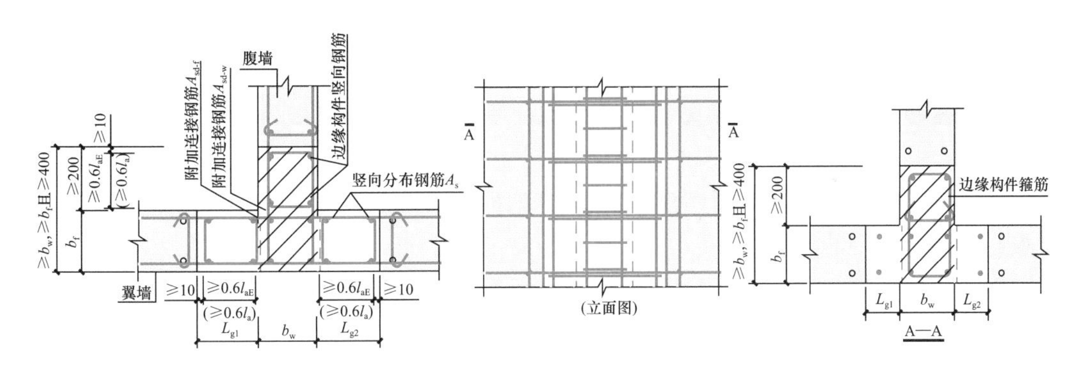

图 5-45　Q6-5—腹墙和翼墙均为附加封闭连接钢筋与预留 U 形钢筋连接

附加封闭连接钢筋与预留 U 形钢筋搭接形成的矩形角部内侧设置竖向分布钢筋。翼墙预留钢筋与腹墙附加封闭连接钢筋叠加时，可不重复设置竖向分布钢筋。竖向分布钢筋连接构造宜采用Ⅰ级接头机械连接。

后浇段宽度、附加连接钢筋和竖向分布钢筋由设计确定，当腹墙附加封闭连接钢筋符合水平分布钢筋和构造边缘翼墙箍筋直径及间距要求时，可作为构造边缘构件箍筋使用。

（6）Q6-6—腹墙为附加封闭连接钢筋与预留 U 形钢筋连接，翼墙为附加弯钩连接钢筋与预留 U 形钢筋连接

腹墙为附加封闭连接钢筋与预留 U 形钢筋连接，翼墙为附加弯钩连接钢筋与预留 U 形钢筋连接的全后浇构造边缘翼墙竖向接缝构造（图 5-46），腹墙附加封闭连接钢筋

与预留 U 形钢筋搭接连接，搭接长度不小于 0.6 倍的抗震锚固长度 l_{aE}(l_a)。翼墙附加 135°或 90°弯钩连接钢筋与预留 U 形钢筋搭接连接，搭接长度不小于 0.8 倍的抗震锚固长度 l_{aE}(l_a)。翼墙两墙肢预留 U 形钢筋端部间距不小于 20mm，附加封闭连接钢筋端部与腹墙及翼墙墙肢预制墙体间距不小于 10mm。

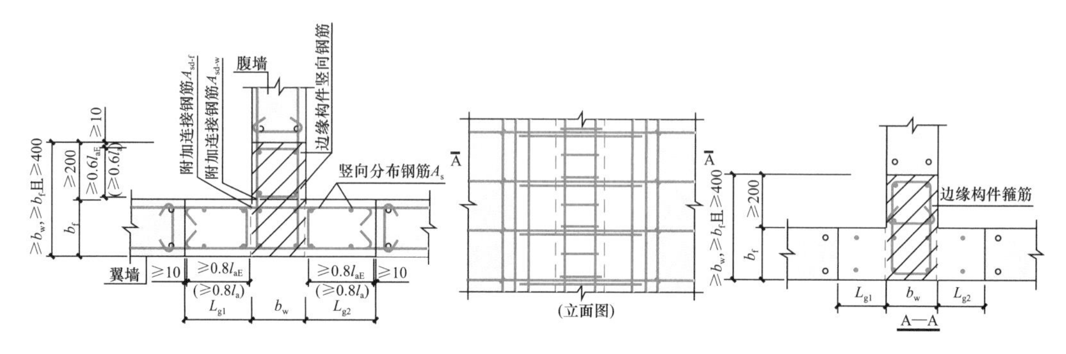

图 5-46　Q6-6—腹墙为附加封闭连接钢筋与预留 U 形钢筋连接，翼墙为附加弯钩连接钢筋与预留 U 形钢筋连接

腹墙附加封闭连接钢筋与预留 U 形钢筋搭接形成的矩形角部内侧，翼墙附加弯钩连接钢筋与预留 U 形钢筋搭接形成的近似矩形角部内侧，设置竖向分布钢筋。翼墙预留钢筋与腹墙附加封闭连接钢筋叠加时，可不重复设置竖向分布钢筋。竖向分布钢筋连接构造宜采用Ⅰ级接头机械连接。

后浇段宽度、附加连接钢筋和竖向分布钢筋由设计确定，当腹墙附加封闭连接钢筋符合水平分布钢筋和构造边缘翼墙箍筋直径及间距要求时，可作为构造边缘构件箍筋使用。

(7) Q6-7—腹墙为附加封闭连接钢筋与预留 U 形钢筋连接，翼墙为附加封闭连接钢筋与预留弯钩钢筋连接

腹墙为附加封闭连接钢筋与预留 U 形钢筋连接，翼墙为附加封闭连接钢筋与预留弯钩钢筋连接的全后浇构造边缘翼墙竖向接缝构造（图 5-47），腹墙附加封闭连接钢筋与预留 U 形钢筋搭接连接，搭接长度不小于 0.6 倍的抗震锚固长度 l_{aE}(l_a)。翼墙附加封闭连接钢筋与预留 135°或 90°弯钩钢筋搭接连接，搭接长度不小于 0.8 倍的抗震锚固长度 l_{aE}(l_a)。翼墙两墙肢预留弯钩钢筋端部间距不小于 20mm，附加封闭连接钢筋端部与腹墙及翼墙墙肢预制墙体间距不小于 10mm。

腹墙附加封闭连接钢筋与预留 U 形钢筋搭接形成的矩形角部内侧，翼墙附加封闭连接钢筋与预留弯钩钢筋搭接形成的近似矩形角部内侧，设置竖向分布钢筋。竖向分布钢筋连接构造宜采用Ⅰ级接头机械连接。

后浇段宽度、附加连接钢筋和竖向分布钢筋由设计确定，当腹墙附加封闭连接钢筋符合水平分布钢筋和构造边缘翼墙箍筋直径及间距要求时，可作为构造边缘构件箍筋使用。

(8) Q6-8—腹墙为附加封闭连接钢筋与预留 U 形钢筋连接，翼墙为附加弯钩连接钢筋与预留弯钩钢筋连接

腹墙为附加封闭连接钢筋与预留 U 形钢筋连接，翼墙为附加弯钩连接钢筋与预留

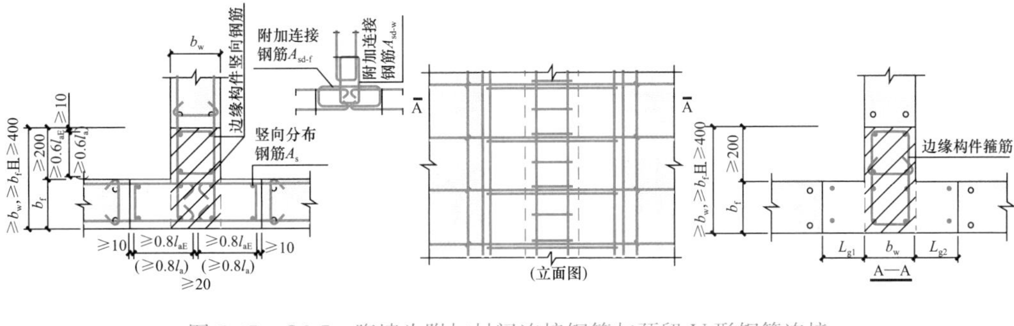

图 5-47　Q6-7—腹墙为附加封闭连接钢筋与预留 U 形钢筋连接，
翼墙为附加封闭连接钢筋与预留弯钩钢筋连接

弯钩钢筋连接的全后浇构造边缘翼墙竖向接缝构造（图 5-48），腹墙附加封闭连接钢筋与预留 U 形钢筋搭接连接，搭接长度不小于 0.6 倍的抗震锚固长度 $l_{aE}(l_a)$。翼墙附加 135°或 90°弯钩连接钢筋与预留 135°或 90°弯钩钢筋搭接连接，搭接长度不小于抗震锚固长度 $l_{aE}(l_a)$。翼墙两墙肢预留弯钩钢筋端部间距不小于 20mm，附加弯钩连接钢筋端部与翼墙墙肢预制墙体间距不小于 10mm。腹墙附加封闭连接钢筋端部与预制墙体间距不小于 10mm。

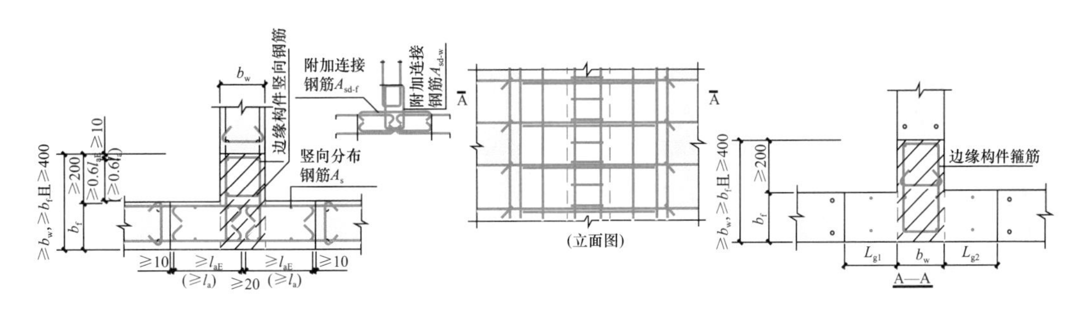

图 5-48　Q6-8—腹墙为附加封闭连接钢筋与预留 U 形钢筋连接，
翼墙为附加弯钩连接钢筋与预留弯钩钢筋连接

腹墙附加封闭连接钢筋与预留 U 形钢筋搭接形成的矩形角部内侧，翼墙附加弯钩连接钢筋与预留弯钩钢筋搭接形成的近似矩形角部内侧，设置竖向分布钢筋。竖向分布钢筋连接构造宜采用Ⅰ级接头机械连接。

后浇段宽度、附加连接钢筋和竖向分布钢筋由设计确定，当腹墙附加封闭连接钢筋符合水平分布钢筋和构造边缘翼墙箍筋直径及间距要求时，可作为构造边缘构件箍筋使用。

(9) Q6-9—腹墙为附加 U 形连接钢筋与预留直线钢筋搭接，翼墙为附加封闭连接钢筋与预留 U 形钢筋连接

腹墙为附加 U 形连接钢筋与预留直线钢筋搭接，翼墙为附加封闭连接钢筋与预留 U 形钢筋连接的全后浇构造边缘翼墙竖向接缝构造（图 5-49），腹墙附加 U 形连接钢筋开口端与预留直线钢筋搭接连接，搭接长度不小于 1.2 倍的抗震锚固长度 $l_{aE}(l_a)$。翼墙附加封闭连接钢筋与预留 U 形钢筋搭接连接，搭接长度不小于 0.6 倍的抗震锚固长度

l_{aE}(l_a)。腹墙附加 U 形连接钢筋端部与预制墙体间距不小于 10mm，翼墙附加封闭连接钢筋端部与墙肢预制墙体间距不小于 10mm。

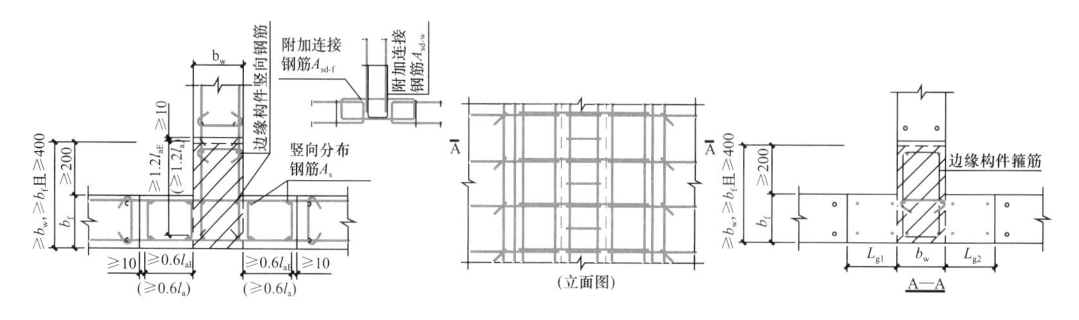

图 5-49 Q6-9—腹墙为附加 U 形连接钢筋与预留直线钢筋搭接，翼墙为附加封闭连接钢筋与预留 U 形钢筋连接

腹墙附加 U 形连接钢筋与翼墙附加封闭连接钢筋搭接形成的矩形角部内侧，翼墙附加封闭连接钢筋与预留 U 形钢筋搭接形成的矩形角部内侧，均需设置竖向分布钢筋。腹墙预留直线钢筋根部（靠近预制墙体，与附加 U 形连接钢筋开口端搭接处），需按照设计设置竖向分布钢筋和拉结筋。竖向分布钢筋连接构造宜采用Ⅰ级接头机械连接。

后浇段宽度、附加连接钢筋和竖向分布钢筋由设计确定。

（10）Q6-10—腹墙为附加 U 形连接钢筋与预留直线钢筋搭接，翼墙为附加弯钩连接钢筋与预留 U 形钢筋连接

腹墙为附加 U 形连接钢筋与预留直线钢筋搭接，翼墙为附加弯钩连接钢筋与预留 U 形钢筋连接的全后浇构造边缘翼墙竖向接缝构造（图 5-50），腹墙附加 U 形连接钢筋开口端与预留直线钢筋搭接连接，搭接长度不小于 1.2 倍的抗震锚固长度 l_{aE}(l_a)。翼墙附加 135°或 90°弯钩连接钢筋与预留 U 形钢筋搭接连接，搭接长度不小于 0.8 倍的抗震锚固长度 l_{aE}(l_a)。腹墙附加 U 形连接钢筋端部与预制墙体间距不小于 10mm，翼墙附加弯钩连接钢筋端部与墙肢预制墙体间距不小于 10mm。

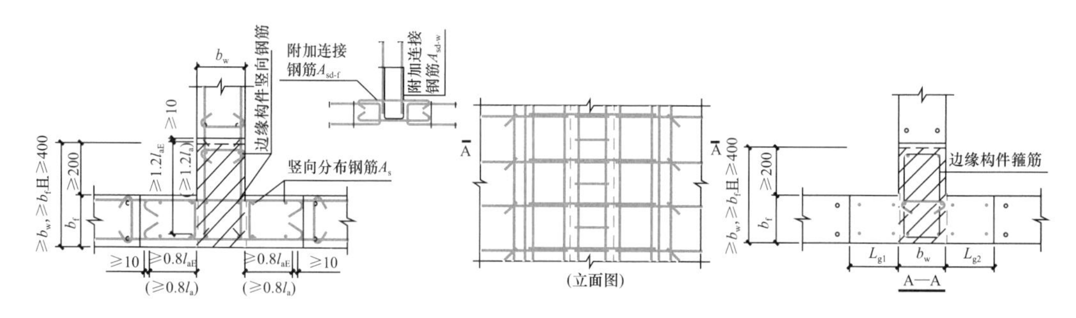

图 5-50 Q6-10—腹墙为附加 U 形连接钢筋与预留直线钢筋搭接，翼墙为附加弯钩连接钢筋与预留 U 形钢筋连接

腹墙附加 U 形连接钢筋与翼墙附加弯钩连接钢筋搭接形成的矩形角部内侧，翼墙附加弯钩连接钢筋与预留 U 形钢筋搭接形成的矩形角部内侧，均需设置竖向分布钢筋。腹墙预留直线钢筋根部（靠近预制墙体，与附加 U 形连接钢筋开口端搭接处），需按照

设计设置竖向分布钢筋和拉结筋。竖向分布钢筋连接构造宜采用Ⅰ级接头机械连接。

后浇带宽度、附加连接钢筋和竖向分布钢筋由设计确定。

(11) Q6-11—腹墙为附加U形连接钢筋与预留直线钢筋搭接，翼墙为附加封闭连接钢筋与预留弯钩钢筋连接

腹墙为附加U形连接钢筋与预留直线钢筋搭接，翼墙为附加封闭连接钢筋与预留弯钩钢筋连接的全后浇构造边缘翼墙竖向接缝构造（图5-51），腹墙附加U形连接钢筋开口端与预留直线钢筋搭接连接，搭接长度不小于1.2倍的抗震锚固长度 l_{aE}(l_a)。翼墙附加封闭连接钢筋与预留135°或90°弯钩钢筋搭接连接，搭接长度不小于0.8倍的抗震锚固长度 l_{aE}(l_a)。腹墙附加U形连接钢筋端部与预制墙体间距不小于10mm，翼墙附加封闭连接钢筋端部与墙肢预制墙体间距不小于10mm。

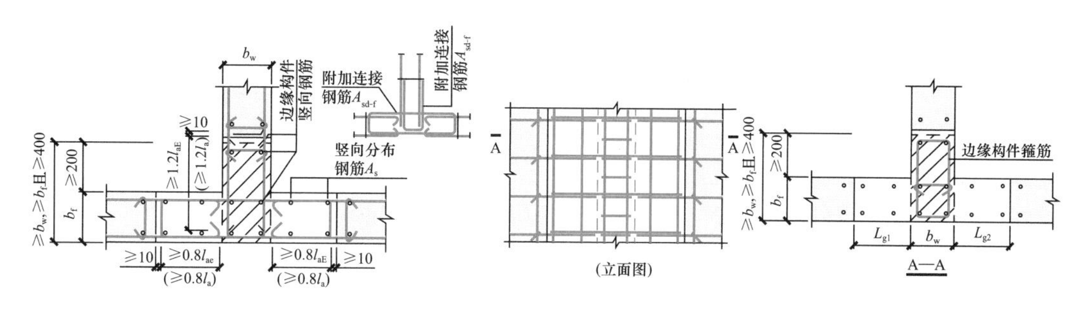

图5-51 Q6-11—腹墙为附加U形连接钢筋与预留直线钢筋搭接，翼墙为附加封闭连接钢筋与预留弯钩钢筋连接

腹墙附加U形连接钢筋与翼墙附加封闭连接钢筋搭接形成的矩形角部内侧，翼墙附加封闭连接钢筋与预留弯钩钢筋搭接形成的近似矩形角部内侧，均需设置竖向分布钢筋。腹墙预留直线钢筋根部（靠近预制墙体，与附加U形连接钢筋开口端搭接处），需按照设计设置竖向分布钢筋和拉结筋。竖向分布钢筋连接构造宜采用Ⅰ级接头机械连接。

后浇段宽度、附加连接钢筋和竖向分布钢筋由设计确定。

(12) Q6-12—腹墙为附加U形连接钢筋与预留直线钢筋搭接，翼墙为附加弯钩连接钢筋与预留弯钩钢筋连接

腹墙为附加U形连接钢筋与预留直线钢筋搭接，翼墙为附加弯钩连接钢筋与预留弯钩钢筋连接的全后浇构造边缘翼墙竖向接缝构造（图5-52），腹墙附加U形连接钢筋开口端与预留直线钢筋搭接连接，搭接长度不小于1.2倍的抗震锚固长度 l_{aE}(l_a)。翼墙附加135°或90°弯钩连接钢筋与预留135°或90°弯钩钢筋搭接连接，搭接长度不小于抗震锚固长度 l_{aE}(l_a)。腹墙附加U形连接钢筋端部与预制墙体间距不小于10mm，翼墙附加弯钩连接钢筋端部与墙肢预制墙体间距不小于10mm。

腹墙附加U形连接钢筋与翼墙附加弯钩连接钢筋搭接形成的矩形角部内侧，翼墙附加弯钩连接钢筋与预留弯钩钢筋搭接形成的近似矩形角部内侧，均需设置竖向分布钢筋。腹墙预留直线钢筋根部（靠近预制墙体，与附加U形连接钢筋开口端搭接处），需按照设计设置竖向分布钢筋和拉结筋。竖向分布钢筋连接构造宜采用Ⅰ级接头机械连接。

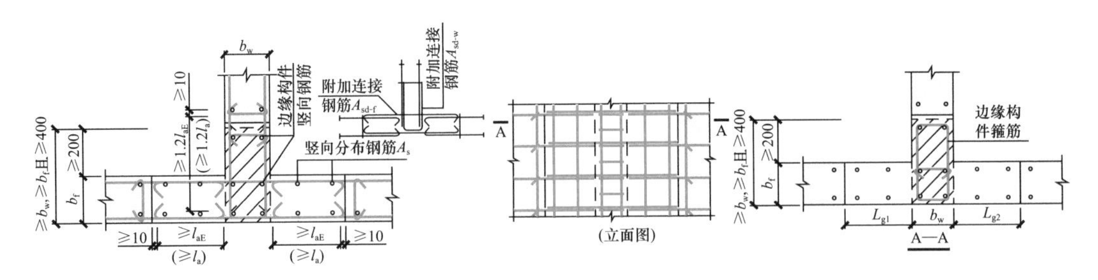

图 5-52　Q6-12　腹墙为附加 U 形连接钢筋与预留直线钢筋搭接，翼墙为附加弯钩连接钢筋与预留弯钩钢筋连接

后浇段宽度、附加连接钢筋和竖向分布钢筋由设计确定。

（13）Q6-13—无附加连接钢筋，腹墙为预留直线钢筋搭接

部分后浇构造边缘翼墙竖向接缝构造，是指翼墙方向墙体全部预制，并且预留腹墙方向的连接钢筋，与腹墙预留钢筋通过构造方式实现连接的后浇竖向接缝构造形式。

无附加连接钢筋，腹墙为预留直线钢筋搭接的部分后浇构造边缘翼墙竖向接缝构造（图 5-53），腹墙及翼墙均预留直线钢筋，上下错位搭接，搭接长度不小于1.2倍的抗震锚固长度 l_{aE}(l_a)。预留钢筋端部与预制墙体间距不小于 10mm。

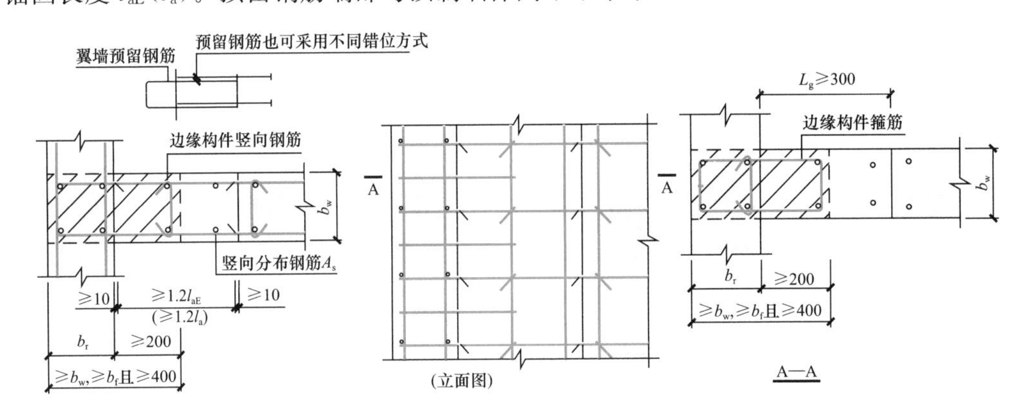

图 5-53　Q6-13—无附加连接钢筋，腹墙为预留直线钢筋搭接

搭接区内需按照设计要求设置竖向分布钢筋，边缘构件范围内的竖向分布筋间还需设置拉结筋。当预制条件允许时，预留直线钢筋可采用水平错位搭接形式。

后浇段宽度和竖向分布钢筋由设计确定。

（14）Q6-14—无附加连接钢筋，腹墙为预留弯钩钢筋连接

无附加连接钢筋，腹墙为预留弯钩钢筋连接的部分后浇构造边缘翼墙竖向接缝构造（图 5-54），腹墙及翼墙均预留 135°或 90°弯钩钢筋，上下错位搭接，搭接长度不小于抗震锚固长度 l_{aE}(l_a)。预留钢筋端部与预制墙体间距不小于 10mm。

搭接区内需按照设计要求设置竖向分布钢筋，边缘构件范围内的竖向分布筋间还需设置拉结筋。后浇段宽度和竖向分布钢筋由设计确定。

（15）Q6-15—腹墙为附加封闭连接钢筋与预留 U 形钢筋连接

腹墙为附加封闭连接钢筋与预留 U 形钢筋连接的部分后浇构造边缘翼墙竖向接缝

构造（图 5-55），腹墙及翼墙均预留 U 形钢筋，分别与附加封闭连接钢筋搭接，搭接长度不小于 0.6 倍的抗震锚固长度 $l_{aE}(l_a)$。腹墙与翼墙预留 U 形钢筋间距不小于 20mm，附加封闭连接钢筋与预制墙体间距不小于 10mm。

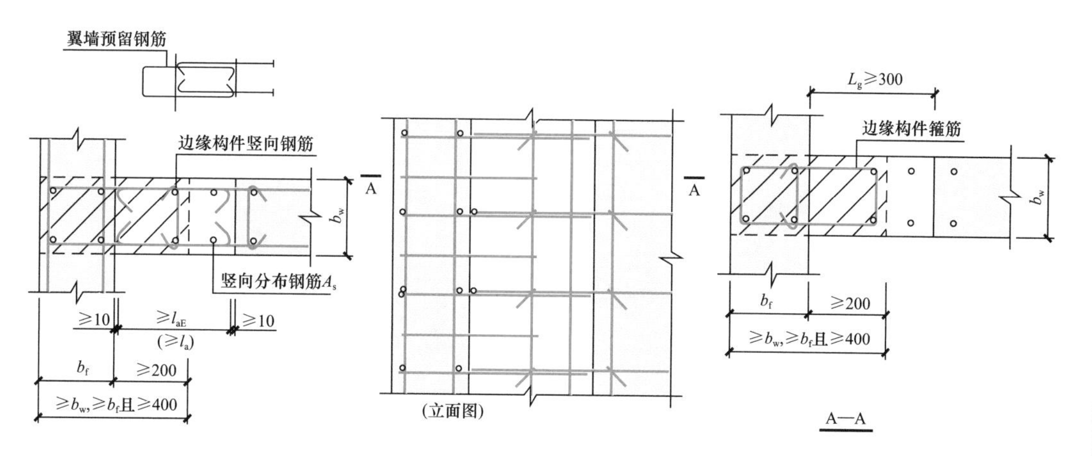

图 5-54 Q6-14—无附加连接钢筋，腹墙为预留弯钩钢筋连接

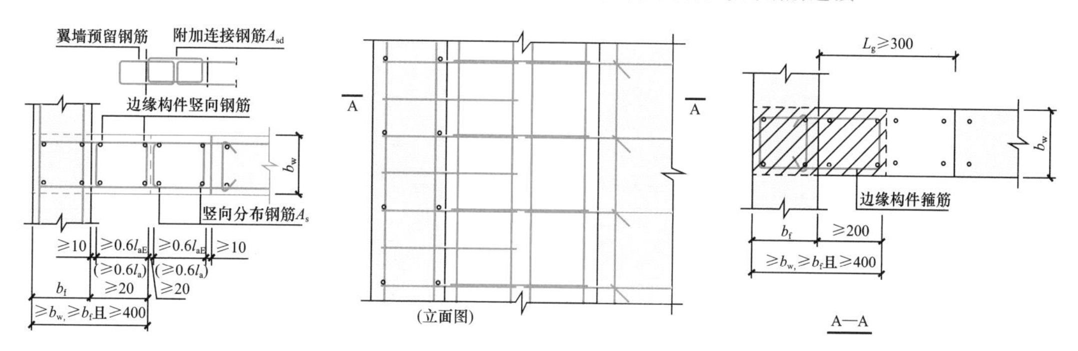

图 5-55 Q6-15—腹墙为附加封闭连接钢筋与预留 U 形钢筋连接

附加封闭连接钢筋与预留 U 形钢筋形成的矩形角部内侧需按照设计要求设置竖向分布钢筋，附加封闭连接钢筋符合水平分布钢筋和构造边缘翼墙箍筋直径及间距要求时，可作为构造边缘构件箍筋使用。

后浇段宽度和竖向分布钢筋由设计确定。

（16）Q6-16—腹墙为附加封闭连接钢筋与预留弯钩钢筋连接

腹墙为附加封闭连接钢筋与预留弯钩钢筋连接的部分后浇构造边缘翼墙竖向接缝构造（图 5-56），腹墙及翼墙均预留 135°或 90°弯钩钢筋，分别与附加封闭连接钢筋搭接，搭接长度不小于 0.8 倍的抗震锚固长度 $l_{aE}(l_a)$。腹墙与翼墙预留弯钩钢筋间距不小于 20mm，附加封闭连接钢筋与预制墙体间距不小于 10mm。

附加封闭连接钢筋与预留弯钩钢筋形成的近似矩形角部内侧需按照设计要求设置竖向分布钢筋，边缘构件范围内的竖向分布筋间还需设置拉结筋。

后浇段宽度和竖向分布钢筋由设计确定。

（17）Q6-17—腹墙为附加弯钩连接钢筋与预留 U 形钢筋连接

腹墙为附加弯钩连接钢筋与预留 U 形钢筋连接的部分后浇构造边缘翼墙竖向接缝

构造（图 5-57），腹墙及翼墙均预留 U 形钢筋，分别与附加 135°或 90°弯钩连接钢筋搭接，搭接长度不小于 0.8 倍的抗震锚固长度 l_{aE}（l_a）。腹墙与翼墙预留 U 形钢筋间距不小于 20mm，附加弯钩连接钢筋与预制墙体间距不小于 10mm。

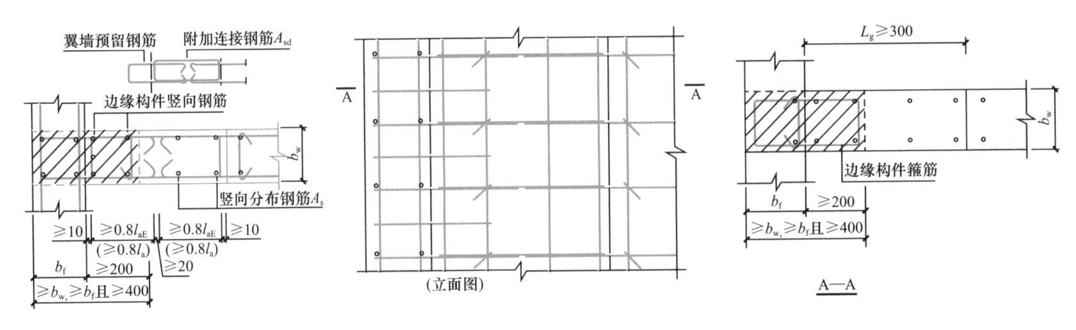

图 5-56　Q6-16—腹墙为附加封闭连接钢筋与预留弯钩钢筋连接

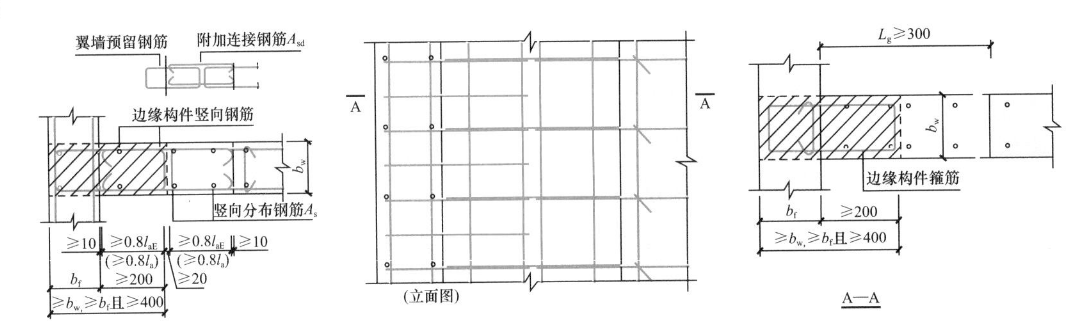

图 5-57　Q6-17—腹墙为附加弯钩连接钢筋与预留 U 形钢筋连接

附加弯钩连接钢筋与预留 U 形钢筋形成的近似矩形角部内侧需按照设计要求设置竖向分布钢筋，翼墙预留钢筋符合水平分布钢筋和构造边缘翼墙箍筋直径及间距要求时，可作为构造边缘构件箍筋使用。

后浇段宽度和竖向分布钢筋由设计确定。

（18）Q6-18—腹墙为附加弯钩连接钢筋与预留弯钩钢筋连接

腹墙为附加弯钩连接钢筋与预留弯钩钢筋连接的部分后浇构造边缘翼墙竖向接缝构造（图 5-58），腹墙及翼墙均预留 135°或 90°弯钩钢筋，分别与附加 135°或 90°弯钩连接钢筋搭接，搭接长度不小于抗震锚固长度 l_{aE}（l_a）。腹墙与翼墙预留弯钩钢筋间距不小于 20mm，附加弯钩连接钢筋与预制墙体间距不小于 10mm。

附加弯钩连接钢筋与预留弯钩钢筋形成的近似矩形角部内侧需按照设计要求设置竖向分布钢筋，并根据竖向分布钢筋位置不同分别按照构造边缘构件及剪力墙墙体要求设置拉结筋。

后浇段宽度和竖向分布钢筋由设计确定。

（19）Q6-19—腹墙为预留长 U 形钢筋，翼墙为附加封闭连接钢筋与预留 U 形钢筋连接

预制墙在约束边缘翼墙处的竖向接缝构造，一般约束边缘翼墙处均为全部现浇区，腹墙与两侧翼墙预留钢筋通过构造连接的竖向接缝形式。图集中给出了三种构造连接形式。

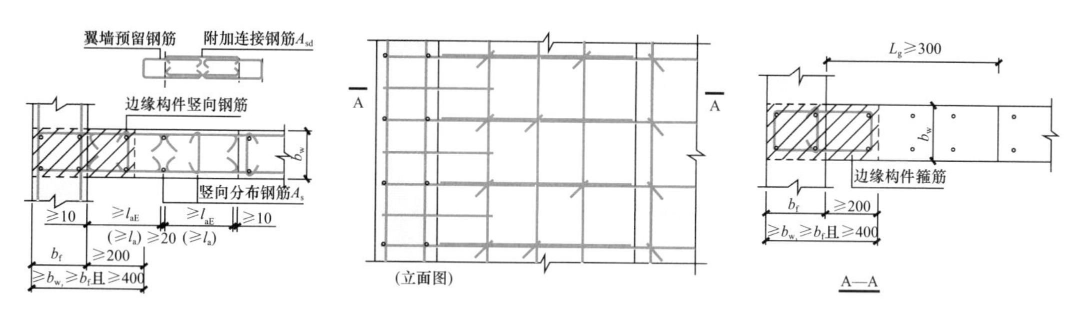

图 5-58 Q6-18—腹墙为附加弯钩连接钢筋与预留弯钩钢筋连接

腹墙为预留长U形钢筋，翼墙为附加封闭连接钢筋与预留U形钢筋连接的约束边缘翼墙竖向接缝构造（图 5-59），腹墙预留长U形钢筋伸至翼墙外部竖向分布钢筋外侧并箍住竖向分布钢筋。翼墙两墙肢预留U形钢筋，分别与附加封闭连接钢筋两端搭接连接，搭接长度不小于0.6倍的抗震锚固长度 $l_{aE}(l_a)$。附加封闭连接钢筋端部与翼墙墙肢预制墙体间距不小于10mm。

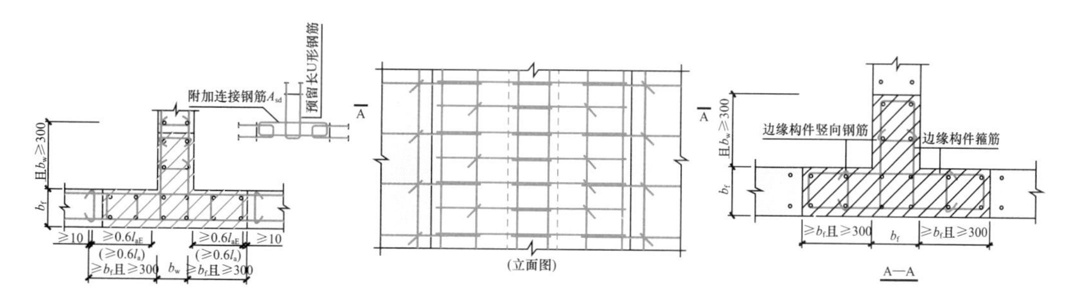

图 5-59 Q6-19—腹墙为预留长U形钢筋，翼墙为附加封闭连接钢筋与预留U形钢筋连接

附加封闭连接钢筋与翼墙预留U形钢筋搭接形成的矩形角部内侧，以及附加封闭连接钢筋与腹墙预留长U形钢筋搭接形成的矩形角部内侧，均需设置竖向分布钢筋。腹墙预留长U形外伸钢筋内部，需按照设计设置竖向分布钢筋和拉结筋。竖向分布钢筋连接构造宜采用Ⅰ级接头机械连接。

后浇段宽度、附加连接钢筋和竖向分布钢筋由设计确定。

（20）Q6-20—腹墙和翼墙均为附加封闭连接钢筋与预留U形钢筋连接

腹墙和翼墙均为附加封闭连接钢筋与预留U形钢筋连接的约束边缘翼墙竖向接缝构造（图 5-60），腹墙和翼墙分别设置附加封闭连接钢筋与预留U形钢筋搭接连接，搭接长度均不小于0.6倍的抗震锚固长度 $l_{aE}(l_a)$。附加封闭连接钢筋端部与腹墙及翼墙墙肢预制墙体间距不小于10mm。

附加封闭连接钢筋与预留U形钢筋搭接形成的矩形角部内侧，翼墙与腹墙附加封闭连接钢筋搭接形成的矩形角部内侧，均需设置竖向分布钢筋。竖向分布钢筋连接构造宜采用Ⅰ级接头机械连接。

后浇段宽度、附加连接钢筋和竖向分布钢筋由设计确定。

（21）Q6-21—腹墙和翼墙均为附加封闭连接钢筋与预留弯钩钢筋连接

腹墙和翼墙均为附加封闭连接钢筋与预留弯钩钢筋连接的约束边缘翼墙竖向接缝构

造（图 5-61），腹墙和翼墙分别设置附加封闭连接钢筋与预留 135°或 90°弯钩钢筋搭接连接，搭接长度均不小于 0.8 倍的抗震锚固长度 $l_{aE}(l_a)$。附加封闭连接钢筋端部与腹墙及翼墙墙肢预制墙体间距不小于 10mm。

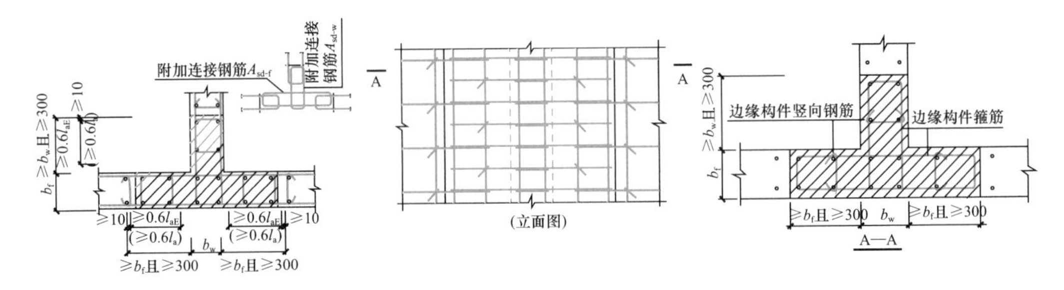

图 5-60　Q6-20—腹墙和翼墙均为附加封闭连接钢筋与预留 U 形钢筋连接

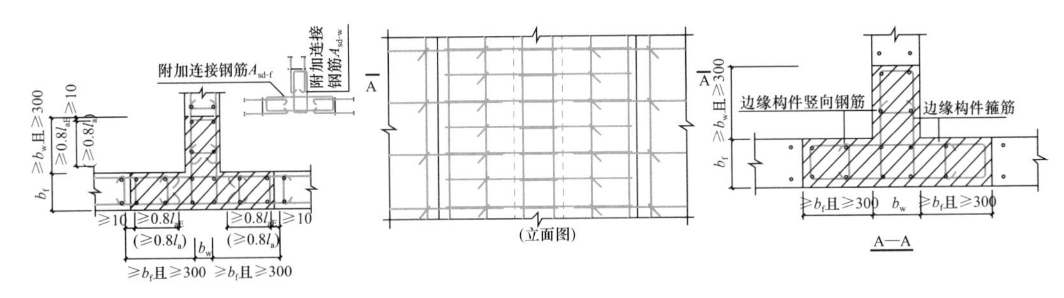

图 5-61　Q6-21　腹墙和翼墙均为附加封闭连接钢筋与预留弯钩钢筋连接

附加封闭连接钢筋与预留弯钩钢筋搭接形成的近似矩形角部内侧，翼墙与腹墙附加封闭连接钢筋搭接形成的矩形角部内侧，均需设置竖向分布钢筋。竖向分布钢筋连接构造宜采用Ⅰ级接头机械连接。无对向拉结构造的竖向分布钢筋间还需设置拉结筋。

后浇段宽度、附加连接钢筋和竖向分布钢筋由设计确定。

2. 预制墙在十字形墙处的竖向接缝构造

教学视频

(1) Q7-1—一个方向为预留直线钢筋搭接，另一个方向为附加弯钩连接钢筋与预留 U 形钢筋连接

十字形墙处全部后浇处理（图 5-62），一个方向的两侧墙肢预留直线钢筋上下错位搭接，搭接长度不小于 1.2 倍的抗震锚固长度 $l_{aE}(l_a)$。预留直线钢筋端部与对向墙肢预制墙体间距不小于 10mm。预留条件允许时，可采用预留直线钢筋水平错位搭接的形式。

另一个方向的两侧墙肢预留 U 形钢筋，分别与附加 135°或 90°弯钩连接钢筋连接。搭接长度不小于 0.8 倍的抗震锚固长度 $l_{aE}(l_a)$。附加弯钩连接钢筋端部与墙肢预制墙体间距不小于 10mm。

附加弯钩连接钢筋与预留 U 形钢筋搭接形成的近似矩形角部内侧，附加弯钩连接钢筋与另一向预留直线钢筋交接形成的矩形角部内侧，均需设置竖向分布钢筋。

十字形墙具体尺寸和竖向分布钢筋具体规格由设计确定。

(2) Q7-2—一个方向为预留直线钢筋搭接，另一个方向为附加弯钩连接钢筋与预留弯钩钢筋连接

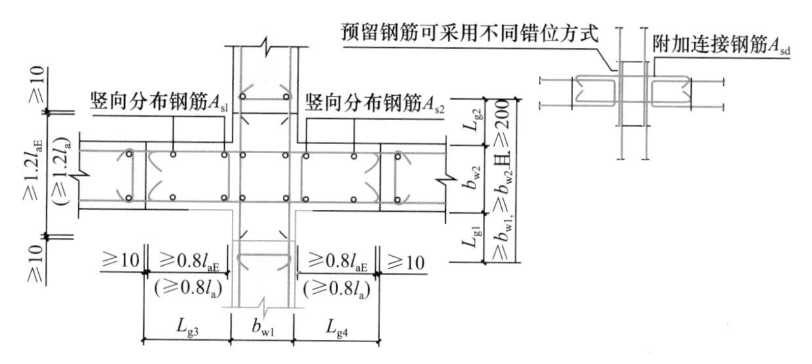

图 5-62 Q7-1——一个方向为预留直线钢筋搭接，另一个方向为附加弯钩连接钢筋与预留U形钢筋连接

十字形墙处全部后浇处理（图5-63），一个方向的两侧墙肢预留直线钢筋上下错位搭接，搭接长度不小于1.2倍的抗震锚固长度l_{aE}(l_a)。预留直线钢筋端部与对向墙肢预制墙体间距不小于10mm。预留条件允许时，可采用预留直线钢筋水平错位搭接的形式。

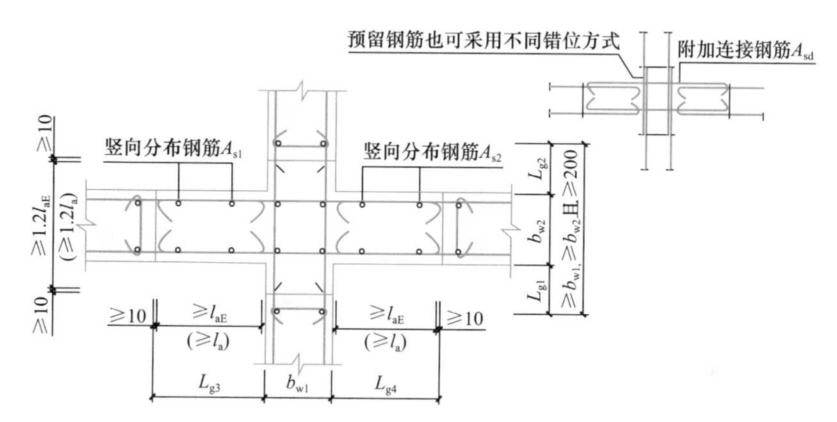

图 5-63 Q7-2——一个方向为预留直线钢筋搭接，另一个方向为附加弯钩连接钢筋与预留弯钩钢筋连接

另一个方向的两侧墙肢预留135°或90°弯钩钢筋，分别与附加135°或90°弯钩连接钢筋连接。搭接长度不小于抗震锚固长度l_{aE}(l_a)。附加弯钩连接钢筋端部与墙肢预制墙体间距不小于10mm。

附加弯钩连接钢筋与预留弯钩钢筋搭接形成的近似矩形角部内侧，附加弯钩连接钢筋与另一向预留直线钢筋交接形成的矩形角部内侧，均需设置竖向分布钢筋。

十字形墙具体尺寸和竖向分布钢筋具体规格由设计确定。

（3）Q7-3——一个方向预制墙贯通，另一个方向为预留直线钢筋搭接

预制墙在十字形墙处部分后浇处理，是指一个方向预制墙贯通，并在十字形墙位置处预留垂直该方向的外伸钢筋，与另一个方向的墙肢预留钢筋通过构造方式实现连接的接缝构造。

一个方向预制墙贯通，另一个方向为预留直线钢筋搭接的预制墙在十字形墙处的部分后浇竖向接缝构造（图5-64），贯通预制墙预留直线钢筋，与另一个方向墙肢预留直线钢筋搭接，搭接长度不小于1.2倍的抗震锚固长度l_{aE}(l_a)。预留直线钢筋端部与对向

墙肢预制墙体间距不小于 10mm。

搭接区域内需按剪力墙墙体设置竖向分布钢筋和拉结筋，后浇段具体宽度和竖向分布钢筋及拉结筋具体规格由设计确定。

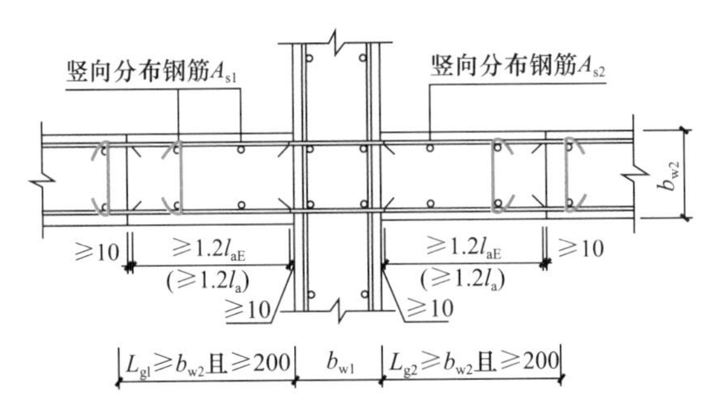

图 5-64　Q7-3——一个方向预制墙贯通，另一个方向为预留直线钢筋搭接

（4）Q7-4——一个方向预制墙贯通，另一个方向为预留 U 形钢筋连接

一个方向预制墙贯通，另一个方向为预留 U 形钢筋连接的预制墙在十字形墙处的部分后浇竖向接缝构造（图 5-65），贯通预制墙预留 U 形钢筋，与另一个方向墙肢预留 U 形钢筋搭接，搭接长度不小于 0.6 倍的抗震锚固长度 l_{aE}(l_a)。预留 U 形钢筋端部与对向墙肢预制墙体间距不小于 10mm。

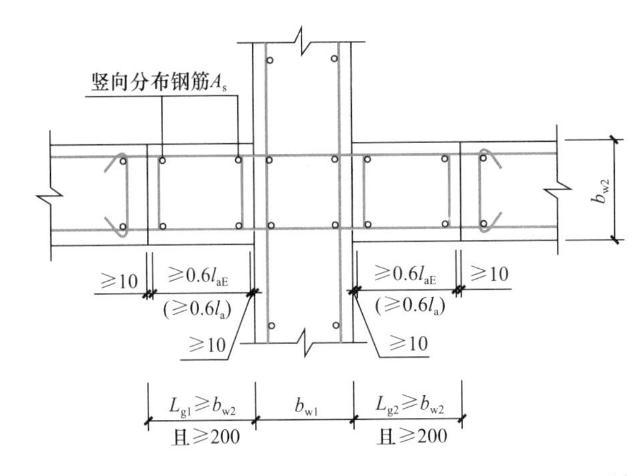

图 5-65　Q7-4——一个方向预制墙贯通，另一个方向为预留 U 形钢筋连接

预留 U 形钢筋搭接形成的矩形角部内侧，设置竖向分布钢筋。后浇段具体宽度和竖向分布钢筋具体规格由设计确定。

5.4.3　有翼墙处和十字形墙处竖向接缝构造详图识读训练

识读预制墙在有翼墙处的竖向接缝构造，完成下列详图识读训练。

（1）以下关于预制墙在有翼墙处的竖向接缝构造形式的描述不正确的是（　　）。

A. 全后浇式构造边缘翼墙　　B. 部分后浇式构造边缘翼墙

C. 全后浇式约束边缘翼墙　　D. 部分后浇式约束边缘翼墙

（2）部分后浇式构造边缘翼墙是指（　　）。

A. 腹墙方向墙体全部预制，并且预留翼墙方向的连接钢筋

B. 翼墙方向墙体全部预制，并且预留腹墙方向的连接钢筋

C. 腹墙和翼墙方向墙体均全部预制

D. 腹墙和翼墙方向墙体均全部现浇

（3）腹墙为预留长U形钢筋，翼墙两墙肢预留135°或90°弯钩钢筋，分别与附加135°或90°弯钩连接钢筋两端搭接连接的全后浇式构造边缘翼墙竖向接缝构造，搭接长度（　　）的抗震锚固长度 l_{aE}（l_a）。

A. 不小于0.6倍　B. 不小于0.8倍　C. 不小于1.0倍　D. 不小于1.2倍

（4）以下部分后浇式构造边缘翼墙竖向接缝构造中，搭接长度不小于抗震锚固长度 l_{aE}（l_a）的是（　　）。

A. 腹墙及翼墙均预留直线钢筋，上下错位搭接

B. 腹墙及翼墙均预留135°或90°弯钩钢筋，上下错位搭接

C. 腹墙及翼墙均预留U形钢筋，分别与附加封闭连接钢筋搭接

D. 腹墙及翼墙均预留135°或90°弯钩钢筋，分别与附加封闭连接钢筋搭接

（5）以下关于约束边缘翼墙竖向接缝构造的描述中不正确的是（　　）。

A. 一般约束边缘翼墙处均为全部现浇区

B. 约束边缘翼墙竖向接缝处需按照设计设置竖向分布钢筋和拉结筋

C. 竖向分布钢筋连接构造不宜采用Ⅰ级接头机械连接

D. 腹墙和翼墙分别设置附加封闭连接钢筋与预留135°或90°弯钩钢筋搭接连接，搭接长度均不小于0.8倍的抗震锚固长度 l_{aE}（l_a）

任务5.5　识读预制墙水平接缝和梁墙连接构造详图

5.5.1　识读预制墙水平接缝和梁墙连接构造详图任务要求

识读给出的预制墙水平接缝构造和连梁及楼（屋）面梁与预制墙连接构造详图，掌握各标准节点连接构造形式。

5.5.2　预制墙水平接缝和梁墙连接基本构造

教学视频

1. 预制墙水平接缝连接构造

（1）Q8-1—预制墙边缘构件的竖向钢筋连接构造

预制墙水平接缝连接构造，包括预制墙边缘构件的竖向钢筋连接构造、预制墙

竖向分布钢筋逐根与部分连接构造、抗剪用钢筋的连接构造、水平后浇带与后浇圈梁构造等。

预制墙边缘构件的竖向钢筋连接构造，边缘构件的竖向钢筋逐根向上预留外伸段与上层边缘构件的竖向钢筋底部灌浆套筒进行连接（图 5-66）。边缘构件的预制混凝土顶部预留水平后浇带或后浇圈梁位置到楼层标高。上层边缘构件的预制混凝土底部预留 20mm 的灌浆填实高度。水平后浇带或后浇圈梁内按设计要求设置边缘构件箍筋和拉筋。

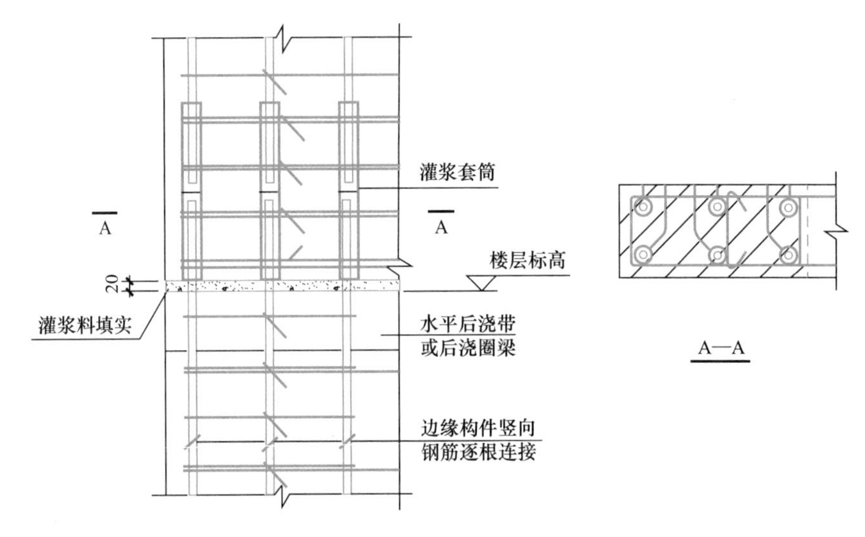

图 5-66　Q8-1—预制墙边缘构件的竖向钢筋连接构造

（2）Q8-2—预制墙竖向分布钢筋逐根连接

预制墙的竖向钢筋逐根向上预留外伸段与上层墙体竖向钢筋底部灌浆套筒进行连接。预制墙顶部预留水平后浇带或后浇圈梁位置到楼层标高。预制墙底部预留 20mm 的灌浆填实高度（图 5-67）。

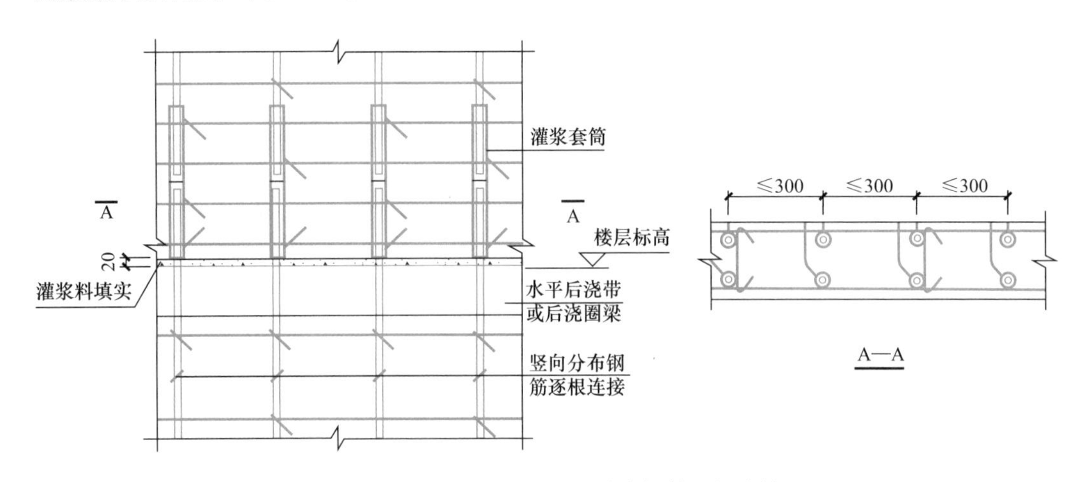

图 5-67　Q8-2—预制墙竖向分布钢筋逐根连接

（3）Q8-3—预制墙竖向分布钢筋部分连接

预制墙的竖向钢筋部分向上预留外伸段与上层墙体竖向钢筋底部灌浆套筒进行连接，被连接的同侧钢筋间距不大于600mm。预制墙顶部预留水平后浇带或后浇圈梁位置到楼层标高。预制墙底部预留20mm的灌浆填实高度（图5-68）。

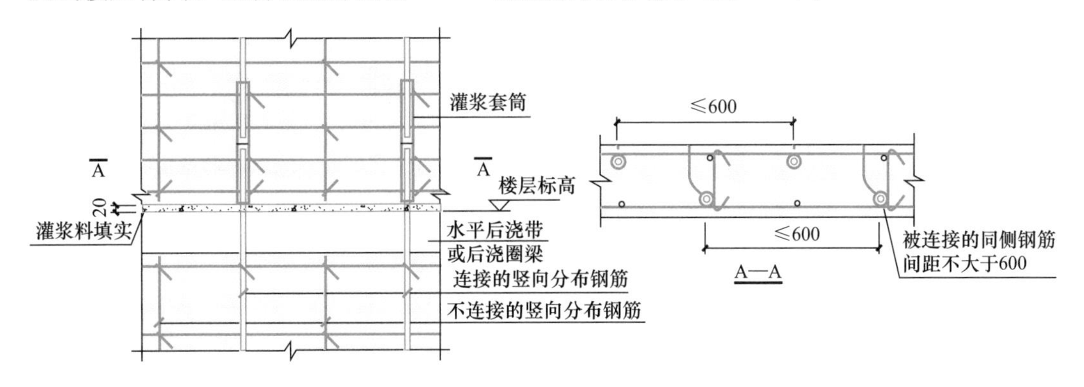

图5-68　Q8-3—预制墙竖向分布钢筋部分连接

（4）Q8-4—抗剪用钢筋的连接构造

抗剪用钢筋的连接构造，预制墙体中预埋抗剪用连接钢筋，预埋深度不小于$15d$（d为抗剪用连接钢筋直径）。抗剪用连接钢筋外伸至上层墙体中通过金属波纹管浆锚连接，连接长度不小于$15d$。预制墙体顶部需预留水平后浇带或后浇圈梁位置到楼层标高。预制墙底部预留20mm的灌浆填实高度（图5-69）。

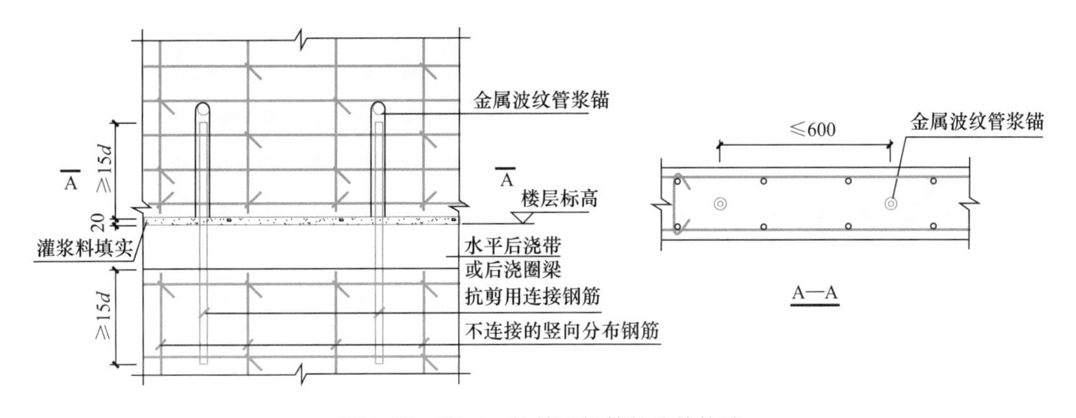

图5-69　Q8-4—抗剪用钢筋的连接构造

（5）Q8-5—预制墙变截面处竖向分布钢筋构造

预制墙变截面处竖向分布钢筋构造，不能与上层钢筋直线连接的竖向分布钢筋伸至水平后浇带或后浇圈梁顶部后弯折$12d$。在与上层钢筋直线连接处预埋连接钢筋，自楼层标高起，连接钢筋伸入下层墙体的长度不小于1.2倍的抗震锚固长度l_{aE}（l_a）（图5-70）。

（6）Q8-6—预制墙竖向钢筋顶部构造

预制墙竖向钢筋顶部构造，竖向钢筋伸至后浇圈梁顶部后弯折$12d$（图5-71）。

（7）Q8-7—水平后浇带构造

水平后浇带宽度应取剪力墙的厚度，高度不应小于楼板厚度。水平后浇带应与现浇或者叠合楼盖浇筑成整体，顶部一般做至楼层标高（图 5-72）。

水平后浇带内应配置不少于 2 根连续纵向钢筋，其直径不宜小于 12mm。

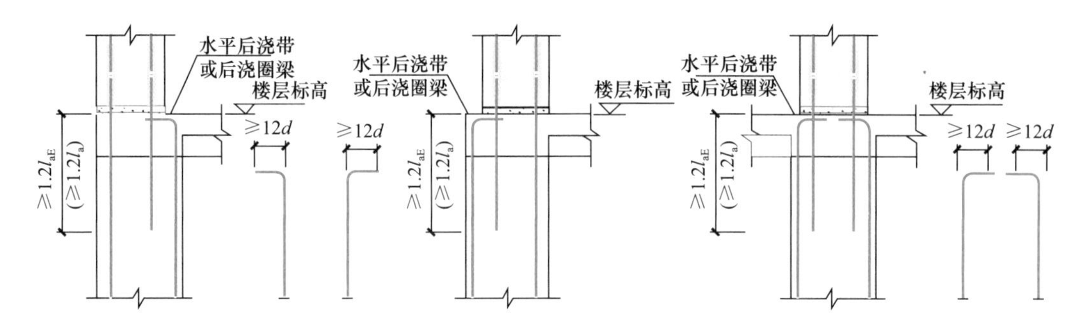

图 5-70　Q8-5—预制墙变截面处竖向分布钢筋构造

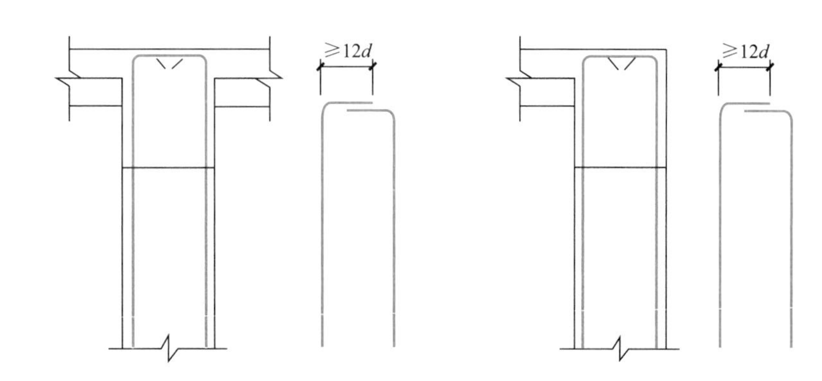

图 5-71　Q8-6—预制墙竖向钢筋顶部构造

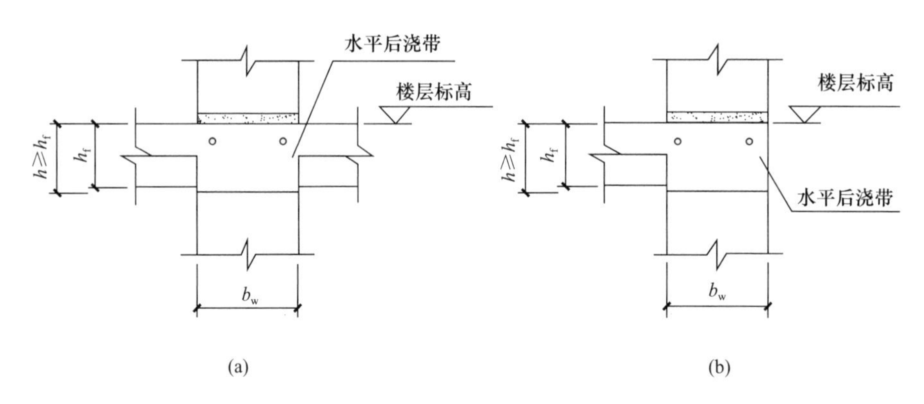

图 5-72　Q8-7—水平后浇带构造

（a）中间节点；（b）端部节点

（8）Q8-8—后浇圈梁构造

后浇圈梁宽度不应小于剪力墙的厚度，截面高度不宜小于楼板厚度及 250mm 的较大值。后浇圈梁应与现浇或者叠合楼（屋）盖浇筑成整体，顶部一般做至楼层（屋面）标高（图 5-73）。

后浇圈梁内配置的纵向钢筋不应少于 4 Φ 12 且连续，纵向钢筋竖向间距不应大于 200mm，箍筋间距不应大于 200mm，且箍筋直径不应小于 8mm。

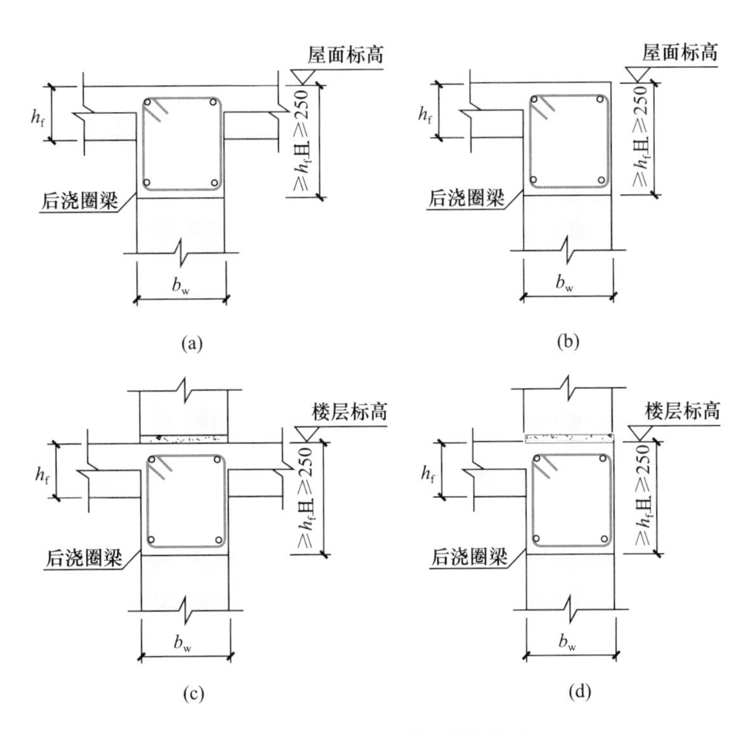

图 5-73 Q8-8—后浇圈梁构造

(a) 顶层中间节点；(b) 顶层端部节点；(c) 楼层中间节点；(d) 楼层端部节点

(9) Q8-9—水平后浇带钢筋构造

水平后浇带纵向钢筋采用搭接连接时，搭接长度不小于1.2倍的抗震锚固长度 l_{aE} (l_a)，相邻纵向钢筋搭接位置错开不小于500mm（图5-74a）。

水平后浇带做转角墙处理时，转角外侧纵向钢筋连续布置，内侧纵向钢筋伸至对向外侧筋内侧后弯折，弯钩长度不小于15d（图5-74b）。

水平后浇带做T形翼墙处理时，翼墙纵向钢筋连续布置，腹墙纵向钢筋伸至翼墙外侧筋内侧后弯折，弯钩长度不小于15d（图5-74c）。

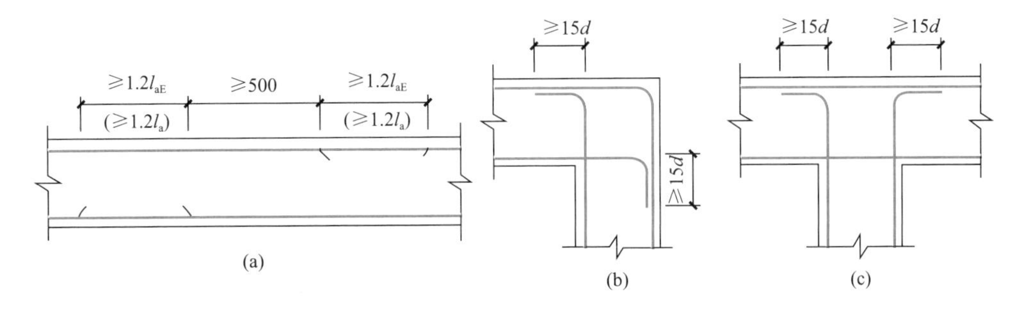

图 5-74 Q8-9— 水平后浇带钢筋构造

(a) 纵向钢筋交错搭接；(b) 转角墙；(c) 有翼墙

(10) Q8-10—后浇圈梁钢筋构造

后浇圈梁纵向钢筋采用搭接连接时，搭接长度不小于1.2倍的抗震锚固长度 l_{aE} (l_a)，相邻纵向钢筋搭接位置错开不小于500mm（图5-75a）。

后浇圈梁做转角墙处理时，转角外侧纵向钢筋连续布置，内侧纵向钢筋伸至对向外侧筋内侧后弯折，弯钩长度不小于 15d。圈梁箍筋距离边缘构件区域 50mm 开始布置（图 5-75b）。

后浇圈梁做 T 形翼墙处理时，翼墙纵向钢筋连续布置，腹墙纵向钢筋伸至翼墙外侧筋内侧后弯折，弯钩长度不小于 15d。圈梁箍筋距离边缘构件区域 50mm 开始布置（图 5-75c）。

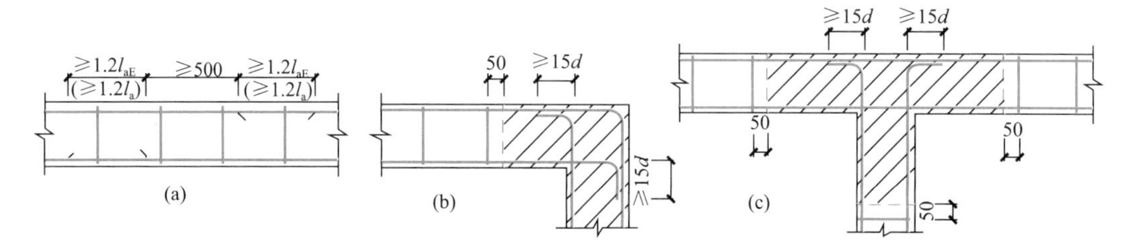

图 5-75　Q8-10—后浇圈梁钢筋构造

（a）纵向钢筋交错搭接；（b）转角墙；（c）有翼墙

（11）Q8-11—水平后浇带与梁的纵向钢筋搭接构造

水平后浇带与预制梁或现浇梁的上部纵向钢筋搭接，搭接长度不小于纵向受拉钢筋抗震搭接长度 l_{lE}(l_l)（图 5-76）。

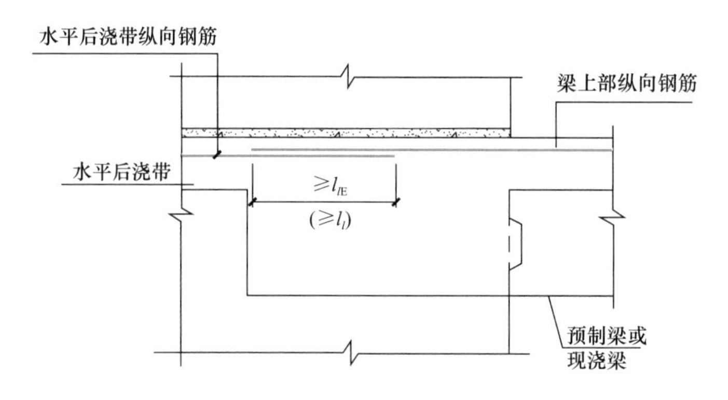

图 5-76　Q8-11—水平后浇带与梁的纵向钢筋搭接构造

（12）Q8-12—后浇圈梁与梁的纵向钢筋搭接构造

后浇圈梁上部纵筋与预制梁或现浇梁的上部纵向钢筋搭接，搭接长度不小于纵向受拉钢筋抗震搭接长度 l_{lE}(l_l)。后浇圈梁下部纵筋需伸至预制梁或现浇梁内(图 5-77)。

2. 连梁及楼（屋）面梁与预制墙连接构造

教学视频

连梁及楼（屋）面梁与预制墙连接构造，包括预制连梁与墙后浇段连接构造、预制连梁与缺口墙连接构造、后浇连梁与预制墙连接构造、预制连梁对接连接构造和预制墙中部缺口处构造。

其中预制连梁与墙后浇段连接构造，是指预制墙设置竖向后浇段，预制连梁纵筋在后浇段内锚固的构造形式，分为预制连梁纵筋锚固采用机械连接和预制连梁纵筋在后浇段内锚固两种形式。

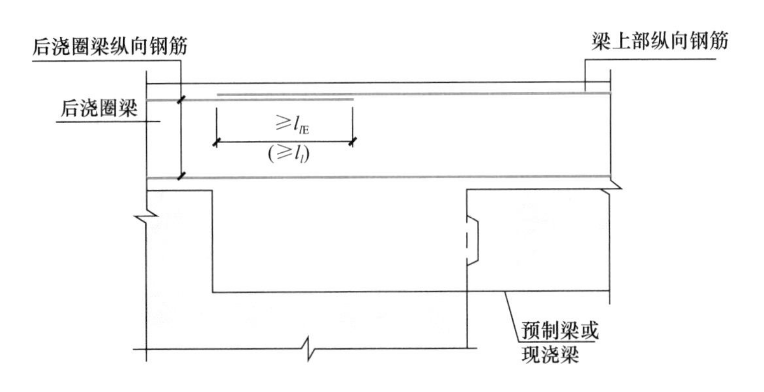

图 5-77 Q8-12—后浇圈梁与梁的纵向钢筋搭接构造

（1）Q9-1—预制连梁与墙后浇段连接构造，预制连梁纵筋锚固段采用机械连接

预制连梁纵筋锚固采用机械连接的预制连梁与墙后浇段连接构造，预制连梁端面设置键槽，无外伸纵筋，但在相应位置处预埋钢筋机械连接接头，对于连梁底部纵筋需预埋钢筋Ⅰ级机械连接接头，通过机械连接接头接长纵筋，伸入预制墙竖向后浇段内锚固或搭接。

其中，预制连梁底部纵筋锚固长度不小于抗震锚固长度 l_{aE}(l_a)，且不小于 600mm。预制连梁腰筋与墙水平分布筋搭接连接，搭接长度不小于 1.2 倍的抗震锚固长度 l_{aE}(l_a)。预制连梁上部纵筋与水平后浇带纵筋或后浇圈梁上部纵筋在墙后浇段内搭接，搭接长度不小于纵向受拉钢筋抗震搭接长度 l_{lE}(l_l)。

预制墙竖向后浇段内按照墙体和边缘构件要求设置竖向分布钢筋、箍筋和拉结筋。顶层范围的预制连梁与墙后浇段连接时，支座范围布置连梁纵筋，可采用倒 U 形开口箍筋形式，间距不大于 150mm（图 5-78）。

（2）Q9-2—预制连梁与预制墙后浇段连接构造，预制连梁纵筋在后浇段内锚固

预制连梁纵筋在后浇段内锚固的预制连梁与墙后浇段连接构造，预制连梁端面设置

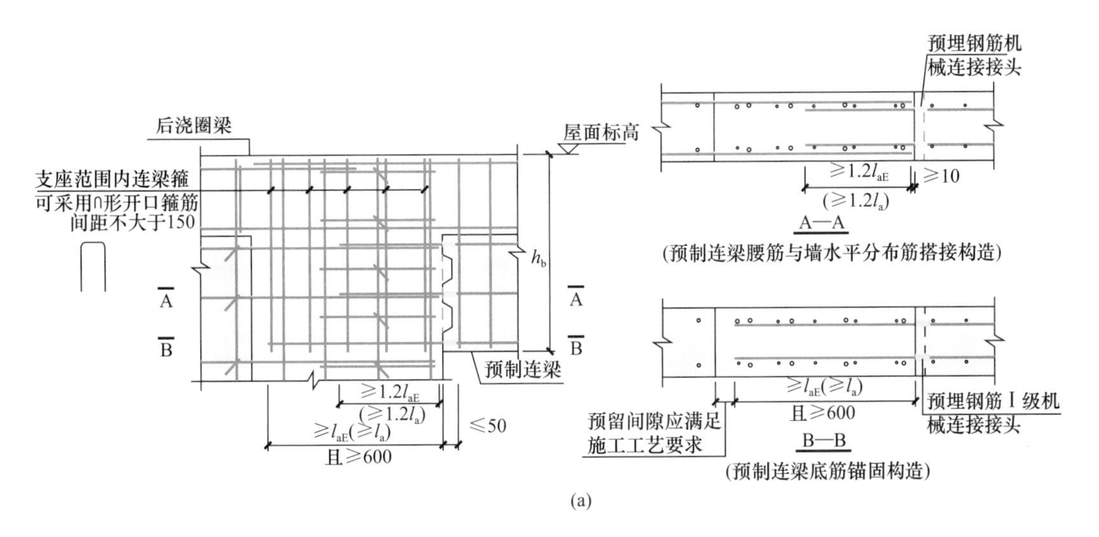

图 5-78 Q9-1—预制连梁与墙后浇段连接构造，预制连梁纵筋锚固段采用机械连接（一）

（a）顶层

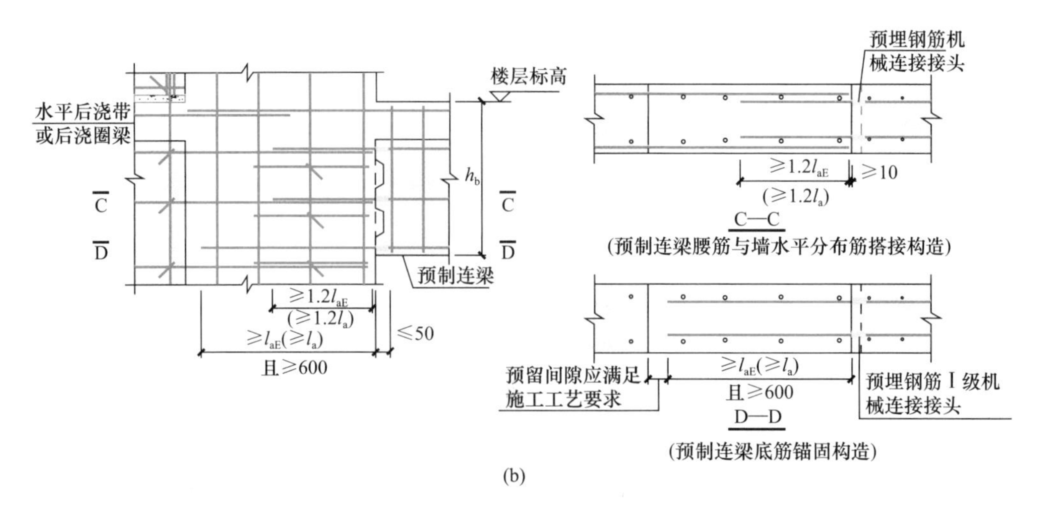

图 5-78　Q9-1—预制连梁与墙后浇段连接构造，预制连梁纵筋锚固段采用机械连接（二）
（b）中间层

键槽，并预留外伸纵筋，伸入预制墙竖向后浇段内锚固或搭接，基本构造要求与预制连梁纵筋锚固采用机械连接的预制连梁与墙后浇段连接构造要求相同（图 5-79）。

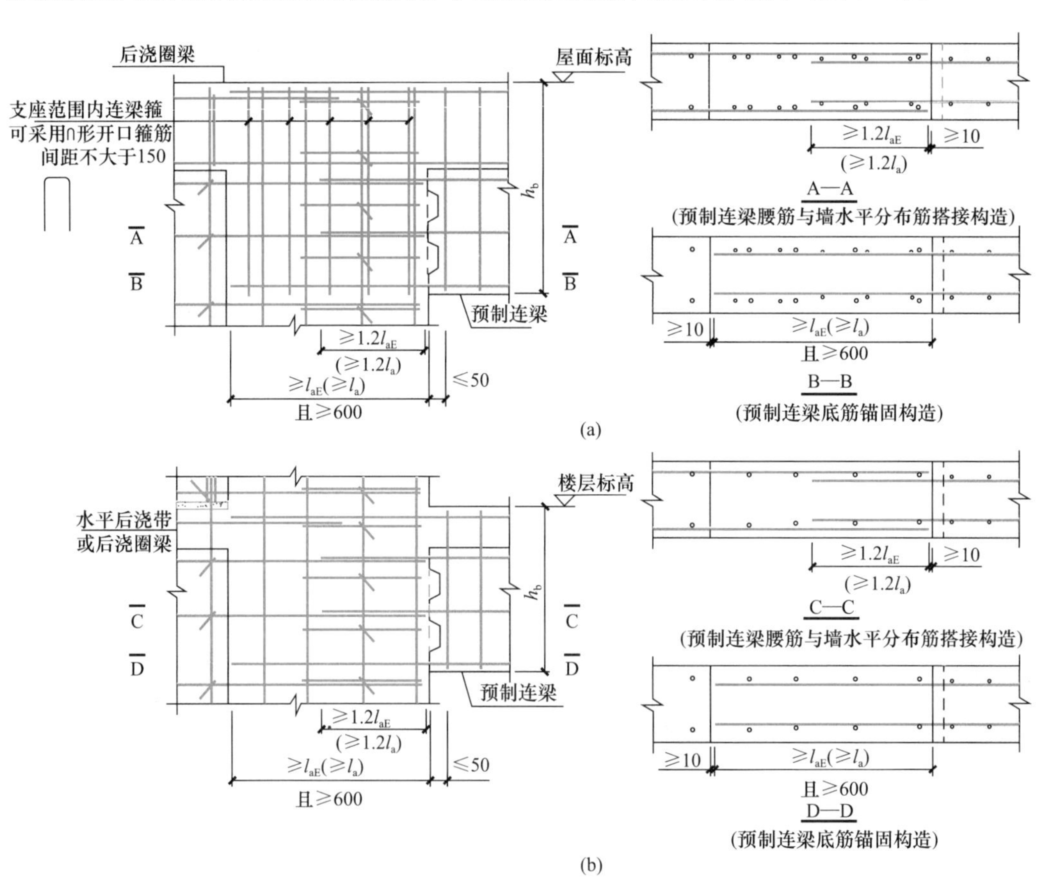

图 5-79　Q9-2—预制连梁与预制墙后浇段连接构造，预制连梁纵筋在后浇段内锚固
（a）顶层；（b）中间层

（3）Q9-3—预制连梁与缺口墙连接构造，预制连梁纵筋锚固段采用机械连接

预制连梁与缺口墙连接构造是指预制墙仅在预制连梁高度区设置一定长度后浇区段，形成缺口墙形式，预制连梁与缺口后浇区段钢筋进行构造连接的构造形式，也分为连梁纵筋锚固采用机械连接（图5-80）和预制连梁纵筋在缺口内锚固（图5-81）两种形式。其基本构造要求与预制连梁纵筋与预制墙后浇段连接构造形式相同。

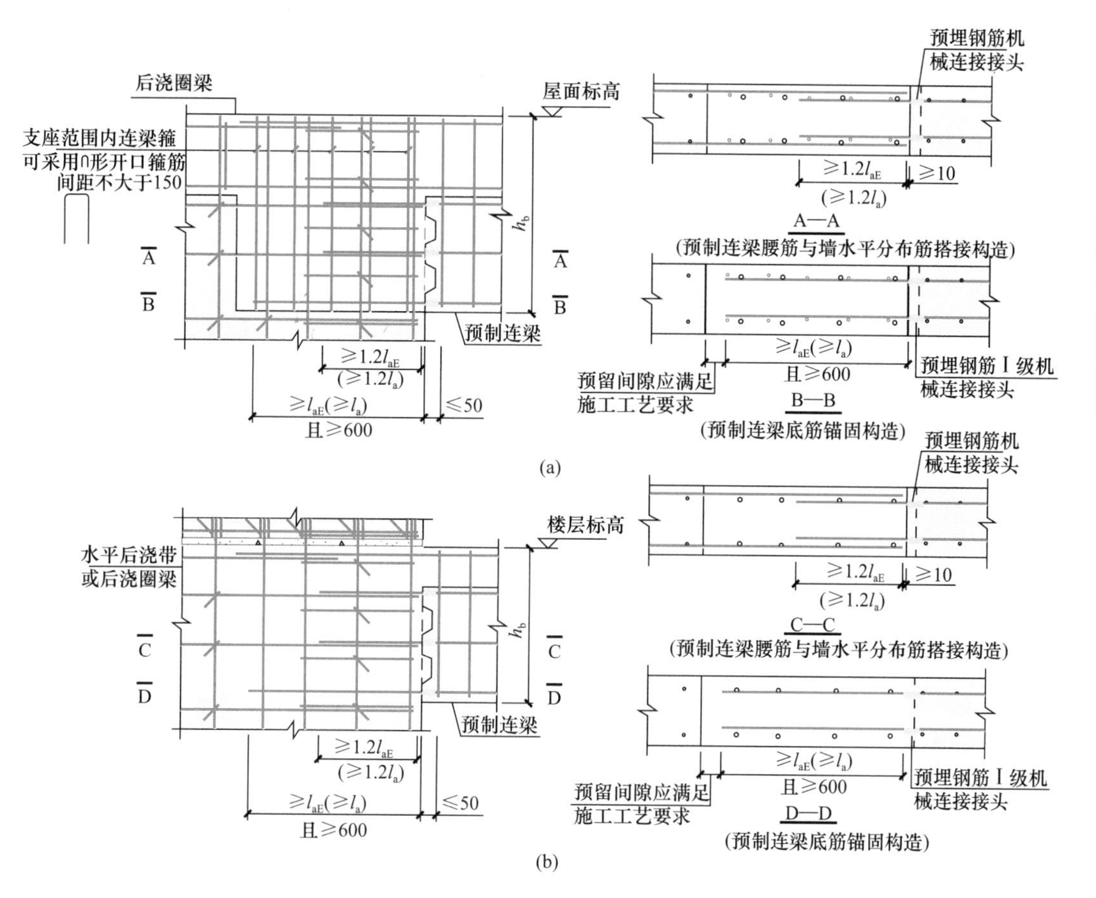

图5-80　Q9-3—预制连梁与缺口墙连接构造，预制连梁纵筋锚固段采用机械连接

（a）顶层；（b）中间层

（4）Q9-4—预制连梁与缺口墙连接构造，预制连梁预留纵筋在缺口内锚固（图5-81）

（5）Q9-5—后浇连梁与预制墙连接构造

后浇连梁与预制墙连接构造，预制墙与后浇连梁对接区墙体设置键槽。连梁底部纵筋对应位置处墙体中预埋锚固钢筋和Ⅰ级钢筋机械连接接头，墙体内锚固长度不小于抗震锚固长度 l_{aE}(l_a)，且不小于600mm。连梁腰筋对应的墙体水平分布筋预埋钢筋机械连接接头。后浇连梁底部纵筋和腰筋分别通过相应的机械连接接头与墙体钢筋连接，连梁上部纵筋与水平后浇带或后浇圈梁纵筋连接。后浇连梁箍筋距离预制墙体50mm开始布置。

顶层后浇连梁与预制墙的连接，预制墙体中支座位置处需预埋连梁箍筋，自墙体外表面50mm开始布置，间距不大于150mm（图5-82）。

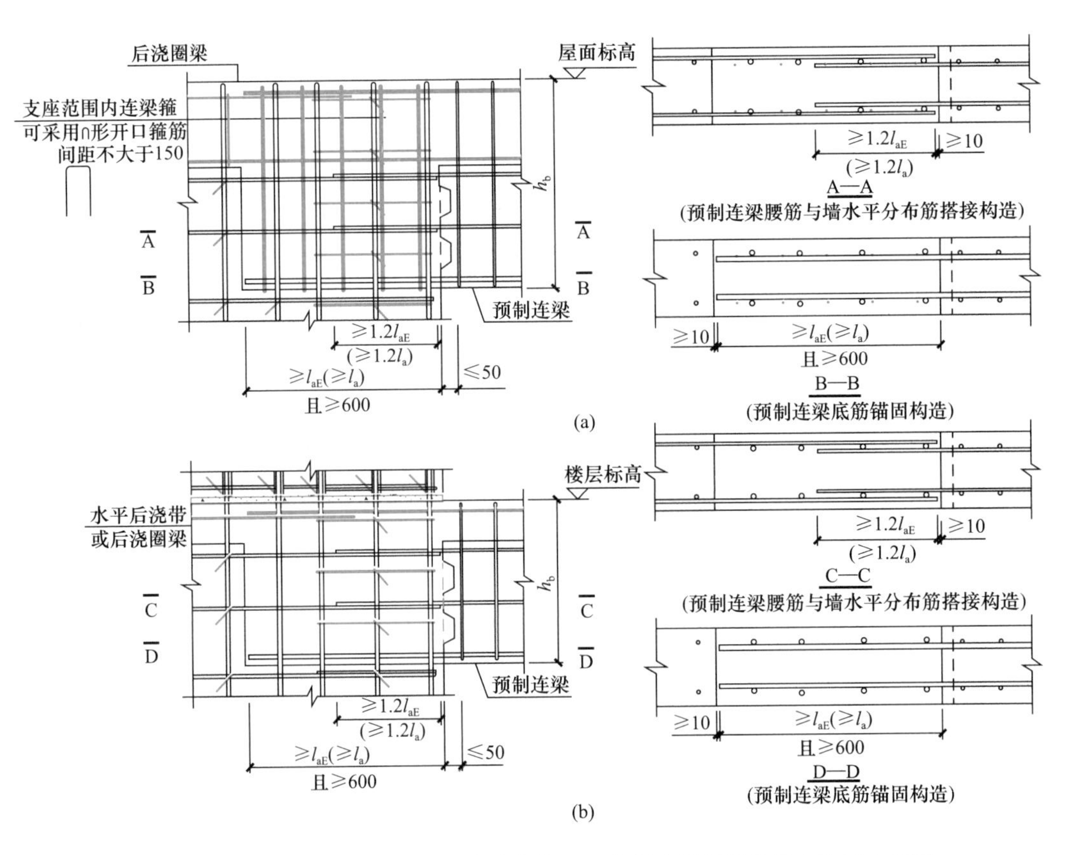

图 5-81 Q9-4—预制连梁与缺口墙连接构造，预制连梁预留纵筋在缺口内锚固

（a）顶层；（b）中间层

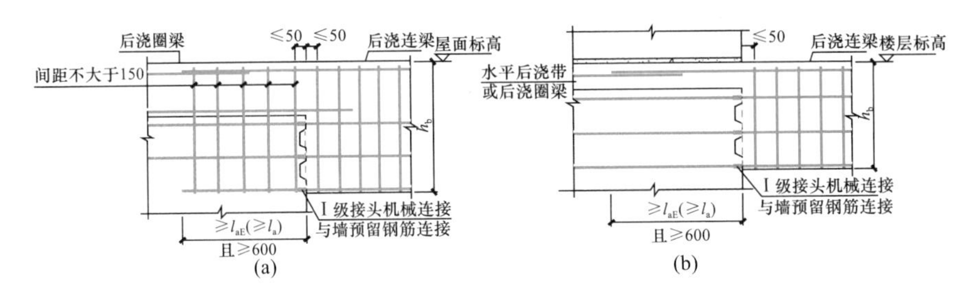

图 5-82 Q9-5—后浇连梁与预制墙连接构造

（a）顶层；（b）中间层

（6）Q9-6—预制连梁对接连接构造

预制连梁对接连接构造，连梁对接面设置键槽，对接位置设置后浇段，两对接连梁纵筋通过绑扎搭接、机械连接或套筒灌浆对接连接。

当对接连梁纵筋采用机械连接时，底部纵筋应采用Ⅰ级钢筋机械连接接头。当对接连梁纵筋采用绑扎搭接时，接头搭接长度不小于受拉钢筋抗震搭接长度 $l_{lE}(l_l)$。

后浇带内箍筋自连梁端面 50mm 处开始布置，间距不应大于 5d（d 为搭接的梁纵向钢筋的最小直径），且不应大于 100mm（图 5-83）。

（7）Q9-7—预制墙中部缺口处构造

预制墙中部缺口处构造，是指墙顶部缺口构造。当洞口高度不大于 800mm 时，墙体竖向钢筋不切断，外伸至上层墙体处，与上层墙体钢筋连接。墙体水平筋切断处理，在洞口上下两边每边配置2根直径不小于12mm且不小于被切断水平钢筋总面积50%的补强钢筋，钢筋种类与被切断钢筋相同。洞口下边的补强钢筋需要在构件预制时预埋，洞口上边的补强钢筋与墙体搭接长度不小于抗震锚固长度 l_{aE}(l_a)。洞口内设置暗柱箍筋，具体规格由设计确定（图5-84）。

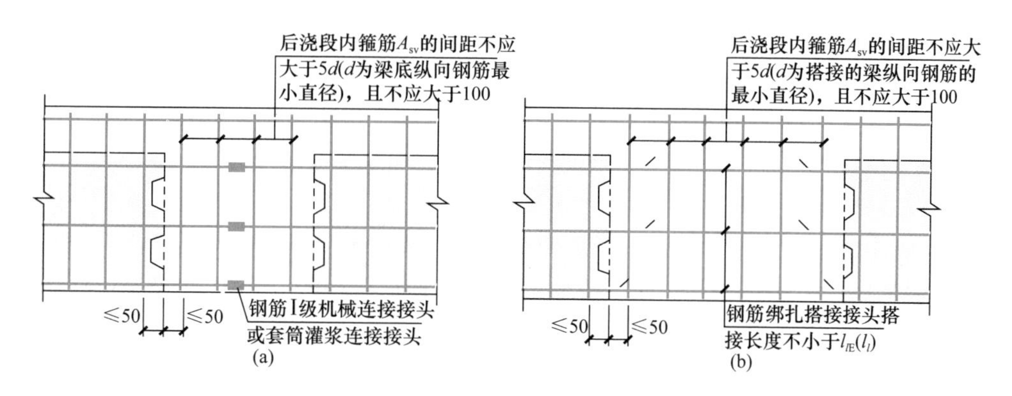

图5-83 Q9-6—预制连梁对接连接构造

（a）钢筋机械连接或套筒灌浆连接；（b）钢筋绑扎搭接

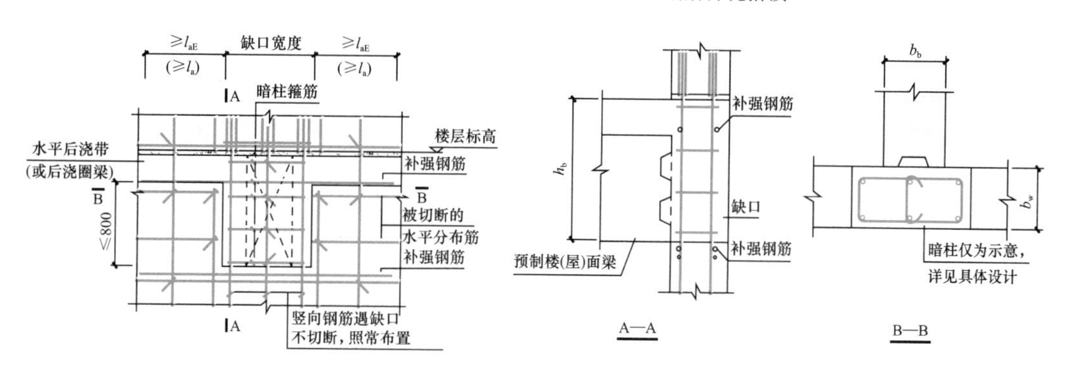

图5-84 Q9-7—预制墙中部缺口处构造

5.5.3 预制墙水平接缝详图识读训练

识读预制墙水平接缝构造详图，完成下列详图识读训练。

（1）以下关于预制墙竖向分布钢筋部分连接的描述中不正确的是（　　）。

A. 两侧网片的竖向钢筋交错向上预留外伸段

B. 外伸段与上层墙体的竖向钢筋机械连接

C. 预制混凝土顶部预留水平后浇带或后浇圈梁位置至楼层标高

D. 预制混凝土底部预留20mm的灌浆填实高度

（2）以下关于水平后浇带构造的描述中不正确的是（　　）。

A. 宽度应取剪力墙的厚度　　B. 高度不应小于楼板厚度

C. 配置不少于2根连续纵向钢筋　　D. 纵向钢筋直径不宜大于12mm

（3）以下关于后浇圈梁构造的描述中不正确的是（　　）。

A. 宽度应取剪力墙的厚度

B. 截面高度不宜小于楼板厚度及250mm的较大值

C. 配置的纵向钢筋不应少于4Φ12根连续钢筋

D. 箍筋间距不应小于200mm，且箍筋直径不应小于8mm

（4）以下水平后浇带钢筋构造的描述中不正确的是（　　）。

A. 纵向钢筋采用搭接连接时，搭接长度不小于1.2倍的抗震锚固长度 l_{aE}（l_a）

B. 相邻纵向钢筋交错搭接，搭接区段间距不小于500mm

C. 做转角墙处理时，转角内侧纵向钢筋连续布置

D. 做T形翼墙处理时，翼墙纵向钢筋连续布置

（5）以下后浇圈梁钢筋构造的描述中不正确的是（　　）。

A. 纵向钢筋采用搭接连接时，搭接长度不小于1.2倍的抗震锚固长度 l_{aE}（l_a）

B. 相邻纵向钢筋交错搭接，搭接区段间距不小于500mm

C. 做转角墙处理时，转角外侧纵向钢筋连续布置

D. 做T形翼墙处理时，圈梁箍筋在翼墙处贯通布置

小　结

通过本部分的学习，要求学生掌握预制墙连接节点的构造形式和识读方法，能够进行预制墙连接节点详图的识读。

任务6

识读楼盖连接节点详图

【教学目标】 熟悉双向叠合板整体式接缝、边梁支座板端连接、中间梁支座板端连接、剪力墙边支座板端连接、剪力墙中间支座板端连接、单向叠合板板侧连接、悬挑叠合板连接、叠合梁后浇段对接连接、主次梁连接边节点、主次梁连接中间节点、楼面梁与剪力墙平面外连接中间节点和楼面梁与剪力墙平面外连接边节点构造形式，掌握楼盖连接节点详图的识读方法，能够正确识读楼盖连接节点详图。树立主人翁意识，培养自觉担当的工作精神。

本学习任务选取标准图集《装配式混凝土结构连接节点构造（楼盖和楼梯）》15G310-1 中的节点基本构造要求、叠合板连接构造和叠合梁连接构造进行图纸识读任务练习。通过任务训练，使学生熟悉图集中装配式混凝土楼盖连接构造节点标准做法，掌握装配式混凝土楼盖连接构造详图的识读方法，为识读实际工程相关图纸打好基础。

任务 6.1　识读叠合板板间及梁支座板端连接节点构造详图

6.1.1　叠合板板间及梁支座板端连接节点构造详图识读要求

熟悉叠合板连接基本构造规定，识读双向叠合板整体式接缝构造、边梁支座板端连接构造和中间梁支座板端连接构造节点详图，掌握各种节点连接构造形式。

6.1.2　叠合板板间及梁支座板端连接节点基本构造

1. 叠合板节点基本构造规定

（1）预制构件端部在支座处放置

预制构件端部均与其支座构件贴边放置，即在图 6-1 中，$a=0$，$b=0$。当预制构件端部伸入支座放置时，a 不宜大于 20mm，b 不宜大于 15mm。当板或次梁搁置在支座构件上时，搁置长度由设计确定。

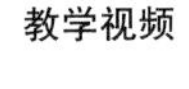

（2）叠合板板底纵筋排布

如图 6-2 所示，叠合板内最外侧板底纵筋距离板边不大于 50mm，后浇接缝内底部纵筋起始位置距离板边不大于板筋间距的一半。

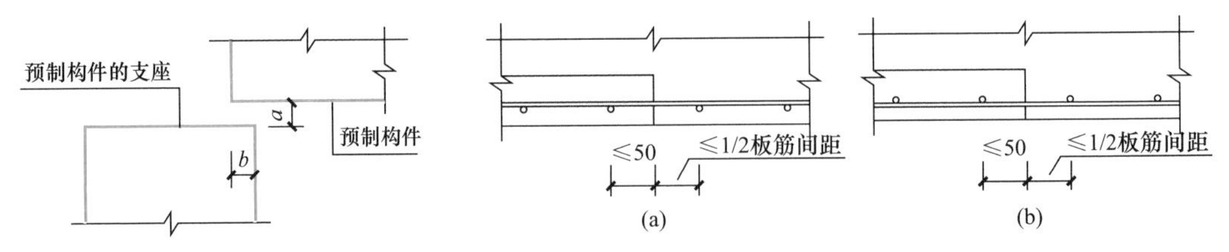

图 6-1　预制构件端部在支座处放置示意图

图 6-2　叠合板板底纵筋排布

（3）预制板与后浇混凝土的结合面

如图 6-3 所示，当预制板间采用后浇段连接时，预制板板顶及板侧均需设粗糙面。当预制板间采用密拼接缝连接时，仅预制板板顶设粗糙面。

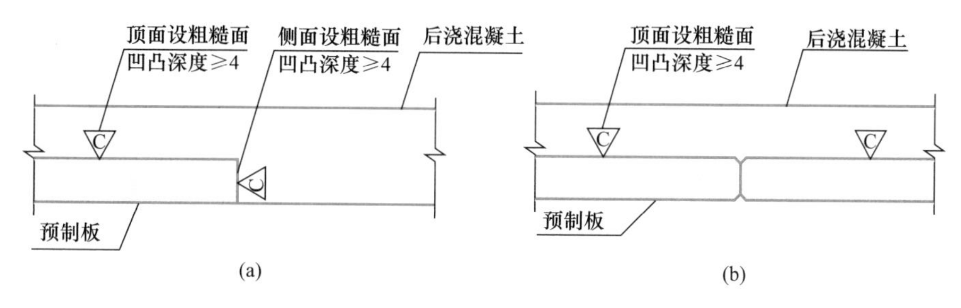

图6-3 预制板与后浇混凝土结合面

（a）采用后浇段连接；（b）采用密拼接缝

当结合面设粗糙面时，粗糙面的面积不宜小于结合面的80%。

2. 双向叠合板整体式接缝连接构造

双向叠合板整体式接缝连接构造是指两相邻双向叠合板之间的接缝处理形式。图集中给出了四种后浇带形式的接缝和密拼接缝共五种连接构造形式，具体选用形式由设计图纸确定。

后浇带形式的双向叠合板整体式接缝是指两相邻叠合板之间留设一定宽度的后浇带，通过浇筑后浇带混凝土使相邻两叠合板连成整体的连接构造形式。双向叠合板的后浇带接缝宜设置在受力较小部位，后浇带接缝宽度可根据设计需要调整，但一般不小于200mm。后浇带形式的接缝适用于叠合板板底有外伸纵筋的情况，主要需要处理的是板底纵筋的搭接问题。

后浇带形式的双向叠合板整体式接缝包括板底纵筋直线搭接、板底纵筋末端带135°弯钩连接、板底纵筋末端带90°弯钩搭接和板底纵筋弯折锚固四种接缝形式。

（1）B1-1—板底纵筋直线搭接

两侧板底均预留外伸直线纵筋，以交错搭接形式进行连接（图6-4）。板底外伸纵筋搭接长度不小于纵向受拉钢筋搭接长度 l_l（由板底外伸纵筋直径确定），且外伸纵筋末端距离另一侧板边不小于10mm。后浇带接缝处设置顺缝板底纵筋，位于外伸板底纵筋以下，和外伸板底纵筋一起构成接缝网片，顺缝板底纵筋具体钢筋规格由设计确定。板面钢筋网片跨接缝贯通布置，一般顺缝方向板面纵筋在上，垂直接缝方向板面纵筋在下。

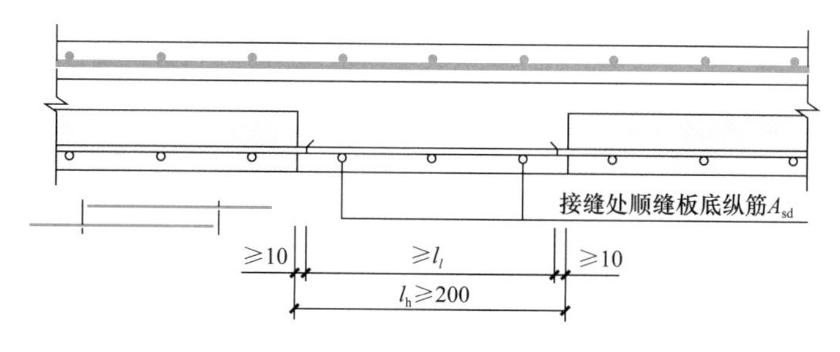

图6-4 B1-1—板底纵筋直线搭接

（2）B1-2—板底纵筋末端带135°弯钩连接

两侧板底均预留末端带135°弯钩的外伸纵筋，以交错搭接形式进行连接（图6-5）。

预留弯钩外伸纵筋搭接长度不小于受拉钢筋锚固长度 l_a（由板底外伸纵筋直径确定），且外伸纵筋末端距离另一侧板边不小于 10mm。顺缝板底纵筋及板面钢筋网片的设置与 B1-1 构造形式相同。

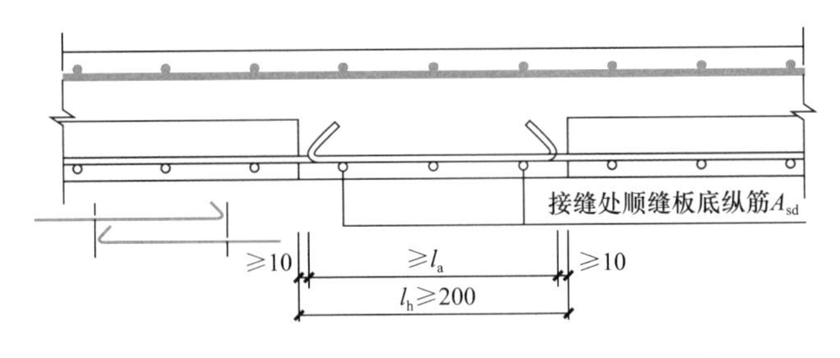

图 6-5　B1-2—板底纵筋末端带 135°弯钩连接

（3）B1-3—板底纵筋末端带 90°弯钩搭接

板底纵筋末端带 90°弯钩搭接与板底纵筋末端带 135°弯钩连接要求相同，只是板底预留的外伸纵筋末端为 90°弯钩（图 6-6）。

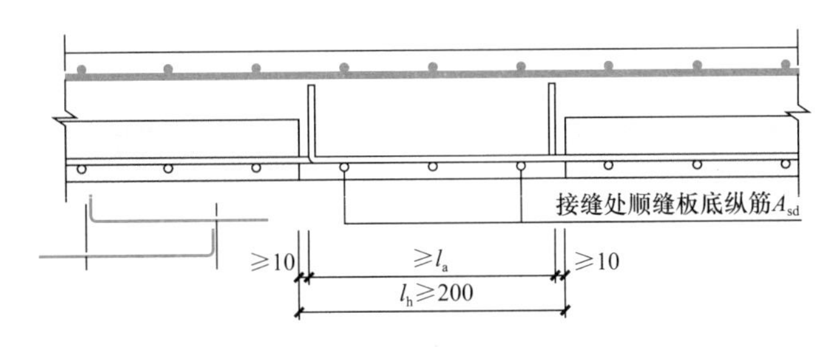

图 6-6　B1-3—板底纵筋末端带 90°弯钩连接

（4）B1-4—板底纵筋弯折锚固

两侧板底预留外伸纵筋 30°弯起，后弯折与板面纵筋搭接（图 6-7）。预留外伸纵筋弯折折角处需附加 2 根顺缝方向通长构造钢筋，其直径不小于 6mm，且不小于该方向预制板内钢筋直径。板底预留外伸纵筋自弯折折角处起长度不小于受拉钢筋锚固长度 l_a。顺缝板底纵筋及板面钢筋网片的设置与 B1-1 构造形式相同。

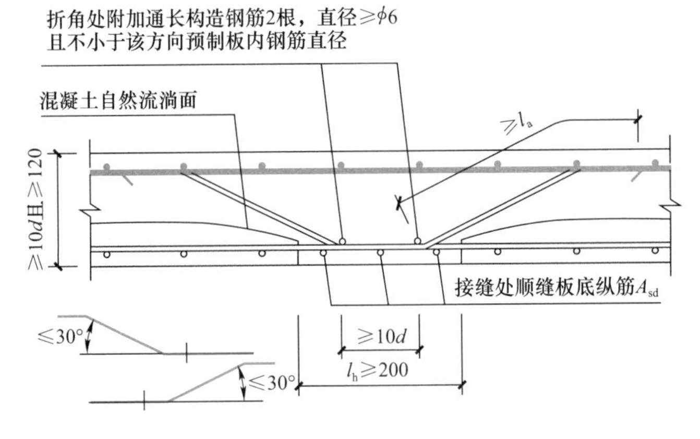

图 6-7　B1-4—板底纵筋弯折锚固

（5）B1-5—整体式密拼接缝

双向叠合板整体式密拼接缝是指相邻两桁架叠合板紧贴放置，不留空隙的接缝连接形式（图 6-8），适用于桁架钢筋叠合板板筋无外伸（垂直桁架方向），且叠合板现浇层混凝土厚度不小于 80mm 的情况。密拼接缝处需紧贴叠合板预制混凝土面设置垂直于接缝方向的板底连接纵筋和平行于接缝方向的附加通长构造钢筋。板底连接纵筋在下，附加通长构造钢筋在上，形成密拼接缝网片。其中，板底连接纵筋与两预制板同方向钢筋搭接长度均不小于纵向受拉钢筋搭接长度 l_l，钢筋级别、直径和间距需设计确定。附加通长构造钢筋需满足直径不小于 4mm，间距不大于 300mm 的要求。板面钢筋网片跨接缝贯通布置，与 B1-1 构造形式相同。

双向叠合板整体式密拼接缝也称板底纵筋间接搭接。

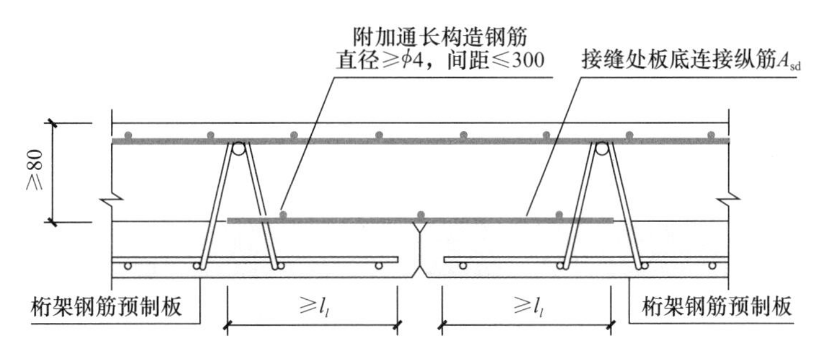

图 6-8 B1-5—整体式密拼接缝

3. 边梁支座板端连接构造

教学视频

边梁支座板端连接构造可分为预制板留有外伸板底纵筋的边梁支座板端连接构造和预制板无外伸板底纵筋的边梁支座板端连接构造两种构造形式。

（1）B2-1—预制板留有外伸板底纵筋

留有外伸板底纵筋的叠合板与边梁支座贴边放置（图 6-9），叠合板预留外伸板底纵筋伸至梁内不小于 5d，且至少到梁中线。板面纵筋在端支座处应伸至梁外侧纵筋（角筋）内侧后弯折，弯折长度为 15d。当设计充分利用钢筋强度时，板面纵筋伸至端

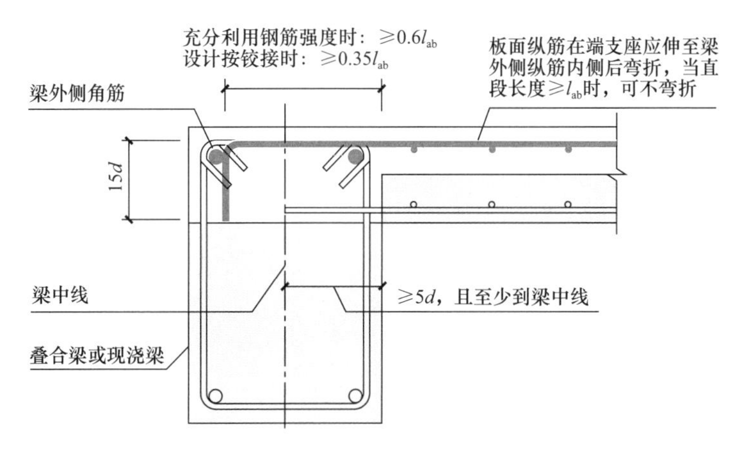

图 6-9 B2-1—预制板留有外伸板底纵筋

支座内直段长度不小于 0.6 倍的受拉钢筋基本锚固长度 l_{ab}。当设计按铰接处理时，板面纵筋伸至端支座内直段长度不小于 0.35 倍的受拉钢筋基本锚固长度 l_{ab}。当板面纵筋伸至端支座内直段长度不小于受拉钢筋锚固长度时 l_a，可不弯折。

（2）B2-2—预制板无外伸板底纵筋

预制板无外伸板底纵筋的边梁支座板端连接构造适用于叠合板底板为桁架钢筋预制板，且叠合板现浇层混凝土厚度不小于 80mm 的情况。无外伸板底纵筋的桁架钢筋叠合板与边梁支座贴边放置（图 6-10），叠合板预制混凝土面处设置垂直于接缝方向的板底连接纵筋和平行于接缝方向的附加通长构造钢筋。板底连接纵筋在下，附加通长构造钢筋在上。板底连接纵筋需伸至支座梁内不小于 $15d$，且至少到支座梁中线。板底连接纵筋与叠合板内同向板底筋的搭接长度需不小于纵向受拉钢筋连接长度 l_l。附加通长构造钢筋仅布置在叠合板现浇区范围内，直径不小于 4mm，间距不大于 300mm。板面纵筋的设置要求与 B2-1 构造形式相同。

图 6-10　B2-2—预制板无外伸板底纵筋

教学视频

4. 中间梁支座板端连接构造

中间梁支座板端连接构造共六种构造形式。

（1）B3-1—预制板留有外伸板底纵筋

留有外伸板底纵筋的叠合板与中间梁支座贴边放置（图 6-11）。叠合板预留外伸板底纵筋伸至梁内不小于 $5d$，且至少到梁中线。板面纵筋跨支座贯通布置。

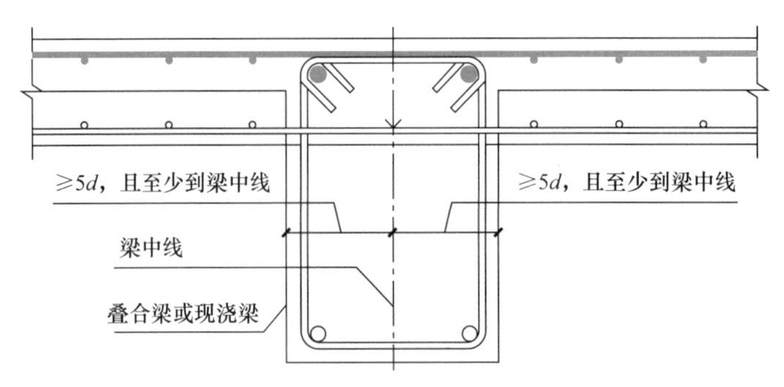

图 6-11　B3-1—预制板留有外伸板底纵筋

(2) B3-2—预制板无外伸板底纵筋

预制板无外伸板底纵筋的中间梁支座板端连接构造适用于叠合板底板为桁架钢筋预制板，且叠合板现浇层混凝土厚度不小于 80mm 的情况。无外伸板底纵筋的桁架钢筋叠合板与中间梁支座贴边放置（图 6-12），叠合板预制混凝土面处设置垂直于接缝方向的板底连接纵筋和平行于接缝方向的附加通长构造钢筋。板底连接纵筋在下，附加通长构造钢筋在上。板底连接纵筋跨支座贯通布置，与叠合板内同向板底筋的搭接长度需不小于纵向受拉钢筋连接长度 l_l。附加通长构造钢筋仅布置在叠合板现浇区范围内，需满足直径不小于 4mm，间距不大于 300mm。板面纵筋跨支座贯通布置。

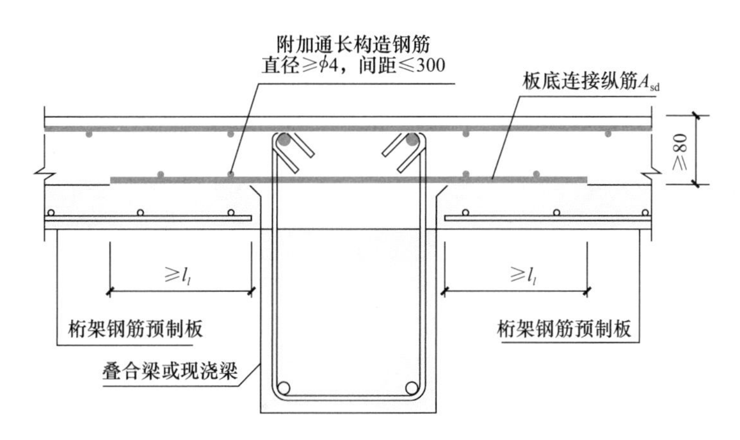

图 6-12 B3-2—预制板无外伸板底纵筋

(3) B3-3—板顶有高差，预制板留有外伸板底纵筋

留有外伸板底纵筋的叠合板与中间梁支座贴边放置（图 6-13），叠合板预留外伸板底纵筋的处理方式与 B3-1 构造形式相同。中间梁支座两侧的板面纵筋需要根据板顶高程情况区别处理：板顶较低的一侧，板面纵筋伸入支座梁后直锚即可，锚固长度不小于受拉钢筋锚固长度 l_a；板顶较高的一侧，板面纵筋伸入支座梁对向纵筋内侧后弯折，弯折长度为 $15d$，同时还需保证板面纵筋伸入支座梁内直段长度不小于 0.6 倍的受拉钢筋基本锚固长度 l_{ab}，当板面纵筋伸入支座梁内直段长度不小于受拉钢筋锚固长度 l_a 时，可不弯折。

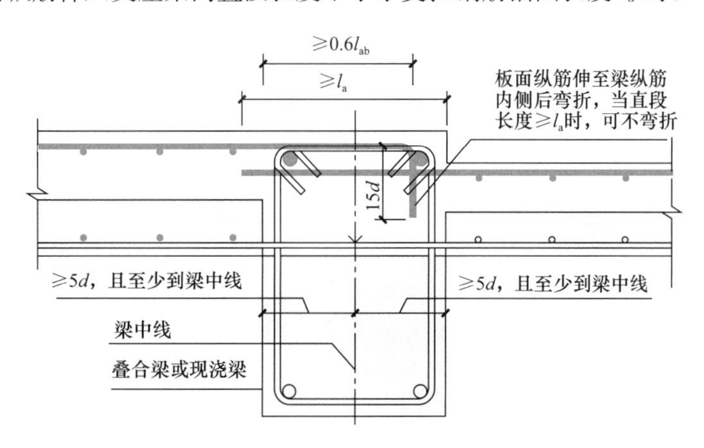

图 6-13 B3-3—板顶有高差，预制板留有外伸板底纵筋

(4) B3-4—板顶有高差，预制板无外伸板底纵筋

预制板无外伸板底纵筋同时板顶有高差的中间梁支座板端连接构造，适用于叠合板底板为桁架钢筋预制板，且叠合板现浇层混凝土厚度不小于 80mm 的情况。无外伸板底纵筋的叠合板与中间梁支座贴边放置（图 6-14），两侧叠合板预制混凝土面处分别设置垂直于接缝方向的板底连接纵筋和平行于接缝方向的附加通长构造钢筋，构造要求与 B2-2 构造形式相同。中间梁支座两侧的板面纵筋处理方式与 B3-3 构造形式相同。

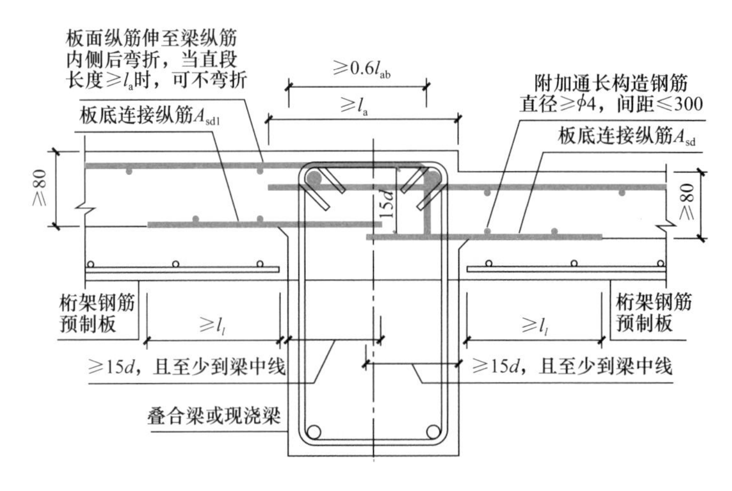

图 6-14　B3-4—板顶有高差，预制板无外伸板底纵筋

(5) B3-5—板底有高差，预制板留有外伸板底纵筋

留有外伸板底纵筋的叠合板与中间梁支座贴边放置（图 6-15）。两侧叠合板预留外伸板底纵筋的处理方式与 B2-1 构造形式相同。板面纵筋跨支座贯通布置。

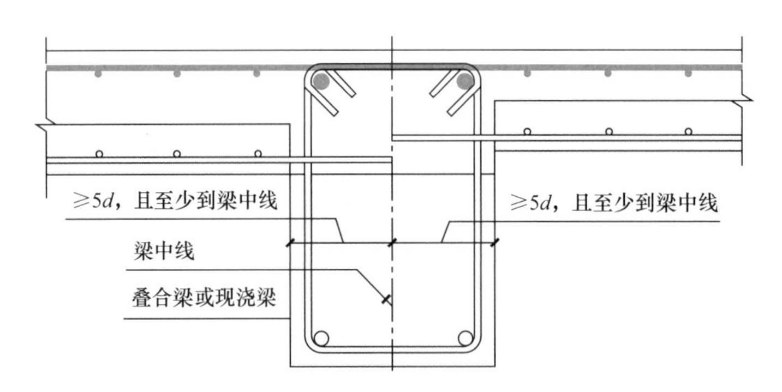

图 6-15　B3-5—板底有高差，预制板留有外伸板底纵筋

(6) B3-6—板底有高差，预制板无外伸板底纵筋

预制板无外伸板底纵筋同时板底有高差的中间梁支座板端连接构造，适用于叠合板底板为桁架钢筋预制板，且叠合板现浇层混凝土厚度不小于 80mm 的情况。无外伸板底纵筋的叠合板与中间梁支座贴边放置（图 6-16），两侧叠合板预制混凝土面处分别设置垂直于接缝方向的板底连接纵筋和平行于接缝方向的附加通长构造钢筋，构造要求与 B2-2 构造形式相同。板面纵筋跨支座贯通布置。

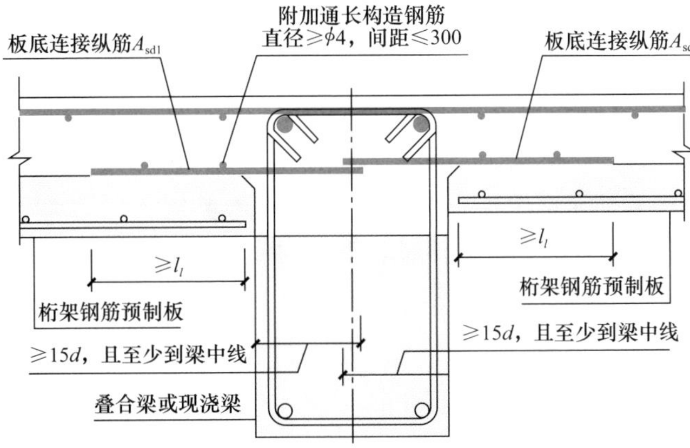

图 6-16　B3-6—板底有高差，预制板无外伸板底纵筋

6.1.3　叠合板板间及梁支座板端连接节点构造详图识读训练

识读叠合板板间及梁支座板端连接节点构造详图，完成下列详图识读训练。

(1) 以下关于双向叠合板整体式接缝连接构造的描述不正确的是（　　）。

A. 后浇带形式的双向叠合板整体式接缝是指两相邻叠合板之间留设一定宽度的后浇带

B. 双向叠合板的后浇带接缝宜设置在受力较小部位

C. 后浇带接缝宽度可根据设计需要调整，但一般不小于 200mm

D. 除后浇带形式的接缝外双向叠合板无其他形式的接缝构造

(2) 以下关于双向叠合板整体式接缝连接构造板底纵筋直线搭接的描述不正确的是（　　）。

A. 两侧板底均预留外伸直线纵筋交错搭接

B. 搭接长度不小于纵向受拉钢筋搭接长度 l_l

C. 后浇带接缝处设置顺缝板底纵筋，位于外伸板底纵筋以上

D. 板面钢筋网片跨接缝贯通布置

(3) 以下关于双向叠合板整体式接缝连接构造板底纵筋弯钩连接的描述不正确的是（　　）。

A. 两侧板底均预留末端带 135°或 90°弯钩的外伸纵筋交错搭接

B. 搭接长度不小于纵向受拉钢筋搭接长度 l_l

C. 后浇带接缝处设置顺缝板底纵筋，位于外伸板底纵筋以下

D. 板面钢筋网片跨接缝贯通布置

(4) 以下关于双向叠合板密拼接缝连接构造的描述不正确的是（　　）。

A. 适用于桁架钢筋叠合板板筋无外伸（垂直桁架方向），且叠合板现浇层混凝土厚度不小于 800mm 的情况

B. 也称板底纵筋间接搭接

C. 密拼接缝处紧贴叠合板预制混凝土面设置板底连接纵筋和附加通长构造钢筋

D. 板底连接纵筋在上，附加通长构造钢筋在下

（5）以下关于边梁支座板端连接构造预制板留有外伸板底纵筋的描述不正确的是（　　）。

A. 外伸板底纵筋需伸至墙内不小于 $5d$，且至少到墙中线

B. 板面纵筋在端支座伸至墙外侧纵筋内侧后弯折，弯折长度为 $10d$

C. 板面纵筋伸入墙内直段长度不小于 0.35 倍的受拉钢筋基本锚固长度 l_{ab}

D. 当板面纵筋伸入支座墙内直段长度不小于受拉钢筋锚固长度 l_{ab}时，可不弯折

任务 6.2　识读剪力墙支座板端连接节点构造详图

6.2.1　剪力墙支座板端连接节点构造详图识读要求

识读剪力墙边支座板端连接构造和剪力墙中间支座板端连接构造节点详图，掌握各种节点连接构造形式。

教学视频

6.2.2　剪力墙支座板端连接节点构造

1. 剪力墙边支座板端连接构造

剪力墙边支座板端连接构造按照楼层位置分为中间层剪力墙边支座和顶层剪力墙边支座两大类，每一类又根据预制板板底纵筋外伸情况各分为有预留外伸板底纵筋和无外伸板底纵筋两种构造类型。

（1）B4-1—中间层剪力墙边支座，预制板留有外伸板底纵筋

中间层剪力墙边支座板端连接构造，叠合板与剪力墙贴边放置，此时剪力墙上一般设置水平后浇带与叠合板现浇层混凝土同时浇筑。

预制板留有外伸板底纵筋时（图 6-17），外伸板底纵筋需伸至墙内不小于 $5d$，且至少到墙中线。板面纵筋在端支座伸至墙外侧纵筋内侧后弯折，弯折长度为 $15d$，同时还需保证板面纵筋伸入墙内直段长度不小于 0.4 倍的受拉钢筋基本锚固长度 l_{ab}。当板面纵筋伸入支座墙内直段长度不小于受拉钢筋锚固长度 l_a 时，可不弯折。

（2）B4-2—中间层剪力墙边支座，预制板无外伸板底纵筋

预制板无外伸板底纵筋的中间层剪力墙边支座板端连接构造，适用于叠合板底板为桁架钢筋预制板，且叠合板现浇层混凝土厚度不小于 80mm 的情况。叠合板预制混凝土面处分别设置垂直于接缝方向的板底连接纵筋和平行于接缝方向的附加通长构造钢

筋，构造要求与 B2-2 构造形式相同。板面纵筋设置与 B4-1 构造形式相同（图 6-18）。

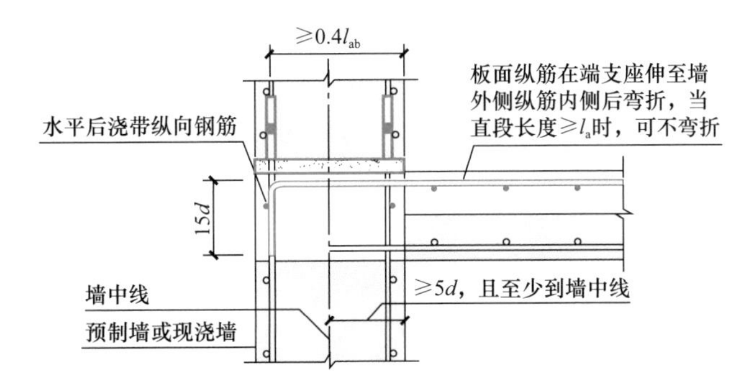

图 6-17　B4-1—中间层剪力墙边支座，预制板留有外伸板底纵筋

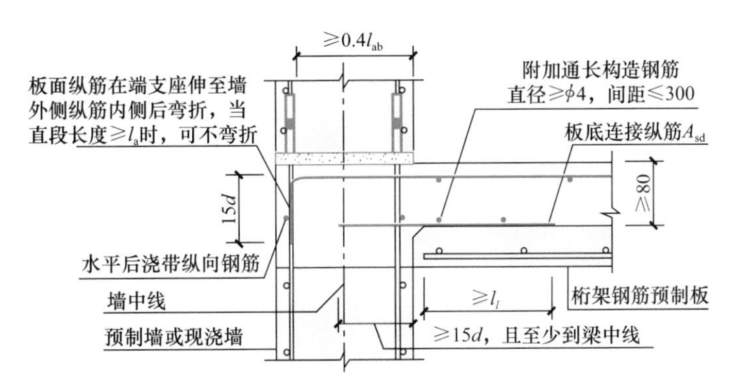

图 6-18　B4-2—中间层剪力墙边支座，预制板无外伸板底纵筋

（3）B4-3—顶层剪力墙边支座，预制板留有外伸板底纵筋

顶层剪力墙边支座板端连接构造，剪力墙上一般设置圈梁与叠合板现浇层混凝土同时浇筑。叠合板与剪力墙贴边放置，但会因为圈梁高度导致叠合板与剪力墙之间出现高差空隙。

预制板留有外伸板底纵筋的顶层剪力墙边支座板端连接构造，外伸板底纵筋需伸至墙内不小于 5d，且至少到墙中线。板面纵筋在端支座伸至圈梁外侧角筋内侧后弯折，构造要求与 B2-1 构造形式相同（图 6-19）。

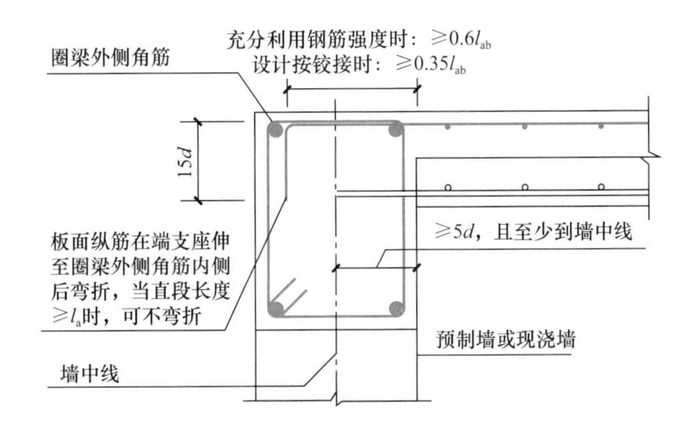

图 6-19　B4-3—顶层剪力墙边支座，预制板留有外伸板底纵筋

（4）B4-4—顶层剪力墙边支座，预制板无外伸板底纵筋

预制板无外伸板底纵筋的顶层剪力墙边支座板端连接构造，适用于叠合板底板为桁架钢筋预制板，且叠合板现浇层混凝土厚度不小于 80mm 的情况。叠合板预制混凝土面处分别设置垂直于接缝方向的板底连接纵筋和平行于接缝方向的附加通长构造钢筋，构造要求与 B2-2 构造形式相同。板面纵筋设置与 B2-1 构造形式相同（图 6-20）。

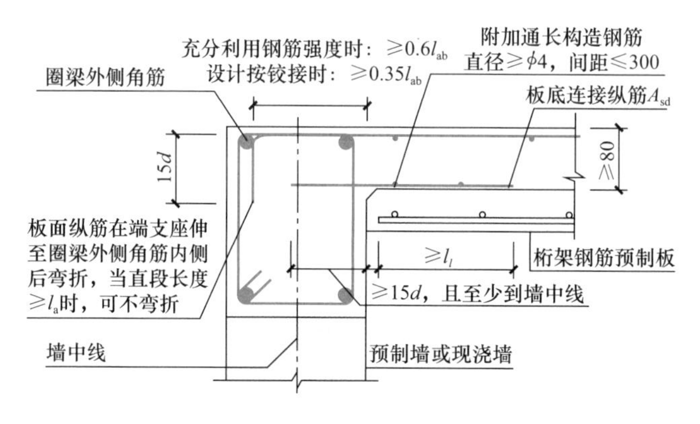

图 6-20　B4-4—顶层剪力墙边支座，预制板无外伸板底纵筋

2. 剪力墙中间支座板端连接构造

剪力墙中间支座板端连接构造按照楼层位置分为中间层剪力墙中间支座和顶层剪力墙中间支座两大类，每一类又根据预制板板底纵筋外伸、板顶板底有无高差情况各分为 6 种构造类型，共计 12 种构造类型。

（1）B5-1—中间层剪力墙中间支座，预制板留有外伸板底纵筋

中间层剪力墙中间支座板端连接构造，叠合板与剪力墙贴边放置，此时剪力墙上一般设置水平后浇带，与叠合板现浇层混凝土同时浇筑。

预制板留有外伸板底纵筋的中间层剪力墙中间支座板端连接构造，外伸板底纵筋需伸至墙内不小于 5d，且至少到墙中线。板面纵筋跨支座贯通布置（图 6-21）。

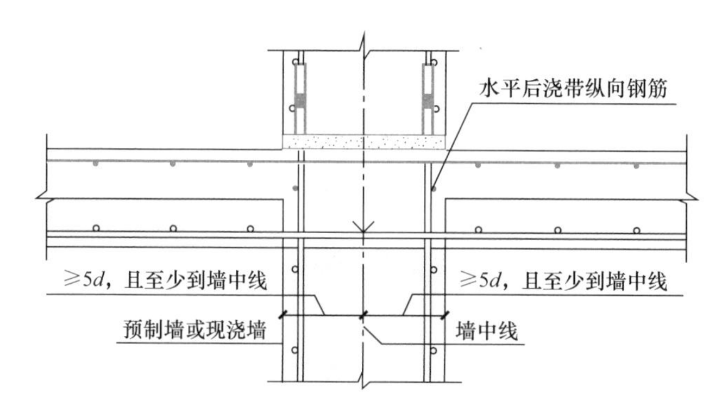

图 6-21　B5-1—中间层剪力墙中间支座，预制板留有外伸板底纵筋

（2）B5-2—中间层剪力墙中间支座，预制板无外伸板底纵筋

预制板无外伸板底纵筋的中间层剪力墙中间支座板端连接构造，适用于叠合板底板

为桁架钢筋预制板，且叠合板现浇层混凝土厚度不小于 80mm 的情况。叠合板预制混凝土面处设置垂直于接缝方向的板底连接纵筋和平行于接缝方向的附加通长构造钢筋，构造要求与 B3-2 构造形式相同。板面纵筋跨支座贯通布置（图 6-22）。

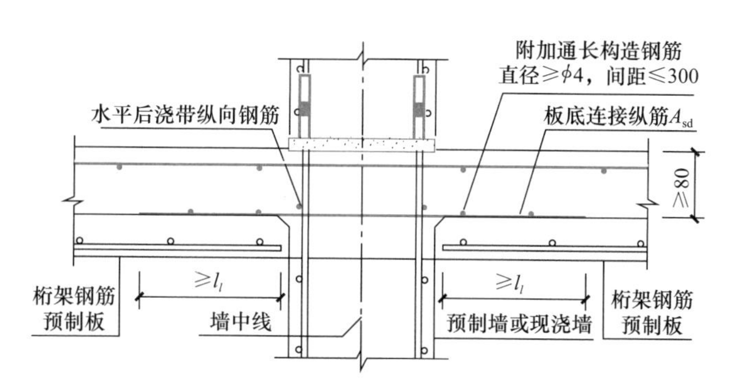

图 6-22　B5-2—中间层剪力墙中间支座，预制板无外伸板底纵筋

（3）B5-3—中间层剪力墙中间支座，板顶有高差，预制板留有外伸板底纵筋

预制板留有外伸板底纵筋且板顶有高差的中间层剪力墙中间支座板端连接构造，外伸板底纵筋需伸至墙内不小于 $5d$，且至少到墙中线。剪力墙中间支座两侧的板面纵筋需要根据板顶高程情况区别处理：板顶较低的一侧，板面纵筋伸入支座墙后直锚即可，锚固长度不小于受拉钢筋锚固长度 l_a；板顶较高的一侧，板面纵筋伸入支座墙对向纵筋内侧后弯折，弯折长度为 $15d$，同时还需保证板面纵筋伸入支座墙内直段长度不小于 0.4 倍的受拉钢筋基本锚固长度 l_{ab}，当板面纵筋伸入支座墙内直段长度不小于受拉钢筋锚固长度 l_a 时，可不弯折（图 6-23）。

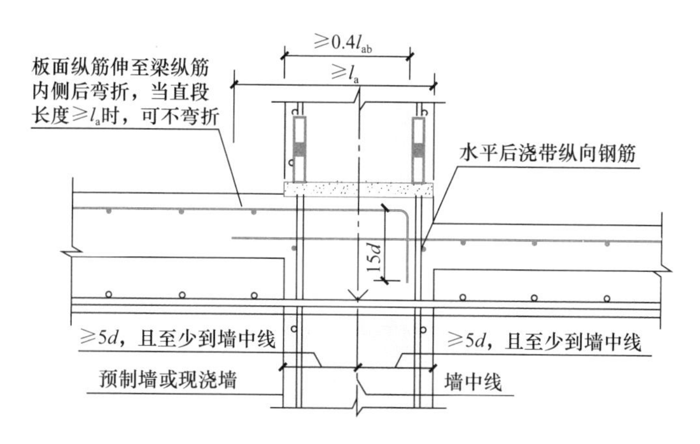

图 6-23　B5-3—中间层剪力墙中间支座，板顶有高差，预制板留有外伸板底纵筋

（4）B5-4—中间层剪力墙中间支座，板顶有高差，预制板无外伸板底纵筋

预制板无外伸板底纵筋且板顶有高差的中间层剪力墙中间支座板端连接构造，适用于叠合板底板为桁架钢筋预制板，且叠合板现浇层混凝土厚度不小于 80mm 的情况。叠合板预制混凝土面处设置垂直于接缝方向的板底连接纵筋和平行于接缝方向的附加通长构造钢筋，构造要求与 B3-4 构造形式相同。板面纵筋构造与 B5-3 构造形式相同（图 6-24）。

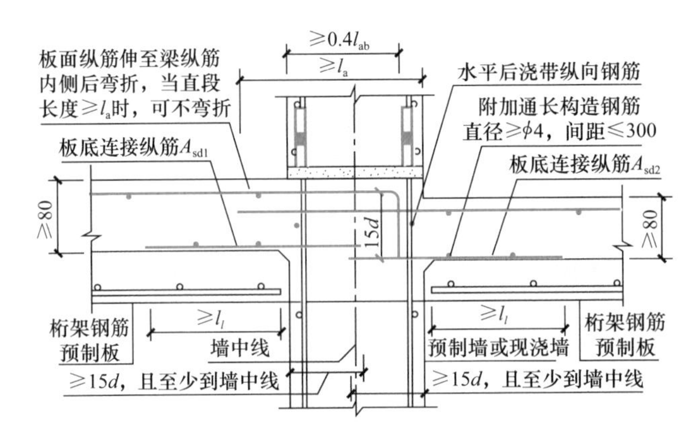

图 6-24　B5-4—中间层剪力墙中间支座，板顶有高差，预制板无外伸板底纵筋

（5）B5-5—中间层剪力墙中间支座，板底有高差，预制板留有外伸板底纵筋

预制板留有外伸板底纵筋且板底有高差的中间层剪力墙中间支座板端连接构造，叠合板与中间剪力墙支座贴边放置。两侧板底连接纵筋均需伸至支座墙内不小于 5d，且至少到支座墙中线。板面纵筋跨支座贯通布置（图 6-25）。

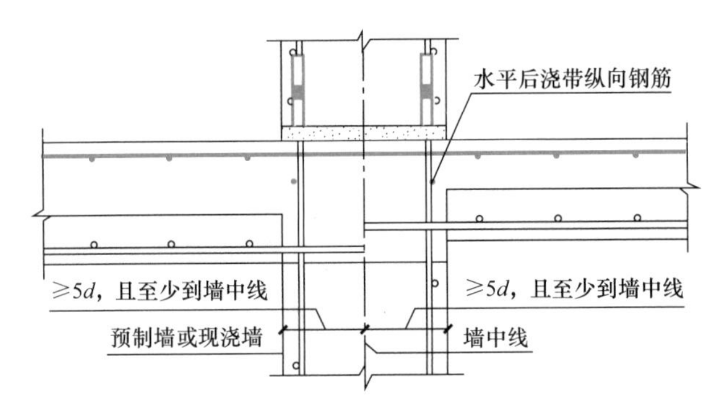

图 6-25　B5-5—中间层剪力墙中间支座，板底有高差，预制板留有外伸板底纵筋

（6）B5-6—中间层剪力墙中间支座，板底有高差，预制板无外伸板底纵筋

预制板无外伸板底纵筋且板底有高差的中间层剪力墙中间支座板端连接构造，适用于叠合板底板为桁架钢筋预制板，且叠合板现浇层混凝土厚度不小于 80mm 的情况。叠合板与中间剪力墙支座贴边放置。叠合板预制混凝土面处设置垂直于接缝方向的板底连接纵筋和平行于接缝方向的附加通长构造钢筋，构造要求与 B3-4 构造形式相同。板面纵筋跨支座贯通布置（图 6-26）。

（7）B5-7—顶层剪力墙中间支座，预制板留有外伸板底纵筋

顶层剪力墙中间支座板端连接构造，此时剪力墙上一般设置后浇圈梁与叠合板现浇层混凝土同时浇筑。叠合板与剪力墙贴边放置，但会因为圈梁高度导致叠合板与剪力墙之间出现高差空隙。

预制板留有外伸板底纵筋的顶层剪力墙中间支座板端连接构造，外伸板底纵筋需伸至墙内不小于 5d，且至少到墙中线。板面纵筋跨支座贯通布置，与圈梁箍筋位于同一构造层次上（图 6-27）。

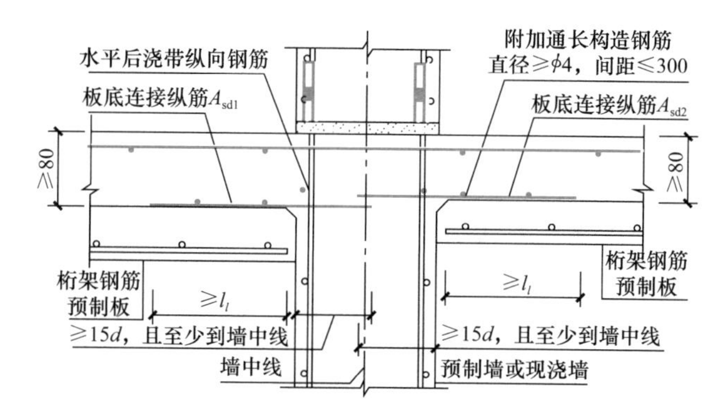

图 6-26　B5-6—中间层剪力墙中间支座，板底有高差，预制板无外伸板底纵筋

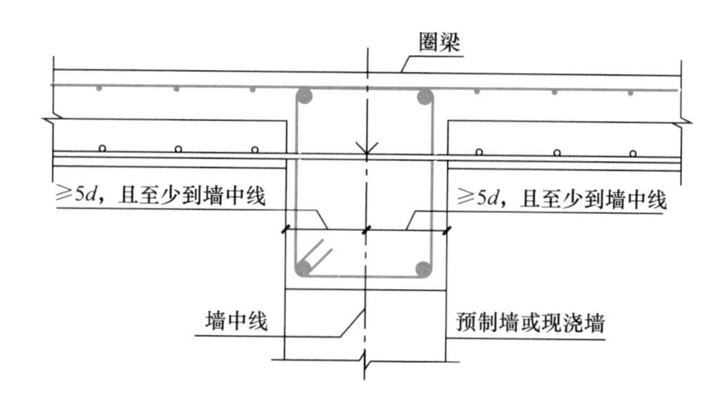

图 6-27　B5-7—顶层剪力墙中间支座，预制板留有外伸板底纵筋

（8）B5-8—顶层剪力墙中间支座，预制板无外伸板底纵筋

预制板无外伸板底纵筋的顶层剪力墙中间支座板端连接构造，适用于叠合板底板为桁架钢筋预制板，且叠合板现浇层混凝土厚度不小于 80mm 的情况。叠合板预制混凝土面处设置垂直于接缝方向的板底连接纵筋和平行于接缝方向的附加通长构造钢筋，构造要求与 B3-2 构造形式相同。板面纵筋跨支座贯通布置，与圈梁箍筋位于同一构造层次上（图 6-28）。

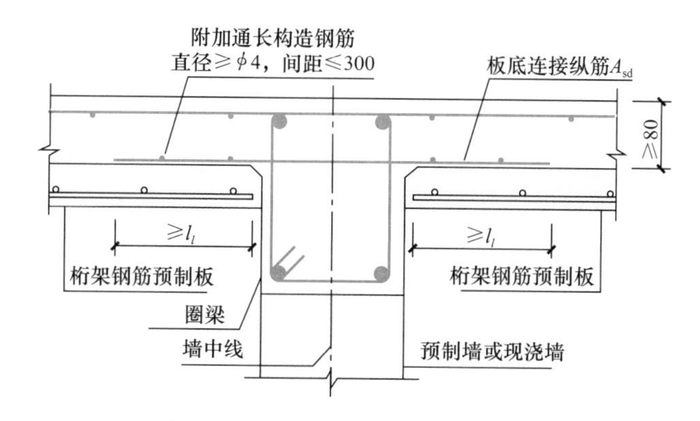

图 6-28　B5-8—顶层剪力墙中间支座，预制板无外伸板底纵筋

（9）B5-9—顶层剪力墙中间支座，板顶有高差，预制板留有外伸板底纵筋

预制板预留外伸板底纵筋且板顶有高差的顶层剪力墙中间支座板端连接构造，外伸

板底纵筋需伸至墙内不小于 $5d$，且至少到墙中线。剪力墙中间支座两侧的板面纵筋需要根据板顶高程情况区别处理：板顶较低的一侧，板面纵筋伸入支座墙后直锚即可，锚固长度不小于受拉钢筋锚固长度 l_a；板顶较高的一侧，板面纵筋伸至圈梁纵筋内侧后弯折，弯折长度为 $15d$，同时还需保证板面纵筋伸入支座墙内直段长度不小于 0.4 倍的受拉钢筋基本锚固长度 l_{ab}，当板面纵筋伸入支座墙内直段长度不小于受拉钢筋锚固长度 l_a 时，可不弯折（图 6-29）。

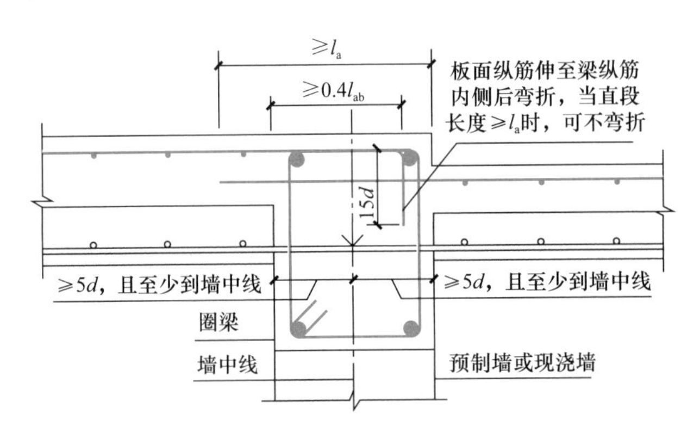

图 6-29　B5-9—顶层剪力墙中间支座，板顶有高差，预制板留有外伸板底纵筋

（10）B5-10—顶层剪力墙中间支座，板顶有高差，预制板无外伸板底纵筋

预制板无外伸板底纵筋且板顶有高差的顶层剪力墙中间支座板端连接构造，适用于叠合板底板为桁架钢筋预制板，且叠合板现浇层混凝土厚度不小于 80mm 的情况。叠合板预制混凝土面处设置垂直于接缝方向的板底连接纵筋和平行于接缝方向的附加通长构造钢筋，构造要求与 B3-4 构造形式相同。板面纵筋构造形式与 B5-9 构造形式相同（图 6-30）。

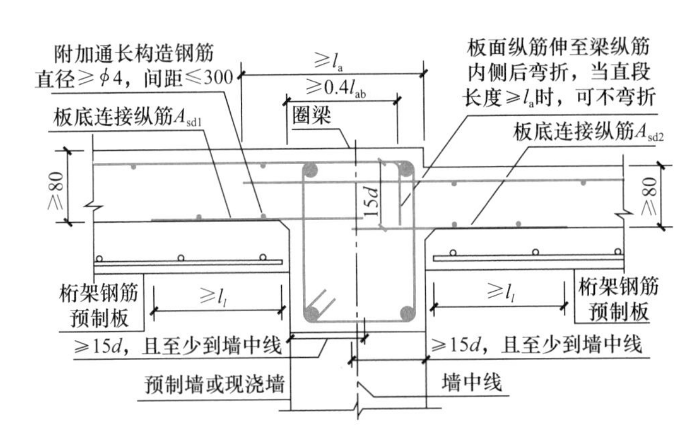

图 6-30　B5-10—顶层剪力墙中间支座，板顶有高差，预制板无外伸板底纵筋

（11）B5-11—顶层剪力墙中间支座，板底有高差，预制板留有外伸板底纵筋

预制板预留外伸板底纵筋且板底有高差的顶层剪力墙中间支座板端连接构造，外伸板底纵筋需伸至墙内不小于 $5d$，且至少到墙中线。板面纵筋跨支座贯通布置，与圈梁箍筋位于同一构造层次上（图 6-31）。

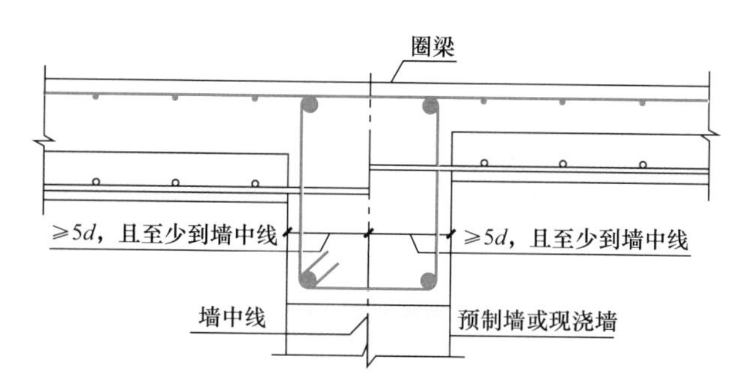

图 6-31　B5-11—顶层剪力墙中间支座，板底有高差，预制板留有外伸板底纵筋

（12）B5-12—顶层剪力墙中间支座，板底有高差，预制板无外伸板底纵筋

预制板无外伸板底纵筋且板底有高差的顶层剪力墙中间支座板端连接构造，适用于叠合板底板为桁架钢筋预制板，且叠合板现浇层混凝土厚度不小于 80mm 的情况。叠合板预制混凝土面处设置垂直于接缝方向的板底连接纵筋和平行于接缝方向的附加通长构造钢筋，构造要求与 B3-4 构造形式相同。板面纵筋跨支座贯通布置，与圈梁箍筋位于同一构造层次上（图 6-32）。

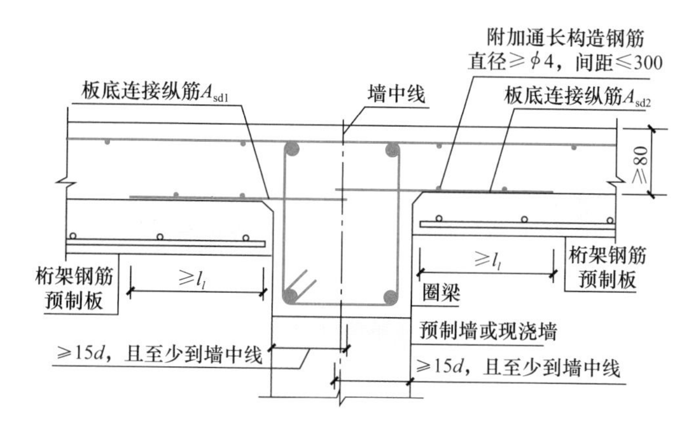

图 6-32　B5-12—顶层剪力墙中间支座，板底有高差，预制板无外伸板底纵筋

6.2.3　剪力墙支座板端连接节点构造详图识读训练

识读剪力墙支座板端连接节点构造详图，完成下列详图识读训练。

（1）预制板留有外伸板底纵筋的顶层剪力墙边支座连接构造中外伸板底纵筋（　　）。

A. 伸至墙内不小于 5d，且至少到墙中线

B. 伸至墙内不大于 5d，且至少到墙中线

C. 伸至墙内不小于 10d，且至少到墙中线

D. 伸至墙内不大于 10d，且至少到墙中线

（2）预制板留有外伸板底纵筋的顶层剪力墙边支座连接构造中，板面纵筋在端支座伸至圈梁外侧角筋内侧后弯折，弯折长度为（　　）。

A. 5d　　B. 10d　　C. 15d　　D. 20d

（3）以下关于顶层剪力墙边支座连接构造预制板无外伸板底纵筋的描述不正确的是（　　）。

A. 叠合板预制混凝土面处分别设置垂直于接缝方向的板底连接纵筋

B. 叠合板预制混凝土面处分别设置平行于接缝方向的附加通长构造钢筋

C. 附加通长构造钢筋直径不大于 4mm，间距不小于 300mm

D. 板面纵筋在端支座伸至圈梁外侧角筋内侧后弯折，弯折长度为 15d

（4）以下关于中间层剪力墙中间支座连接构造预制板无外伸板底纵筋的描述不正确的是（　　）。

A. 适用于叠合板底板为桁架钢筋预制板，且叠合板现浇层混凝土厚度不大于 80mm 的情况

B. 叠合板预制混凝土面处设置垂直于接缝方向的板底连接纵筋和平行于接缝方向的附加通长构造钢筋

C. 板底连接纵筋跨支座贯通布置，与叠合板内同向板底筋的搭接长度需不小于纵向受拉钢筋连接长度 l_l

D. 附加通长构造钢筋仅布置在叠合板现浇区范围内，直径不小于 4mm，间距不大于 300mm

（5）以下关于中间层剪力墙中间支座连接构造板顶有高差，预制板留有外伸板底纵筋的描述不正确的是（　　）。

A. 外伸板底纵筋需伸至墙内不小于 5d，且至少到墙中线

B. 板顶较低的一侧，板面纵筋伸入支座墙对向纵筋内侧后弯折，弯折长度为 15d

C. 板顶较高的一侧，板面纵筋伸入支座墙对向纵筋内侧后弯折，弯折长度为 15d

D. 当板面纵筋伸入支座墙内直段长度不小于受拉钢筋锚固长度 l_a 时，可不弯折

任务 6.3　识读单向叠合板和悬挑叠合板连接节点构造详图

6.3.1　单向叠合板和悬挑叠合板连接节点构造详图识读要求

识读单向叠合板板侧连接构造和悬挑叠合板构造节点详图，掌握各种节点连接构造形式。

教学视频

6.3.2　单向叠合板和悬挑叠合板连接节点构造

1. 单向叠合板板侧连接构造

单向叠合板的板侧连接构造分为板侧接缝构造、板侧边支座连接构

造和板侧中间支座连接构造三大类。其中，板侧接缝构造是指单向板和单向板之间的接缝构造，又可分为密拼接缝和后浇小接缝两种构造形式。板侧边支座连接构造又可分为预制板留有外伸板底纵筋的板侧边支座连接构造和预制板无外伸板底纵筋的板侧边支座连接构造两种构造形式。

（1）B6-1—单向叠合板板侧接缝构造，密拼接缝、后浇小接缝

单向叠合板板侧密拼接缝构造是指相邻两单向叠合板紧贴放置，不留空隙的接缝连接形式（图 6-33a）。单向叠合板板侧密拼接缝处需紧贴叠合板预制混凝土面设置垂直于接缝方向的板底连接纵筋和平行于接缝方向的附加通长构造钢筋，板底连接纵筋在下，附加通长构造钢筋在上，形成密拼接缝网片。其中，板底连接纵筋需满足与两预制板同方向钢筋搭接长度均不小于 15d 的要求，钢筋级别和直径需设计确定。附加通长构造钢筋需满足直径不小于 4mm，间距不大于 300mm 的要求。

单向叠合板板侧后浇小接缝构造是指相邻两单向叠合板之间不紧贴放置，留 30mm 至 50mm 空隙的接缝连接形式（图 6-33b）。后浇小接缝内设置一根直径不小于 6mm 的顺缝方向通长附加钢筋，且该通长附加钢筋要与叠合板底受力筋位于同一层面上。除此之外，单向叠合板板侧后浇小接缝构造也需要紧贴预制混凝土面设置板底连接纵筋和附加通长构造钢筋，其构造要求和 B6-1 单向叠合板板侧密拼接缝构造相同。

密拼接缝和后浇小接缝构造的板面纵筋均跨板缝贯通布置。

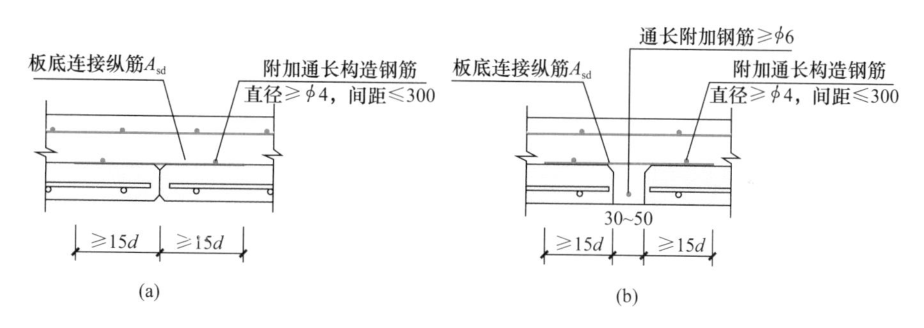

图 6-33 B6-1—单向叠合板板侧接缝构造
（a）密拼接缝；（b）后浇小接缝

（2）B6-2—单向叠合板板侧边支座连接构造，预制板留有外伸板底纵筋

单向叠合板留有外伸板底纵筋的板侧边支座连接构造，留有外伸板底纵筋的单向叠合板与边支座梁或墙贴边放置（图 6-34），单向叠合板预留外伸板底纵筋伸至支座梁或墙内不小于 5d，且至少到支座梁或墙中线。板面钢筋网片根据实际图纸确定。

（3）B6-3—单向叠合板板侧边支座连接构造，预制板无外伸板底纵筋

单向叠合板无外伸板底纵筋的板侧边支座连接构造，是指无外伸板底纵筋的单向叠合板与边支座梁或墙贴边放置（图 6-35），单向叠合板预制混凝土面处设置垂直于接缝方向的板底连接纵筋和平行于接缝方向的附加通长构造钢筋的构造形式。板底连接纵筋在下，附加通长构造钢筋在上。板底连接纵筋需伸至支座梁或墙内不小于 15d，且至少到支座梁或墙中线。同时，板底连接纵筋与单向叠合板的搭接长度需不小于 15d。附加

通长构造钢筋需满足直径不小于 4mm，仅在叠合板现浇区内设置一根。板面钢筋网片根据实际图纸确定。

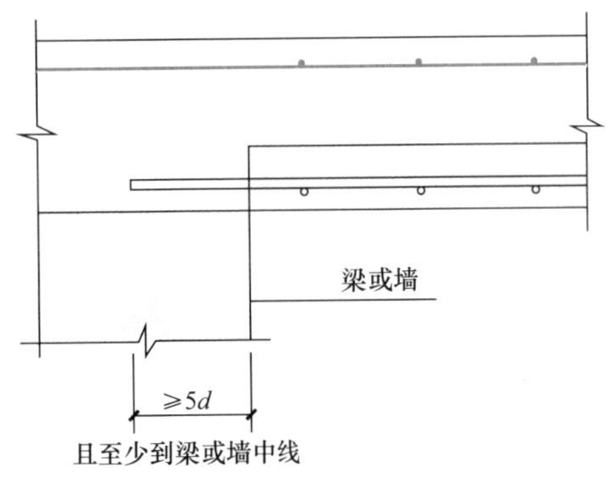

图 6-34　B6-2—单向叠合板板侧边支座连接构造，预制板留有外伸板底纵筋

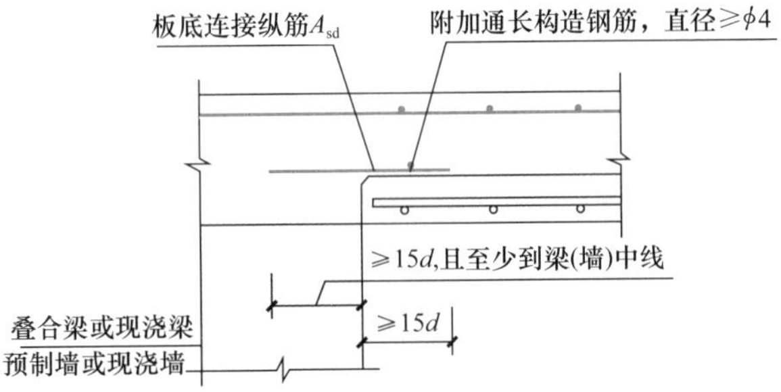

板底连接纵筋A_{sd}
附加通长构造钢筋，直径≥φ4
≥15d,且至少到梁(墙)中线
≥15d
叠合梁或现浇梁
预制墙或现浇墙

图 6-35　B6-3—单向叠合板板侧边支座连接构造，预制板无外伸板底纵筋

（4）B6-4—单向叠合板板侧中间支座连接构造，预制板无外伸板底纵筋

单向叠合板板侧中间支座连接构造是指无外伸板底纵筋的单向叠合板与中间支座梁或墙贴边放置（图 6-36），单向叠合板预制混凝土面处设置垂直于接缝方向的板底连接纵筋和平行于接缝方向的附加通长构造钢筋的构造形式。板底连接纵筋在下，附加通长构造钢筋在上。板底连接纵筋跨支座贯通布置，与两侧单向叠合板的搭接长度均不小于 $15d$。附加通长构造钢筋需满足直径不小于 4mm，两叠合板现浇区内各设置一根。

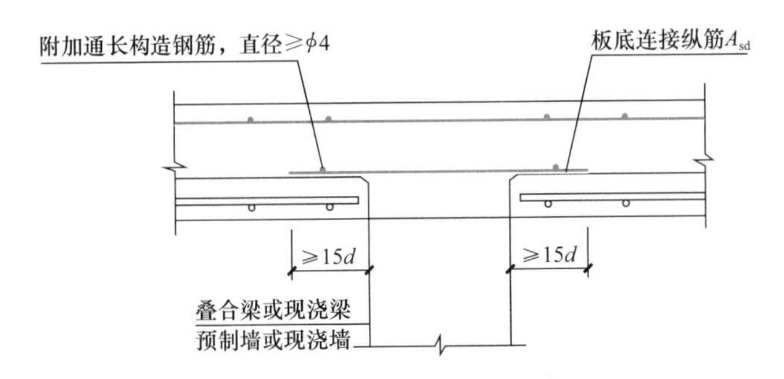

图 6-36　B6-4—单向叠合板板侧中间支座连接构造，预制板无外伸板底纵筋

教学视频

2. 悬挑叠合（预制）板连接构造

（1）B7-1—叠合悬挑板连接构造（一）

纯悬挑式的叠合悬挑板与支座梁或墙的连接构造，叠合悬挑板外伸板底纵筋伸至支座梁或墙内不小于 $15d$，且至少到支座梁或墙中线。叠合悬挑板板面纵筋伸至圈梁角筋内侧后弯折，弯折长度为 $15d$，同时还需保证板面纵筋伸入支座墙内直段长度不小于 0.6 倍的受拉钢筋基本锚固长度 l_{ab}（图 6-37）。

（2）B7-2—叠合悬挑板连接构造（二）

外伸悬挑式叠合悬挑板与支座梁或墙的连接构造，叠合悬挑板外伸板底纵筋伸至支座梁或墙内不小于 $15d$，且至少到支座梁或墙中线。叠合悬挑板板面纵筋伸跨支座与支座内侧叠合板板面纵筋贯通布置（图 6-38）。

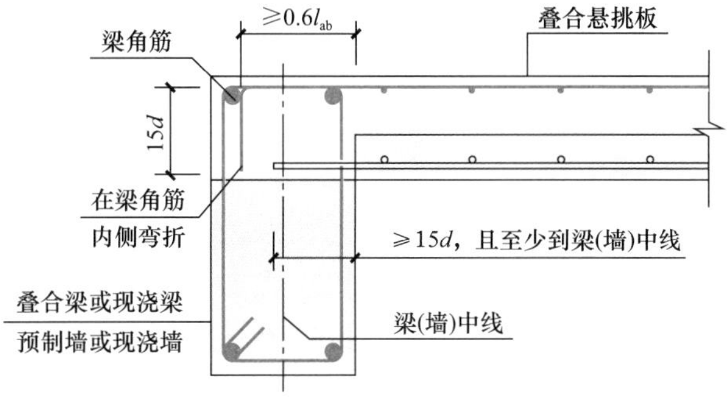

图 6-37　B7-1—叠合板悬挑连接构造（一）

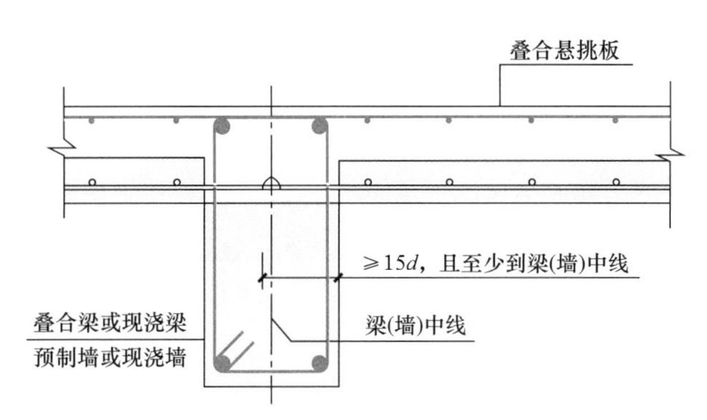

图 6-38　B7-2—叠合板悬挑连接构造（二）

（3）B7-3—叠合悬挑板连接构造（三）

有板顶高差的外伸悬挑式叠合悬挑板与支座梁或墙的连接构造，叠合悬挑板外伸板底纵筋伸至支座梁或墙内不小于 15d，且至少到支座梁或墙中线。叠合悬挑板板面纵筋伸入支座梁或墙后直锚即可，锚固长度不小于受拉钢筋锚固长度 l_a。支座内侧叠合板板面纵筋在支座处弯锚处理（图 6-39）。

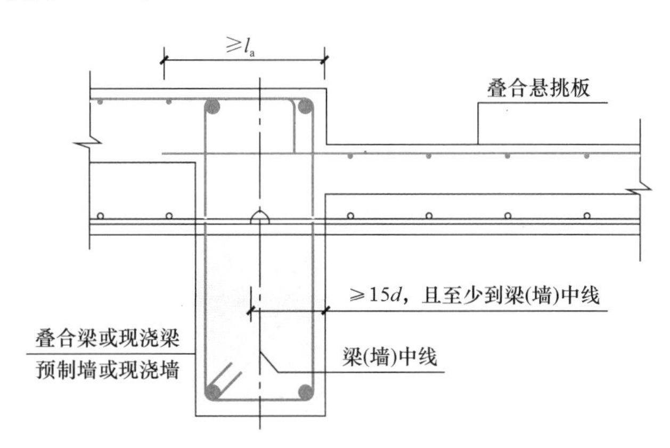

图 6-39　B7-3—叠合板悬挑连接构造（三）

（4）B7-4—预制悬挑板连接构造（一）

预制悬挑板与支座连接时，预制悬挑板需预留外伸纵筋。其中，预制悬挑板底部纵筋需外伸不少于 15d，且至少到支座梁或墙中线。预制悬挑板上部纵筋与支座梁或墙及楼层叠合板叠合层内同向钢筋搭接，搭接长度不小于纵向受拉钢筋连接长度 l_l（图 6-40）。

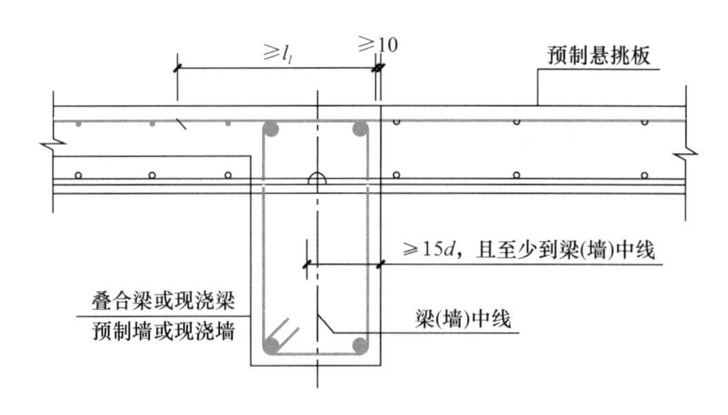

图 6-40　B7-4—预制悬挑板连接构造（一）

（5）B7-5—预制悬挑板连接构造（二）

板顶低于楼层标高的预制悬挑板与支座连接时，预制悬挑板底部纵筋需外伸不少于 15d，且至少到支座梁或墙中线。预制悬挑板上部纵筋在支座梁或墙及楼层叠合板叠合层内锚固，锚固长度不小于受拉钢筋锚固长度 l_a（图 6-41）。

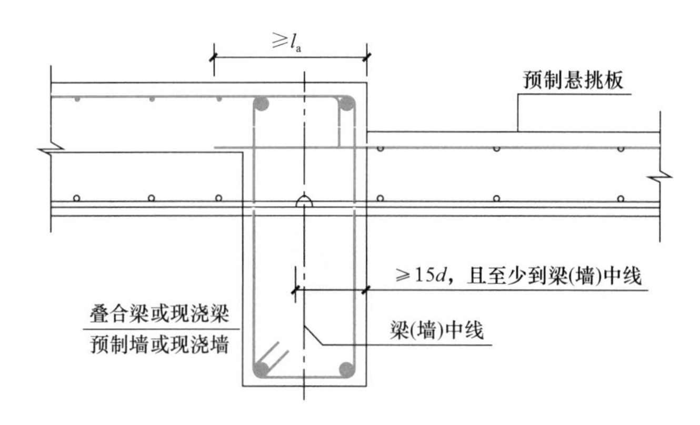

图 6-41　B7-5—预制悬挑板连接构造（二）

6.3.3　单向叠合板和悬挑叠合板连接节点构造详图识读训练

识读单向叠合板和悬挑叠合板连接节点构造详图，完成下列详图识读训练。

（1）以下关于单向叠合板板侧密拼接缝构造的描述不正确的是（　　）。

A. 相邻两单向叠合板紧贴放置，不留空隙

B. 接缝处需紧贴叠合板预制混凝土面设置垂直于接缝方向的板底连接纵筋

C. 接缝处设置平行于接缝方向的附加通长构造钢筋

D. 板底连接纵筋在上，附加通长构造钢筋在下

（2）以下关于单向叠合板板侧后浇小接缝构造的描述不正确的是（　　）。

A. 相邻两单向叠合板之间留 30～50mm 空隙的接缝连接形式

B. 后浇小接缝内设置一根直径不小于 6mm 的顺缝方向通长附加钢筋

C. 紧贴预制混凝土面设置板底连接纵筋和附加通长构造钢筋

D. 板面钢筋网片在接缝两侧分开布置

（3）以下关于单向叠合板板侧边支座连接构造—预制板留有外伸板底纵筋的描述不正确的是（　　）。

A. 留有外伸板底纵筋的单向叠合板与边支座梁或墙贴边放置

B. 预留外伸板底纵筋伸至支座梁或墙内不小于 $15d$

C. 预留外伸板底纵筋至少到支座梁或墙中线

D. 板面钢筋网片根据实际图纸确定

（4）以下关于单向叠合板板侧边支座连接构造—预制板无外伸板底纵筋的描述不正确的是（　　）。

A. 单向叠合板板面处设置垂直于接缝方向的板底连接纵筋和平行于接缝方向的附加通长构造钢筋

B. 板底连接纵筋在下，附加通长构造钢筋在上

C. 板底连接纵筋伸至支座梁或墙内不小于 $5d$，且至少到支座梁或墙中线

D. 板底连接纵筋与单向叠合板的搭接长度需不小于 $15d$

（5）以下关于单向叠合板板侧中间支座连接构造—预制板无外伸板底纵筋的描述不正确的是（　　）。

A. 单向叠合板板面处设置垂直于接缝方向的板底连接纵筋和平行于接缝方向的附加通长构造钢筋

B. 板底连接纵筋在下，附加通长构造钢筋在上

C. 板底连接纵筋伸至支座梁或墙内不小于 $15d$，且至少到支座梁或墙中线

D. 附加通长构造钢筋直径不小于 4mm，两叠合板现浇区内各设置一根

任务 6.4　识读主次梁节点连接构造详图

6.4.1　主次梁节点连接构造详图识读要求

识读叠合梁后浇段对接连接构造、主次梁边节点连接构造和主次梁中间节点连接构造详图，掌握各种节点连接构造形式。

6.4.2　主次梁节点连接基本构造

教学视频

1. 叠合梁后浇段对接连接构造

叠合梁通过后浇段对接连接时，叠合梁端面设键槽面，梁上部纵筋

跨后浇段贯通布置。外伸梁底纵筋通过直线搭接、套筒灌浆连接、机械连接或焊接方式实现连接。后浇段内箍筋距叠合梁端面 50mm 处开始加密布置，间距不应大于 $5d$（d 为连接纵筋的最小直径），且不应大于 100mm。

（1）L1-1—梁底纵筋直线搭接

梁底纵筋采用直线搭接时（图 6-42），搭接长度不小于纵向受拉钢筋搭接长度 l_l，且梁底纵筋端部与对向梁端面间距不小于 10mm。

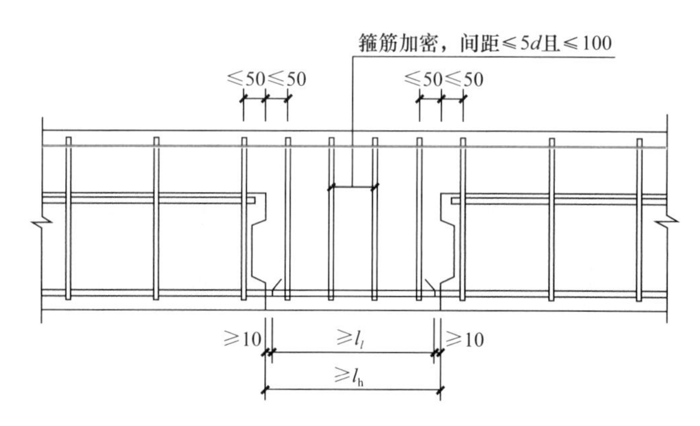

图 6-42　L1-1—梁底纵筋直线搭接

（2）L1-2—梁底纵筋套筒灌浆连接

梁底纵筋采用套筒灌浆连接时（图 6-43），一侧梁底纵筋外伸长度不小于灌浆套筒长度，灌浆套筒与另一侧梁端面间距不小于 10mm。

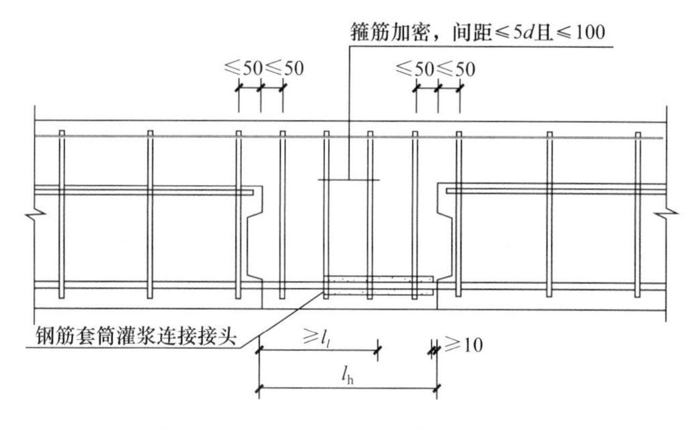

图 6-43　L1-2—梁底纵筋套筒灌浆连接

（3）L1-3—梁底纵筋机械连接或焊接

梁底纵筋采用机械连接时（图 6-44），底部纵筋应使用Ⅰ级钢筋机械连接接头，且后浇段宽度需不小于 200mm。

教学视频

2. 主次梁连接边节点构造

（1）L2-1—主梁预留后浇槽口，次梁上部纵筋采用 90°弯钩锚固

主次梁连接边节点构造，可采用主梁在节点处预留次梁搭接后浇槽口形式。主梁预留槽口的高度和宽度由设计确定，一般不小于次梁高和

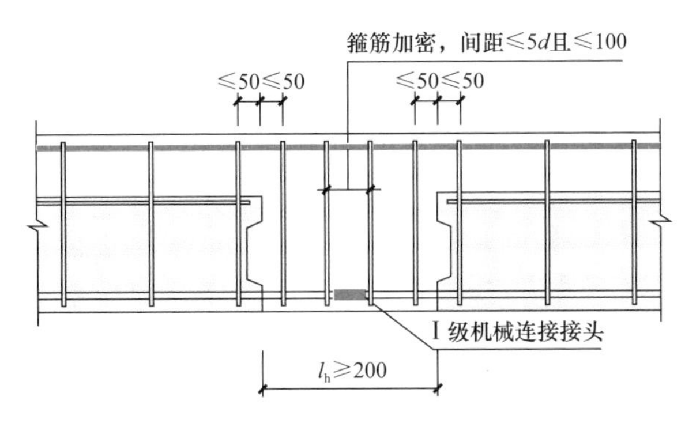

图 6-44　L1-3—梁底纵筋机械连接或焊接

次梁宽。主梁槽口端面和次梁端面均设置键槽。次梁梁底预留伸入主梁的纵向钢筋，伸入主梁的长度不小于 $12d$。次梁梁底可预埋机械连接接头，连接伸入主梁的纵向钢筋，该连接纵向钢筋伸入主梁的长度也需满足不小于 $12d$。连接纵筋具体规格由设计确定。次梁上部纵筋可采用 90°弯钩锚固形式（图 6-45），即伸入到主梁角筋内侧后弯折，弯折长度为 $15d$。当次梁上部纵筋伸入主梁内直段长度不小于受拉钢筋锚固长度 l_a 时，可不弯折。

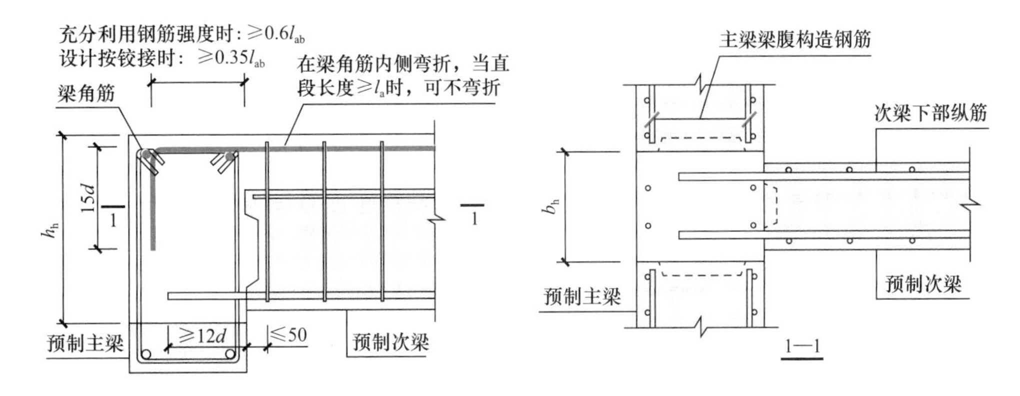

图 6-45　L2-1—主梁预留后浇槽口，次梁上部纵筋采用 90°弯钩锚固

（2）L2-2—主梁预留后浇槽口，次梁上部纵筋弯折且采用锚固板锚固

次梁上部纵筋可弯折并采用锚固板锚固形式，即纵筋在次梁端部弯折后进入主梁，布置在主梁上部纵筋以下，端部设置锚固板。设计按铰接处理时，次梁上部纵筋弯折后伸入主梁长度不小于 0.35 倍的受拉钢筋基本锚固长度 l_{ab}。钢筋弯折坡度需不大于 1/6（图 6-46）。

（3）L2-3—主梁预留后浇槽口，次梁上部纵筋采用锚固板锚固，附加横向构造钢筋

次梁上部纵筋采用锚固板锚固且不弯折处理时，可采用附加横向构造钢筋的形式。设计按铰接处理时，次梁上部纵筋伸入主梁长度不小于 0.35 倍的受拉钢筋基本锚固长度 l_{ab}。次梁上部纵筋伸入主梁区域内设置附加倒 U 形横向构造钢筋，直径不小于 $d/6$，间距不大于 $5d$ 且不大于 100mm，这里的 d 为次梁上部纵筋直径（图 6-47）。

（4）L2-4—次梁端设后浇段，次梁底纵向钢筋采用机械连接

主次梁连接边节点构造，可采用次梁端部设置后浇段或槽口形式。主梁预制混凝土

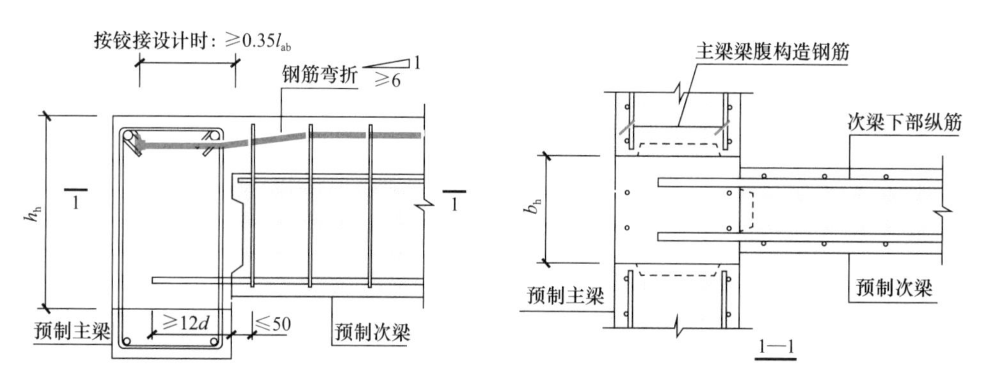

图 6-46 L2-2—主梁预留后浇槽口，次梁上部纵筋弯折并采用锚固板锚固

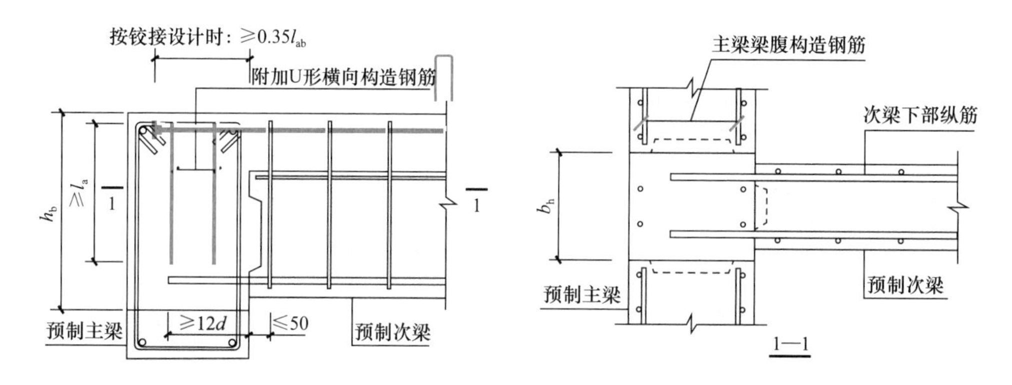

图 6-47 L2-3—主梁预留后浇槽口，次梁上部纵筋采用锚固板锚固，附加横向构造钢筋

在次梁后浇段设键槽面，并在次梁搭接位置预埋钢筋机械连接接头或外伸连接钢筋，与次梁纵筋进行构造连接。此种构造形式中，次梁上部纵筋弯折并采用锚固板锚固形式，与 L2-2 构造形式相同。次梁底部纵筋可采用机械连接、套筒灌浆连接或次梁端设槽口形式锚固在主梁内。次梁后浇段箍筋加密设置，间距不大于 5d，且不大于 100mm。最外侧两根箍筋与主次梁预制混凝土面间距不大于 50mm。

次梁底部纵向钢筋采用机械连接时，主梁在对应位置预埋钢筋机械连接接头，连接钢筋与次梁外伸底部纵筋水平错位搭接，搭接长度不小于纵向受拉钢筋搭接长度 l_l，且与次梁端面间距不小于 10mm（图 6-48）。

（5）L2-5—次梁端设后浇段，次梁底纵向钢筋采用套筒灌浆连接

主梁在对应位置预埋外伸连接钢筋，连接钢筋与次梁外伸底部纵筋通过套筒灌浆进行连接。主梁预埋连接钢筋外伸长度不小于灌浆套筒长度，灌浆套筒与次梁端面间距不小于 10mm（图 6-49）。

（6）L2-6—次梁端设后浇段，次梁端设槽口

次梁端设槽口时，通过在槽底预制混凝土面上设置连接纵筋的形式实现构造连接。主梁在对应位置处预埋钢筋机械连接接头，连接纵筋与次梁底部纵筋的搭接长度不小于纵向受拉钢筋搭接长度 l_l，且与次梁槽口端面间距不小于 10mm。槽口尺寸及连接纵筋由设计确定（图 6-50）。

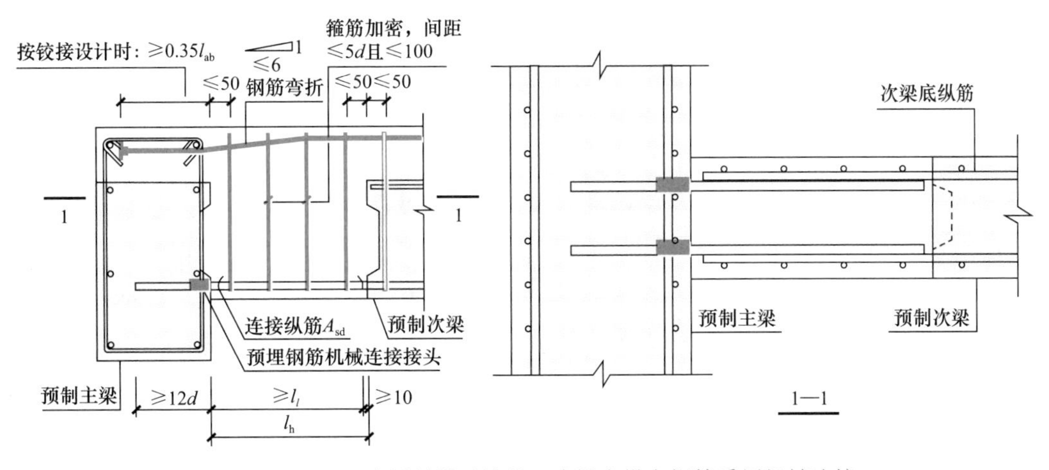

图 6-48　L2-4—次梁端设后浇段，次梁底纵向钢筋采用机械连接

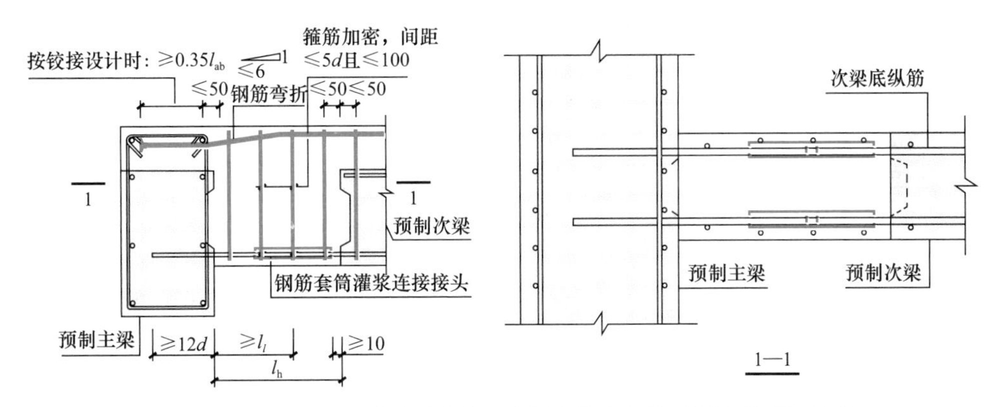

图 6-49　L2-5—次梁端设后浇段，次梁底纵向钢筋采用套筒灌浆连接

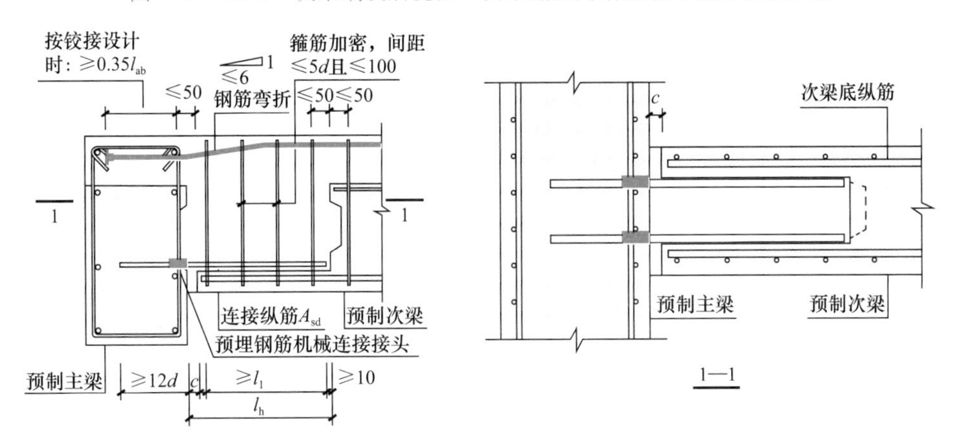

图 6-50　L2-6—次梁端设后浇段，次梁端设槽口

3. 主次梁连接中间节点构造

主次梁连接中间节点构造，有主梁预留后浇槽口、次梁端设后浇段和次梁端设槽口三种类型。

（1）L3-1—主梁预留后浇槽口，一侧次梁梁端下部钢筋水平错位弯折后伸入支座锚固

主梁预留后浇槽口的主次梁连接中间节点构造，是指主梁在节点处预留次梁搭接后浇槽口，两侧次梁底部纵筋通过槽口空间实现钢筋连接的构造形式。次梁端部和主梁槽口内壁需设键槽面，次梁上部纵筋跨节点贯通布置，次梁底部纵筋连接有一侧纵筋弯折、两侧纵筋贯通和两侧次梁有高差几种情况。主梁预留槽口的高度和宽度由设计确定。

主梁预留后浇槽口，一侧次梁梁端下部钢筋水平错位弯折后伸入支座锚固的主次梁连接中间节点构造，钢筋弯折在预制阶段完成，坡度需不大于 1/6。次梁梁端下部钢筋弯折后与另一侧次梁下部纵筋实现水平或竖向错位搭接。两侧次梁梁底纵筋伸入主梁后浇槽口长度均不小于 $12d$，且应过主梁中线。次梁也可预埋机械连接接头，以连接钢筋的形式伸入主梁节点槽口锚固（图 6-51）。

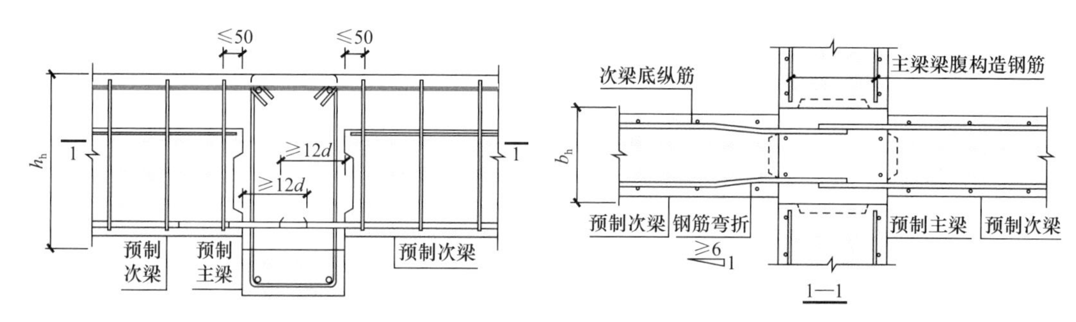

图 6-51　L3-1—主梁预留后浇槽口，一侧次梁梁端下部钢筋水平错位弯折后伸入支座锚固

（2）L3-2—主梁预留后浇槽口，一侧次梁梁端下部钢筋竖向错位弯折后伸入支座锚固

该构造形式与 L3-1 基本相同，区别是一侧次梁梁端下部钢筋竖向错位弯折后伸入支座锚固（图 6-52）。

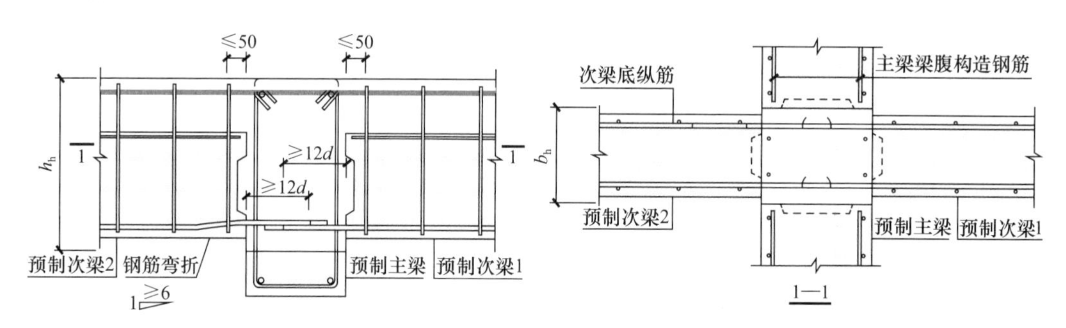

图 6-52　L3-2—主梁预留后浇槽口，一侧次梁梁端下部钢筋竖向错位弯折后伸入支座锚固

（3）L3-3—主梁预留后浇槽口，两侧次梁梁底纵筋贯通

主梁梁腹配置的纵筋为构造纵筋时，次梁梁底纵筋可采用贯通布置形式（图 6-53）。

（4）L3-4—主梁预留后浇槽口，次梁顶面和底面均有高差

两侧次梁底部纵筋分别外伸至主梁节点槽口内，长度均不小于 $12d$，且应过主梁中线。次梁上部纵筋分别伸至主梁内后弯折锚固，弯折长度为 $15d$。当设计充分利用钢筋强度时，次梁上部纵筋伸入主梁内的水平段长度不小于 0.6 倍的受拉钢筋基本锚固长度 l_{ab}。设计按铰接处理时，次梁上部纵筋伸入主梁内的水平段长度不小于 0.35 倍的受拉钢筋基本锚固长度 l_{ab}（图 6-54）。

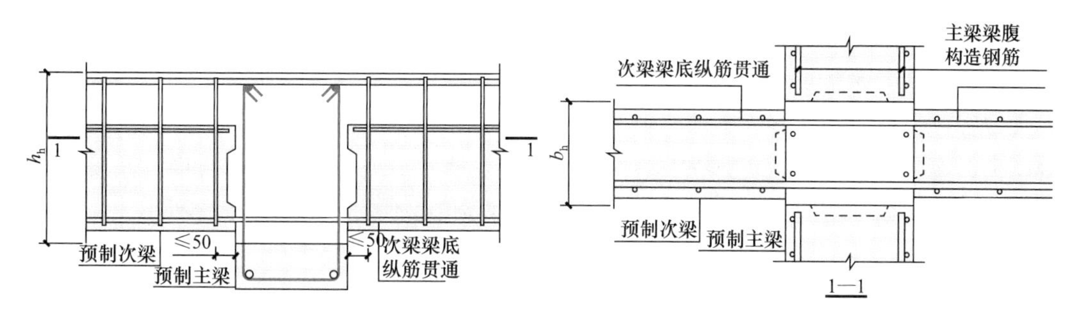

图6-53 L3-3—主梁预留后浇槽口，两侧次梁梁底纵筋贯通

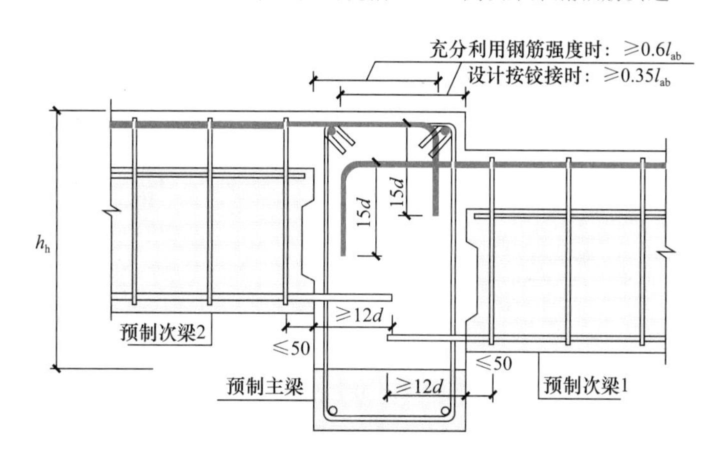

图6-54 L3-4—主梁预留后浇槽口，次梁顶面和底面均有高差

（5）L3-5—主梁预留后浇槽口，次梁底面有高差

主梁预留后浇槽口，次梁底面有高差的主次梁连接中间节点构造，两侧次梁底部纵筋分别外伸至主梁节点槽口内，长度均不小于12d，且应过主梁中线。次梁上部纵筋跨节点贯通布置（图6-55）。

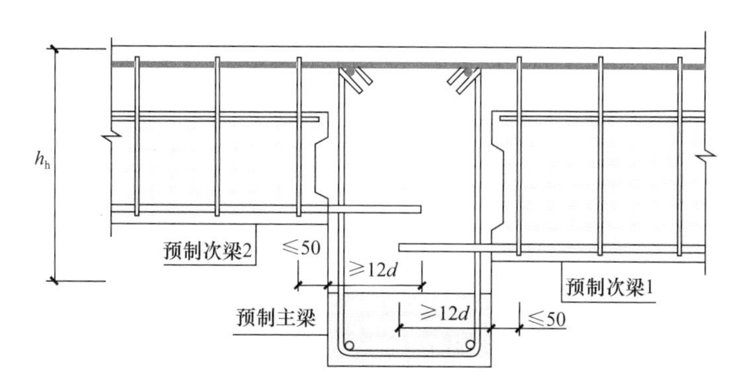

图6-55 L3-5—主梁预留后浇槽口，次梁底面有高差

（6）L3-6—次梁端设后浇段，次梁底纵向钢筋采用机械连接

预制主梁在节点贯通布置，主梁在次梁连接位置处设键槽面，并沿次梁方向预埋钢筋机械连接接头或预留外伸纵筋。次梁上部纵筋跨支座贯通布置。次梁后浇段箍筋加密设置，间距不大于5d，且不大于100mm。最外侧两根箍筋与主次梁预制混凝土面间距

不大于 50mm。次梁底纵向钢筋可采用机械连接或套筒灌浆连接两种方式。

次梁底纵向钢筋采用机械连接连接时，主梁预埋钢筋机械连接接头，通过连接纵筋与次梁底部纵筋搭接连接，搭接长度不小于纵向受拉钢筋搭接长度 l_l。根据构件预制留筋情况，连接纵筋与次梁底部纵筋搭接可上下错位搭接，也可水平错位搭接。连接纵筋与次梁预制混凝土面间距和次梁底部纵筋与主梁预制混凝土面的间距均不小于 10mm（图 6-56）。

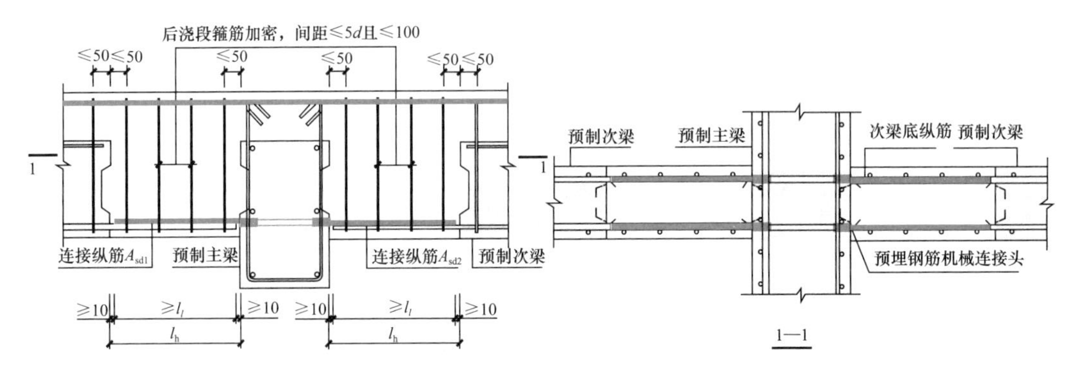

图 6-56　L3-6—次梁端设后浇段，次梁底纵向钢筋采用机械连接

(7) L3-7—次梁端设后浇段，次梁底纵向钢筋采用套筒灌浆连接

次梁底纵向钢筋采用套筒灌浆连接时，主梁预埋外伸纵筋与次梁底部纵筋通过套筒灌浆连接。主梁预埋外伸纵筋外伸长度不小于灌浆套筒长度，灌浆套筒连接后与次梁端面间距不小于 10mm（图 6-57）。

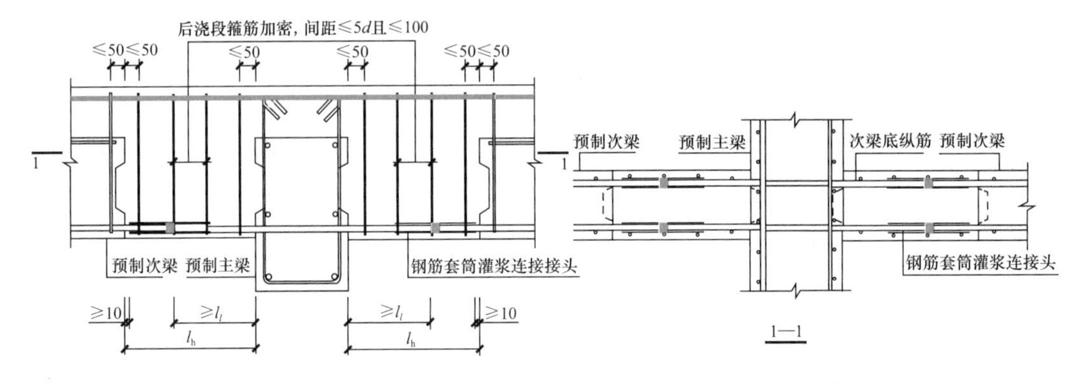

图 6-57　L3-7—次梁端设后浇段，次梁底纵向钢筋采用套筒灌浆连接

(8) L3-8—次梁端设槽口，次梁底纵向钢筋采用机械连接

次梁端设槽口的主次梁连接中间节点构造，有次梁底纵向钢筋采用机械连接和次梁底纵向钢筋采用间接搭接两种形式。

次梁端设槽口，次梁底纵向钢筋采用机械连接的主次梁连接中间节点构造，预制主梁在节点贯通布置，在次梁连接位置处设置键槽面，并沿次梁方向预埋钢筋机械连接接头，通过连接纵筋与次梁梁端槽口底部混凝土面搭接，搭接长度不小于纵向受拉钢筋搭接长度 l_l。连接纵筋与次梁梁端槽口混凝土面间距不小于 10mm。次梁梁端设置槽口，底部纵筋与箍筋均在构件生产时预先设置。次梁上部纵筋跨支座贯通布置（图 6-58）。

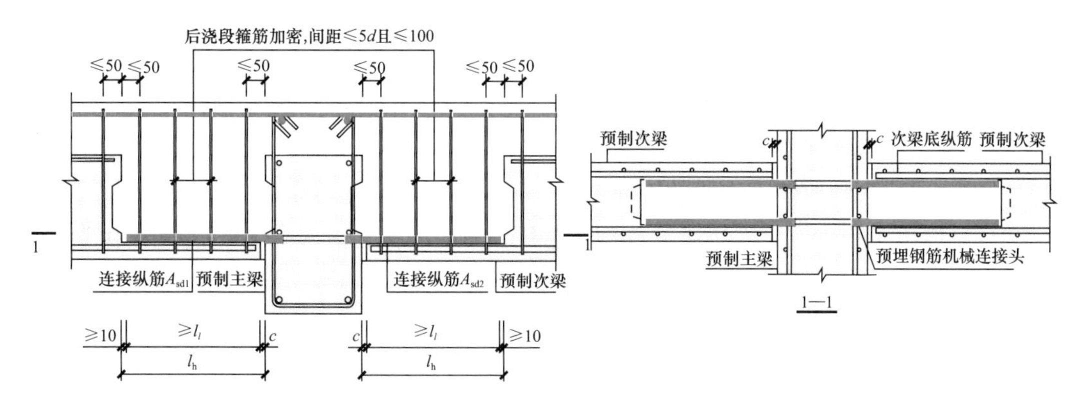

图 6-58 L3-8—次梁端设槽口，次梁底纵向钢筋采用机械连接

（9）L3-9—次梁端设槽口，次梁底纵向钢筋采用间接搭接

次梁端设槽口，次梁底纵向钢筋采用间接搭接的主次梁连接中间节点构造，主梁同时预留后浇槽口。沿次梁方向跨支座设置连接纵筋，与两次梁梁端槽口底部混凝土面搭接，搭接长度不小于纵向受拉钢筋搭接长度 l_l。连接纵筋与次梁梁端槽口混凝土面间距不小于 10mm。次梁上部纵筋跨支座贯通布置（图 6-59）。

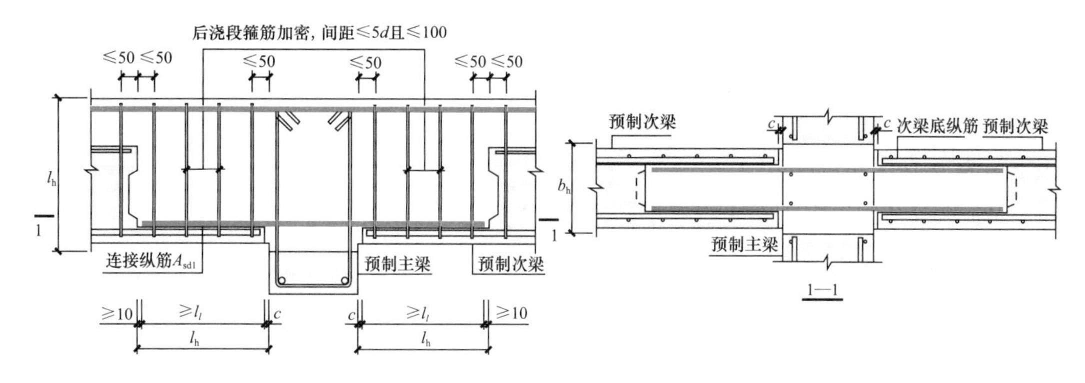

图 6-59 L3-9—次梁端设槽口，次梁底纵向钢筋采用间接搭接

6.4.3 主次梁节点连接构造详图识读训练

识读主次梁节点连接构造详图，完成下列详图识读训练。

（1）以下关于主次梁连接边节点构造主梁预留后浇槽口，次梁上部采用 90°弯钩锚固的描述不正确的是（　　）。

A. 主梁预留槽口的高度和宽度一般不小于次梁高和次梁宽

B. 主梁槽口端面和次梁端面均设置键槽

C. 次梁梁底预留伸入主梁的纵向钢筋，伸入主梁的长度不小于 15d

D. 次梁上部纵筋伸入到主梁角筋内侧后弯折，弯折长度为 15d

（2）以下关于主次梁连接边节点构造主梁预留后浇槽口，次梁上部纵筋弯折且采用锚固板锚固的描述不正确的是（　　）。

A. 次梁上部纵筋在次梁端部弯折后进入主梁，布置在主梁上部纵筋以上，端部设置锚固板

B. 次梁上部纵筋弯折后伸入主梁长度不小于 0.35 倍的受拉钢筋基本锚固长度 l_{ab}

C. 钢筋弯折坡度需不大于 1/6

D. 次梁梁底预留伸入主梁的纵向钢筋，伸入主梁的长度不小于 $12d$

（3）以下关于主次梁连接边节点构造主梁预留后浇槽口，次梁上部纵筋采用锚固板锚固，附加横向构造钢筋的描述不正确的是（　　）。

A. 次梁上部纵筋采用锚固板锚固且不弯折处理

B. 次梁上部纵筋伸入主梁区域内设置附加倒 U 形横向构造钢筋

C. 附加倒 U 形横向构造钢筋，直径不小于 $d/6$，间距不大于 $5d$ 且不大于 100mm

D. d 为主梁上部纵筋直径

（4）以下关于主次梁连接边节点构造次梁端设后浇段，次梁底纵向钢筋采用机械连接的描述不正确的是（　　）。

A. 主梁预制混凝土在次梁后浇段设键槽面

B. 主梁在次梁搭接位置预埋钢筋机械连接接头

C. 主梁通过连接纵筋与次梁底部外伸纵筋搭接连接，搭接长度不小于纵向受拉钢筋搭接长度 l_l

D. 次梁上部纵筋弯折后伸入主梁长度不小于 0.35 倍的受拉钢筋基本锚固长度 l_{ab}

（5）以下关于主次梁连接边节点构造次梁端设后浇段，次梁底纵向钢筋采用套筒灌浆连接的描述不正确的是（　　）。

A. 主梁预制混凝土在次梁后浇段设键槽面

B. 主梁在次梁搭接位置预埋钢筋机械连接接头

C. 主梁外伸连接钢筋，与次梁外伸底部纵筋通过套筒灌浆进行连接

D. 主梁预埋连接钢筋外伸长度不小于灌浆套筒长度

任务 6.5　识读楼面梁与剪力墙连接节点构造详图

6.5.1　楼面梁与剪力墙连接节点构造详图识读要求

识读楼面梁与剪力墙平面外连接边节点构造和楼面梁与剪力墙平面外连接中间节点构造详图，掌握各种节点连接构造形式。

6.5.2 楼面梁与剪力墙连接节点构造

1. 楼面梁与剪力墙平面外连接边节点构造

(1) L5-1—剪力墙留竖向后浇段，次梁下部纵向钢筋机械连接

教学视频

次梁端部设键槽面，与剪力墙竖向后浇段连接。次梁下部纵向钢筋端部预埋机械连接接头，通过连接纵筋锚固在剪力墙竖向后浇段中，锚固长度不小于 12d，且需伸至过剪力墙中心线。次梁上部纵向钢筋伸至剪力墙竖向后浇带外侧水平钢筋内侧后弯折，弯折长度为 15d，且伸入剪力墙竖向后浇带内的水平段长度不小于 0.4 倍受拉钢筋基本锚固长度 l_{ab}（图 6-60）。

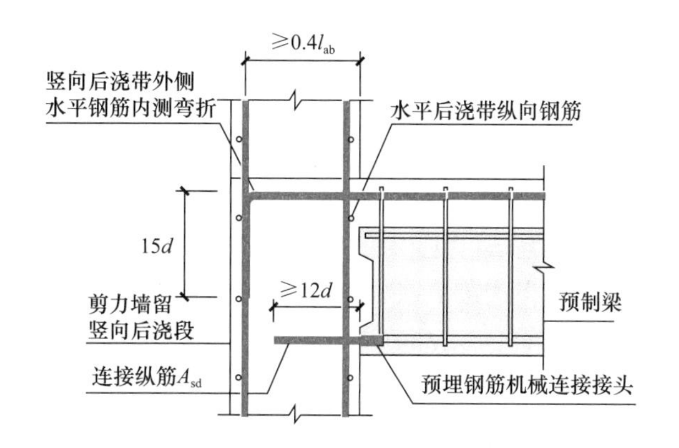

图 6-60 L5-1—剪力墙留竖向后浇段，次梁下部纵向钢筋机械连接

连接纵筋由设计确定。次梁上部纵筋也可采用钢筋锚固板锚固。当连接节点处无墙体水平筋时，可采用次梁下部纵筋预留外伸段的做法（图 6-61）。

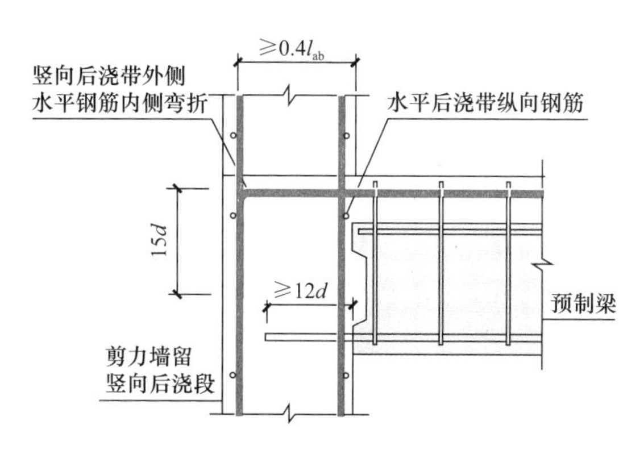

图 6-61 L5-1—剪力墙留竖向后浇段，次梁下部预留伸入剪力墙的纵筋

(2) L5-2—剪力墙留后浇槽口，次梁下部纵向钢筋机械连接

剪力墙留后浇槽口，次梁下部纵向钢筋机械连接的楼面梁与剪力墙平面外连接边节点构造，次梁纵筋的锚固处理方式，与剪力墙留竖向后浇段式的节点构造形式相同（图 6-62）。

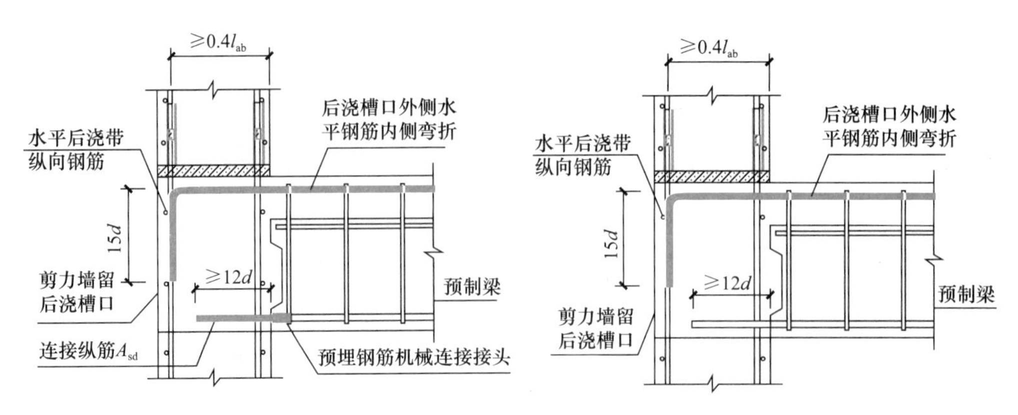

图 6-62　L5-2—剪力墙留竖向后浇槽口，次梁下部纵向钢筋机械连接和次梁下部预留伸入剪力墙的纵筋

教学视频

2. 楼面梁与剪力墙平面外连接中间节点构造

（1）L6-1—剪力墙留竖向后浇段，次梁下部纵向钢筋机械连接

次梁端部设键槽面，与剪力墙竖向后浇段连接。次梁下部纵筋端部预埋机械连接接头，通过连接纵筋锚固在剪力墙竖向后浇段中，锚固长度不小于 12d，且需伸至过剪力墙中心线。次梁上部纵筋跨支座贯通布置。连接纵筋由设计确定。当连接节点处无墙体水平筋时，可采用次梁下部预留外伸纵筋的做法（图 6-63）。

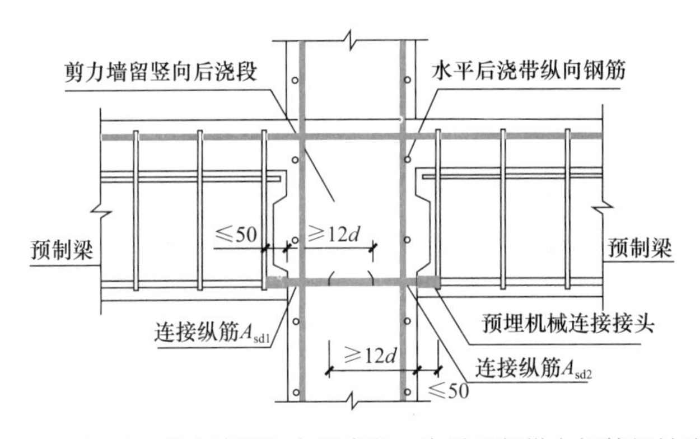

图 6-63　L6-1—剪力墙留竖向后浇段，次梁下部纵向钢筋机械连接

（2）L6-2—剪力墙留竖向后浇段，次梁底面有高差，次梁下部纵向钢筋机械连接

两侧次梁下部纵筋端部预埋机械连接接头，各自分别通过连接纵筋锚固在剪力墙竖向后浇段中，锚固长度不小于 12d，且需伸至过剪力墙中心线。次梁上部纵筋跨支座贯通布置。连接纵筋由设计确定。当连接节点处无墙体水平筋时，可采用次梁下部纵筋预留外伸段的做法（图 6-64）。

（3）L6-3—剪力墙留后浇槽口，次梁下部纵向钢筋机械连接

剪力墙留后浇槽口，次梁下部纵向钢筋机械连接的楼面梁与剪力墙平面外连接中间节点构造，次梁钢筋锚固方式与剪力墙留竖向后浇段 L6-1 构造形式相同（图 6-65）。

（4）L6-4—剪力墙留后浇槽口，次梁底面有高差，次梁下部纵向钢筋机械连接

剪力墙留后浇槽口，次梁底面有高差，次梁下部纵向钢筋机械连接的楼面梁与剪力

墙平面外连接中间节点构造，次梁钢筋锚固方式与剪力墙留竖向后浇段 L6-2 构造形式相同（图 6-66）。

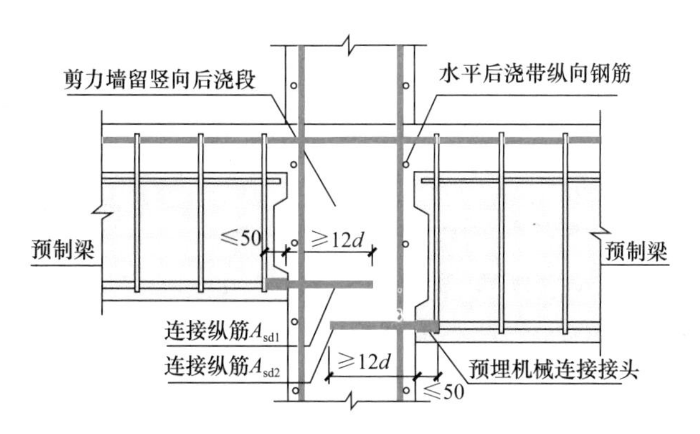

图 6-64　L6-2—剪力墙留竖向后浇段，次梁底面有高差，次梁下部纵向钢筋机械连接

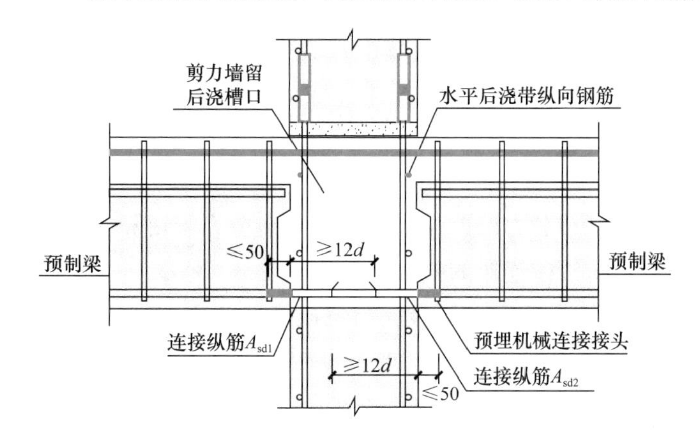

图 6-65　L6-3—剪力墙留后浇槽口，次梁下部纵向钢筋机械连接

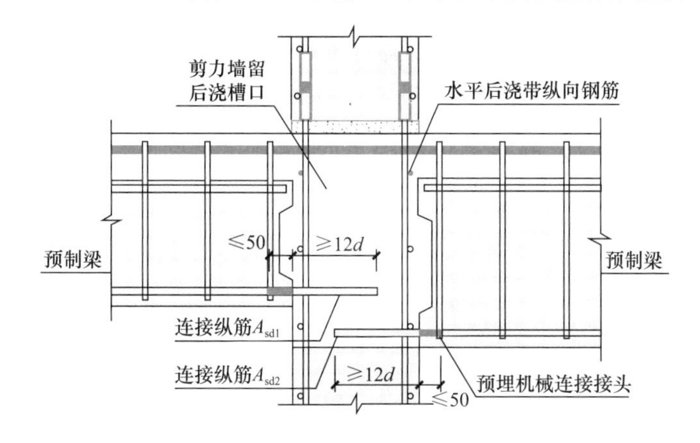

图 6-66　L6-4—剪力墙留后浇槽口，次梁底面有高差，次梁下部纵向钢筋机械连接

6.5.3　楼面梁与剪力墙连接节点构造详图识读训练

识读楼面梁与剪力墙连接节点构造详图，完成下列详图识读训练。

（1）剪力墙留竖向后浇段，次梁下部纵向钢筋机械连接的楼面梁与剪力墙连接边节点构造，次梁下部纵向钢筋端部预埋机械连接接头，连接纵筋锚固在剪力墙竖向后浇段中（　　）。

A. 不小于 $12d$　B. 不大于 $12d$　C. 不小于 $15d$　D. 不大于 $15d$

（2）剪力墙留竖向后浇段，次梁下部纵向钢筋机械连接的楼面梁与剪力墙连接边节点构造，次梁上部纵向钢筋（　　）。

A. 伸至墙内不小于 $12d$，且至少过墙中心线

B. 伸至墙内不小于 $15d$，且至少过墙中心线

C. 伸至剪力墙竖向后浇带外侧水平钢筋内侧后弯折 $12d$

D. 伸至剪力墙竖向后浇带外侧水平钢筋内侧后弯折 $15d$

（3）次梁下部纵向钢筋机械连接的楼面梁与剪力墙连接中间节点构造，次梁上部纵筋（　　）。

A. 伸至墙内不小于 $12d$，且至少过墙中心线

B. 伸至墙内不小于 $15d$，且至少过墙中心线

C. 伸至剪力墙竖向后浇带外侧水平钢筋内侧后弯折 $15d$

D. 跨支座贯通布置

（4）以下关于楼面梁与剪力墙连接中间节点构造剪力墙留竖向后浇段，次梁底面有高差，次梁下部纵向钢筋机械连接的描述不正确的是（　　）。

A. 次梁端部设键槽面，与剪力墙竖向后浇段连接

B. 当连接节点处无墙体水平筋时，可采用次梁下部预留外伸纵筋的做法

C. 连接纵筋伸入剪力墙竖向后浇段中不小于 $15d$

D. 次梁上部纵筋跨支座贯通布置

（5）剪力墙留后浇槽口的楼面梁与剪力墙连接中间节点构造描述正确的是（　　）。

A. 剪力墙留后浇槽口，槽口底与预制梁底标高平齐

B. 剪力墙留后浇槽口，槽口底与预制梁顶标高平齐

C. 预制墙留后浇槽口，槽口底与剪力墙底标高平齐

D. 预制墙留后浇槽口，槽口底与剪力墙顶标高平齐

小　结

通过本部分的学习，要求学生掌握楼盖连接节点的构造形式和识读方法，能够进行楼盖连接节点详图的识读。

附

装配式建筑识图仿真实训介绍

为提高装配式混凝土结构识图教学质量，可通过新之筑装配式建筑识图实训软件配套教材来实现理实一体化的教学模式，通过配套课堂教学和课后实践的教学方案，让师生双方边教、边学、边做，全程构建素质和技能培养框架，丰富课堂教学和实践教学环节。

1. 课堂教学

在课堂教学中，教师针对章节要点的识图教学，可改变原有的二维图纸平法识图的教学方式，通过识图软件提供的二维图纸结合三维仿真模型互映的教学配套资源与理论教材进行理实一体化教学，能极大促进学生的理解能力，提高教学效率。以下列举部分示例进行说明：

（1）示例1：识读无洞口外墙板识读

➢ 教材知识点示例：WQ-2728（附图1）

➢ 软件教学资源示例：WQ-2728（附图2、附图3）

（2）示例2：识读梯段板详图

➢ 教材知识点示例：ST-28-24（附图4）

➢ 软件教学资源示例：ST-28-24（附图5、附图6）

（3）示例3：墙柱间和转角墙处竖向接缝构造详图

➢ 教材知识点示例：Q5-11 竖向 L 形节点（附图7）

➢ 软件教学资源示例：Q5-11 竖向 L 形节点（附图8）

2. 课后实践

教师可根据每堂课的讲授内容，通过装配式建筑识图实训软件给学生布置课后任务拓展作业来巩固学生的知识学习。本部分以案例形式演示学生接受任务、完成课后任务拓展作业的操作过程：

（1）软件登录

启动装配式建筑识图实训软件，选择“学生”角色，填写用户名和密码登录软件，如附图9所示。

（2）软件操作首页

登录信息确认后，进入软件，首先进入的为软件【首页】的【个人信息】界面，如附图10所示，在用户信息栏可对个人信息进行修改和完善，左侧可通过【公告】栏目查看班级信息。在【个人信息】界面右侧可查看待完成作业任务、待完成考试及上次登录信息等内容。

（3）作业任务查看

点击【作业】菜单，即可切换界面到【作业】栏目，如附图11所示。点击右侧【未完成作业】子栏目即可查看教师布置的未完成的作业内容，选择【已完成作业】子栏目即可查看已经完成的作业的历史记录。

（4）作业任务选择

界面切换到【作业】栏目的子栏目【未完成作业】，选择需要完成的作业，点击“开始作业”即可进入作业操作界面进行具体内容操作，如附图12所示，本次选择“章

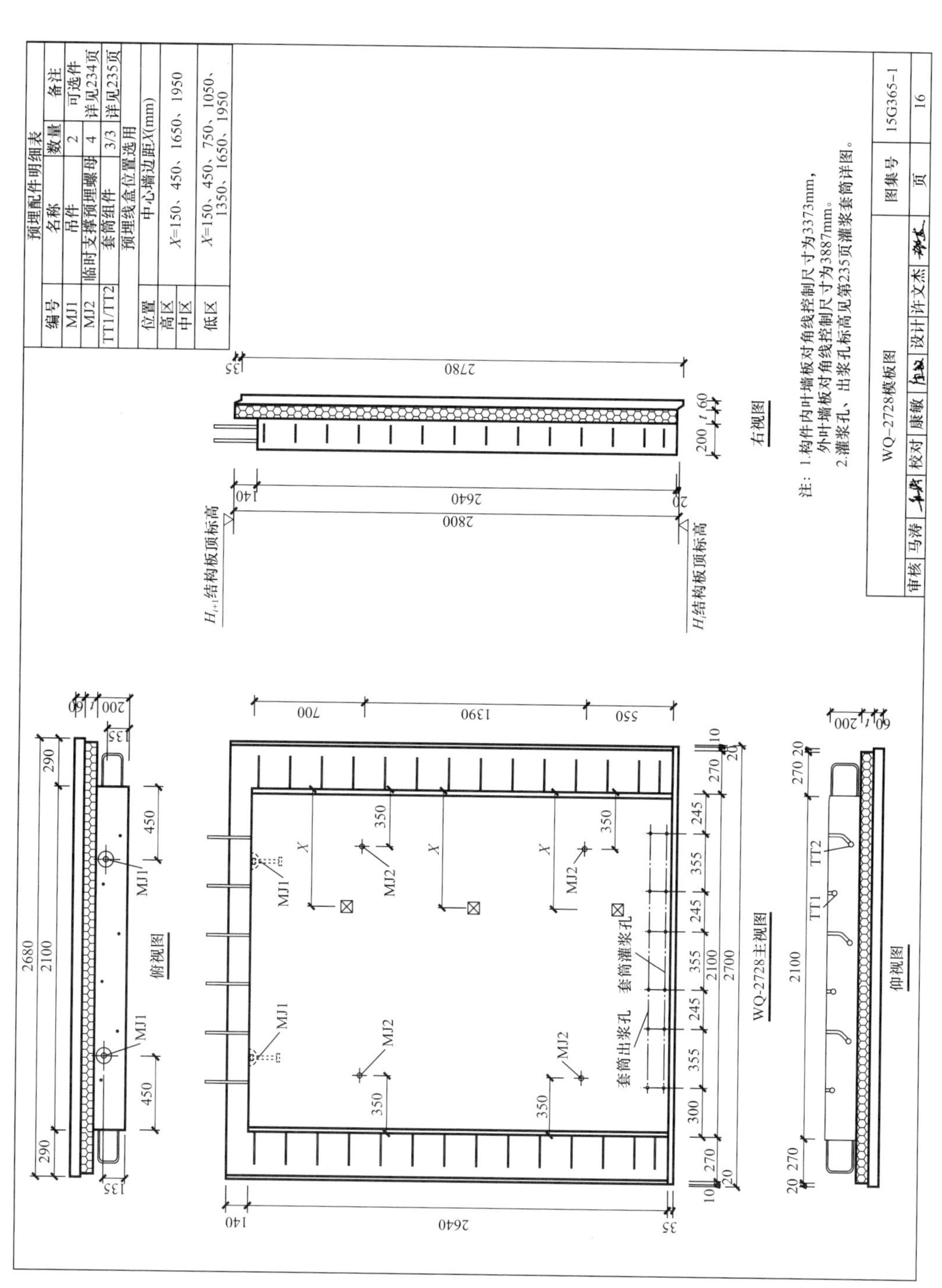

附图1 WQ-2728模板图

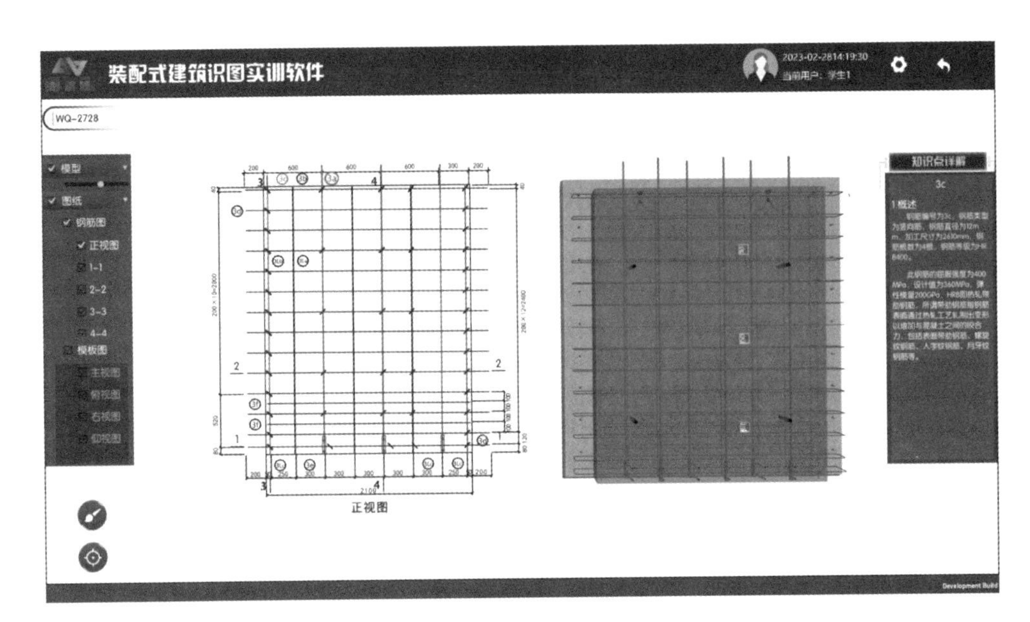

附图 2　WQ-2728 配筋图交互识图

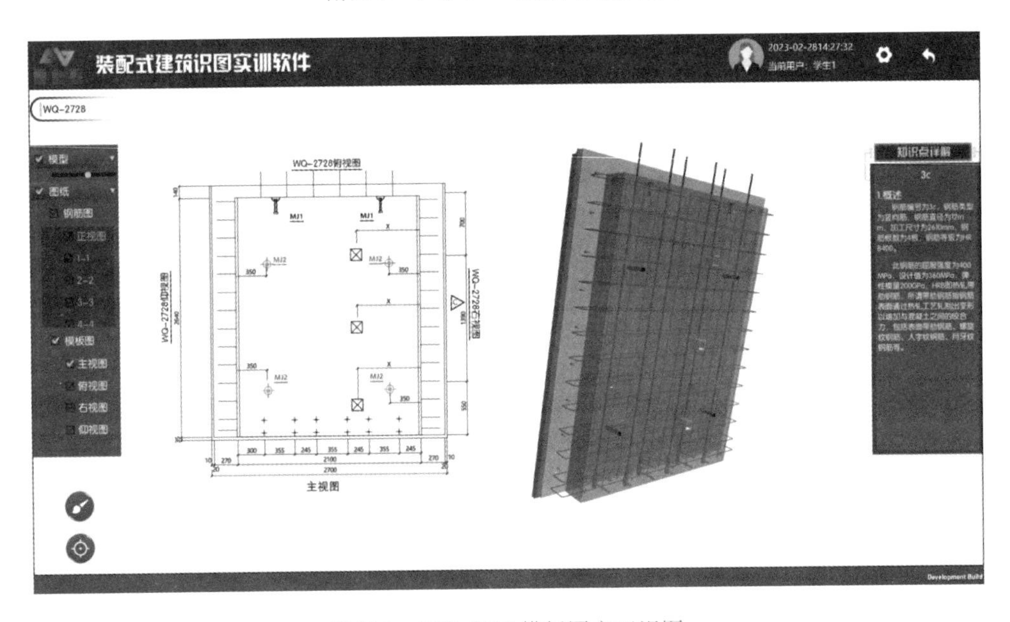

附图 3　WQ-2728 模板图交互识图

节一 课后作业 1”进行操作演示。

通过查看指定的作业题目，可查看到本次作业内容和作业题量（本作业共 5 个题）。答题操作，以第 1 题为例：

第 1 题题目为：“识读 WQ-3029 模板图，其内叶墙板底部预埋（　）个灌浆套筒？”，首先需仔细查阅右侧二维图纸进行正确答案辨别，图纸可进行放大缩小，获得答案后点击“A/B/C/D”选项进行答案填写，填写完毕后点击按钮【下一题】进行下一题操作。

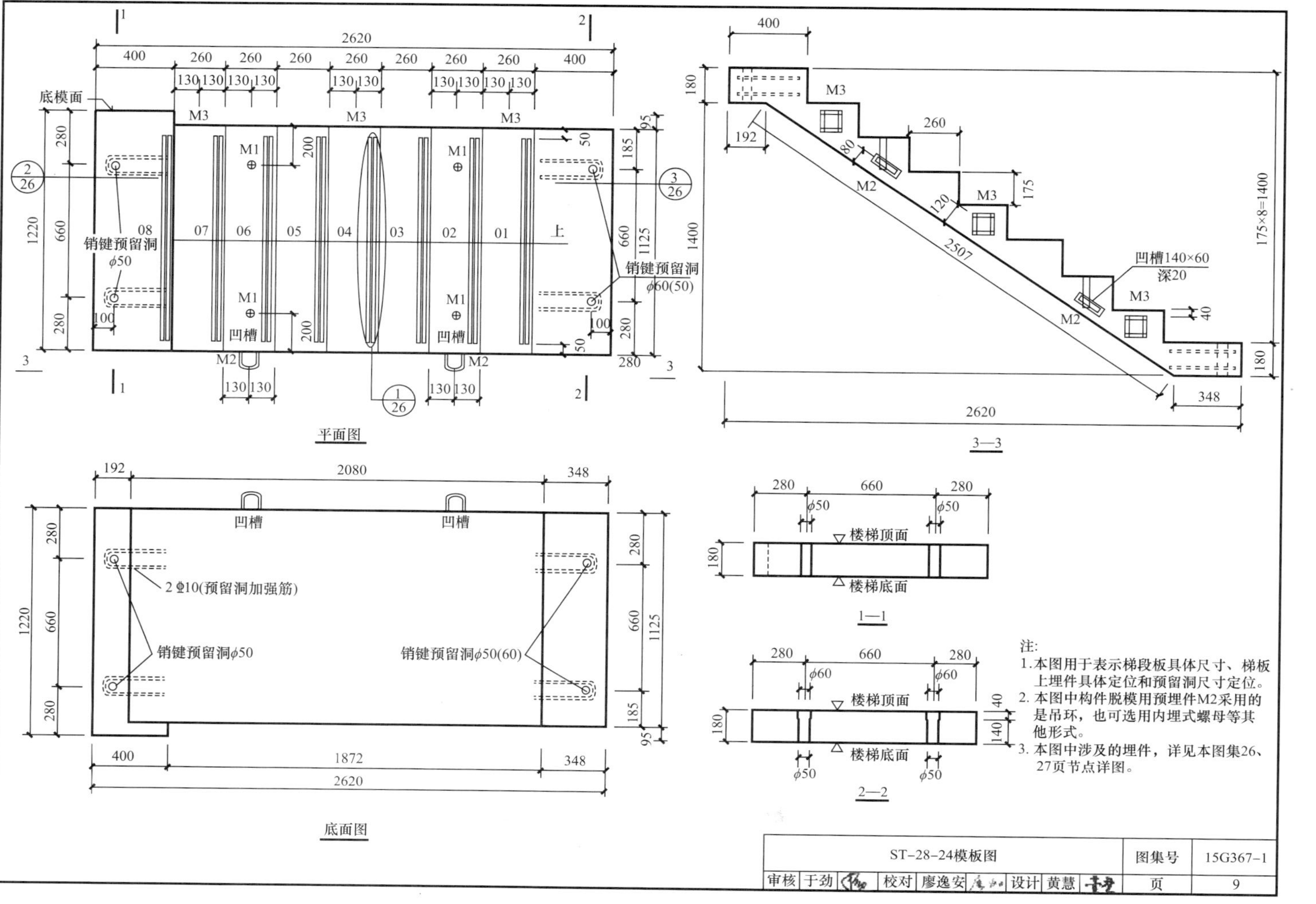

附图 4 ST-28-24 模板图

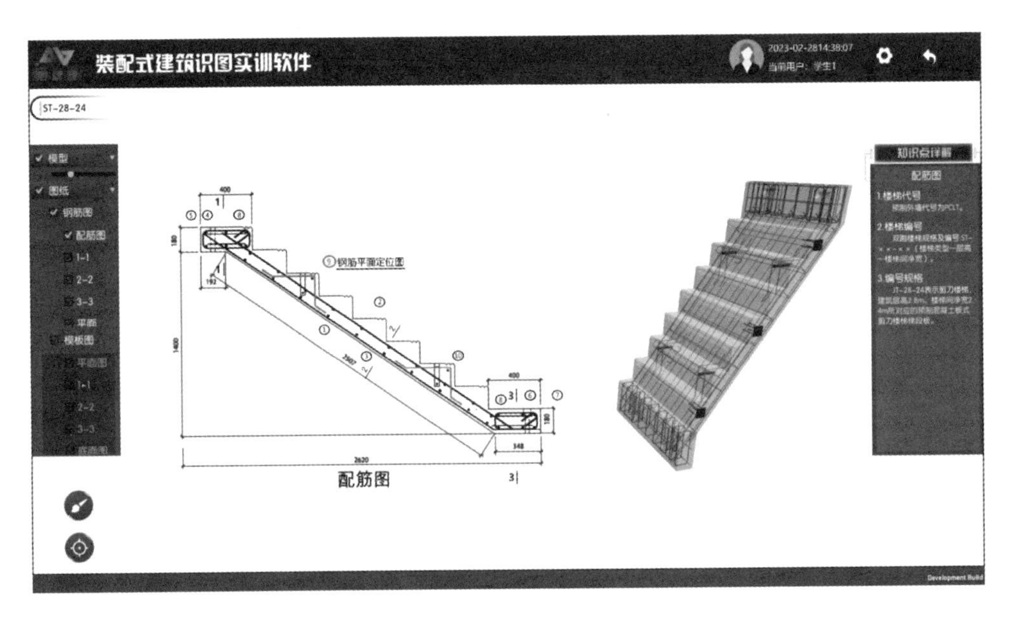

附图 5　ST-28-24 配筋图交互识图

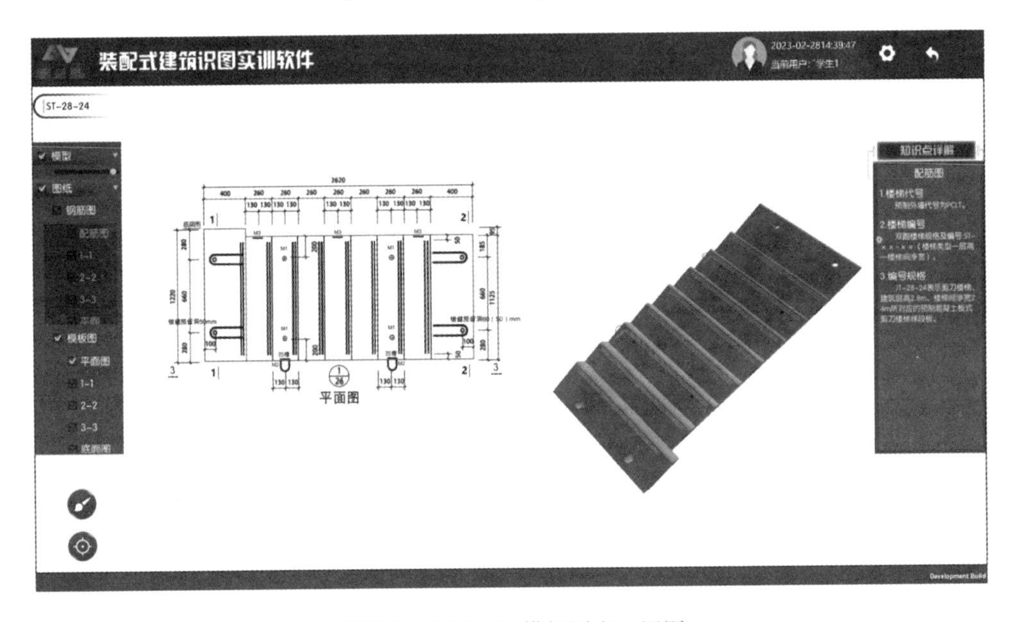

附图 6　ST-28-24 模板图交互识图

（5）作业任务提交

若课后作业任务全部操作完毕，点击【提交】按钮即可完成任务提交，如附图 13 所示。同时系统会给教师发布学生操作完成“章节一 课后作业 1”的通知。若学生需修改上一题的答案，可点击按钮【上一题】切换到上一题进行二次修改，修改完毕后即可提交作业。

（6）查看已完成作业

作业提交成功后，界面自动跳转到【作业】的子栏目【已完成作业】界面，如附图 14 所示。此时可查看到提交的作业的信息，包括：完成时间、得分和总分。得分成绩为系统智能化评价，若为简述题，则需要教师审批后显示成绩。

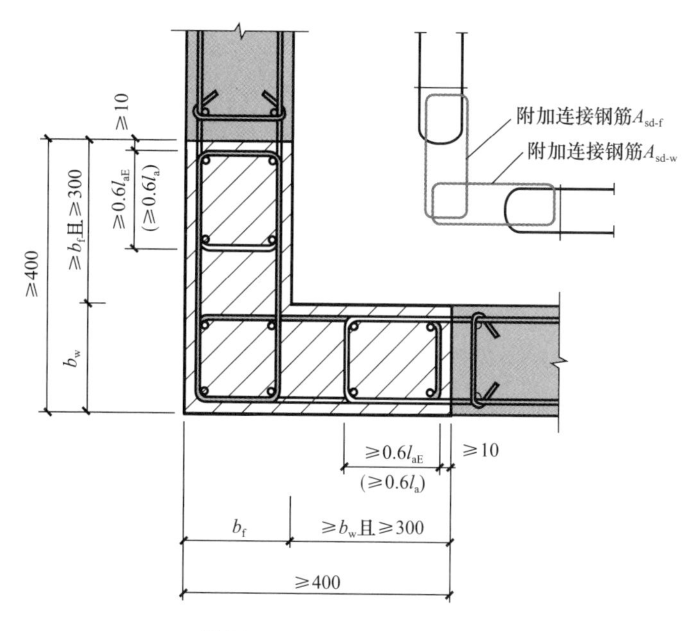

附图 7　Q5-11 竖向 L 形节点

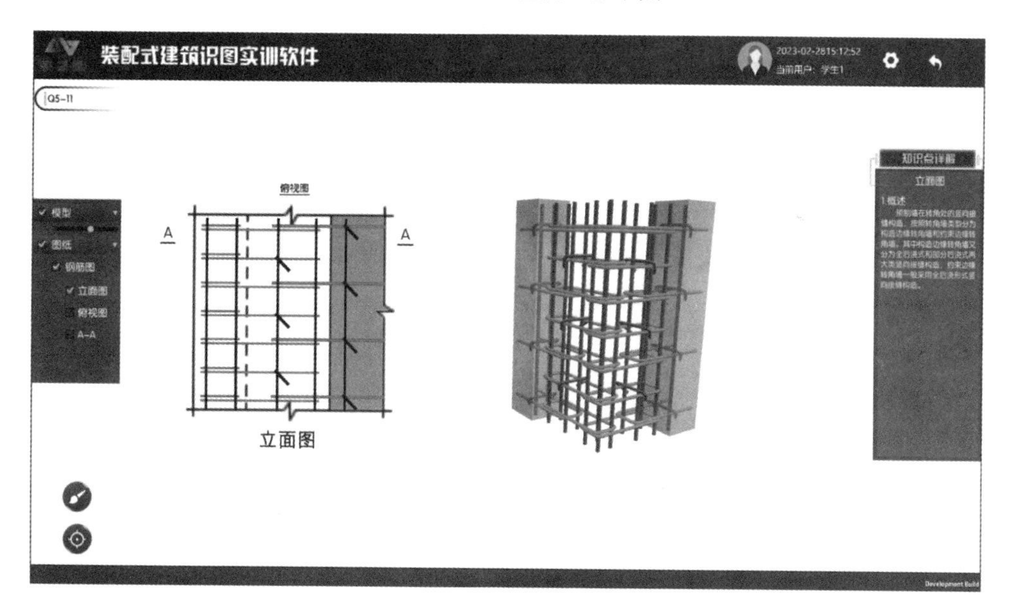

附图 8　Q5-11 竖向 L 形节点交互识图

（7）查看作业解析

系统配备自动作业解析功能，以便老师讲解题目或学生自主学习，选择需要查看的已完成作业内容，点击右侧【查看作业】按钮，如附图 15 所示，即可进入已完成作业界面，查看每道作业试题详细讲解。试题详解包括：正确答案，试题解析，二维图纸、三维模型交互学习界面，知识链接及收藏等功能，便于学生的错题有据可查，有错可依，减轻教师教学压力。

附图 9　登录

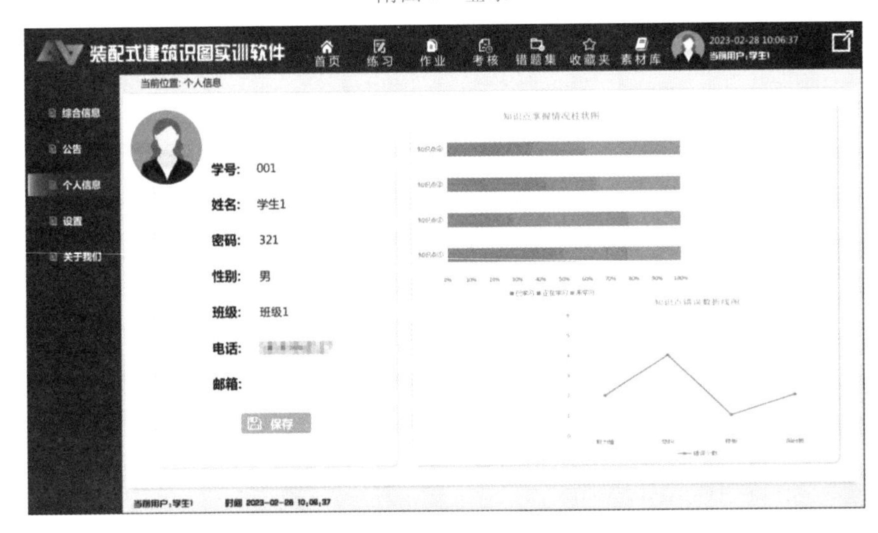

附图 10　个人信息

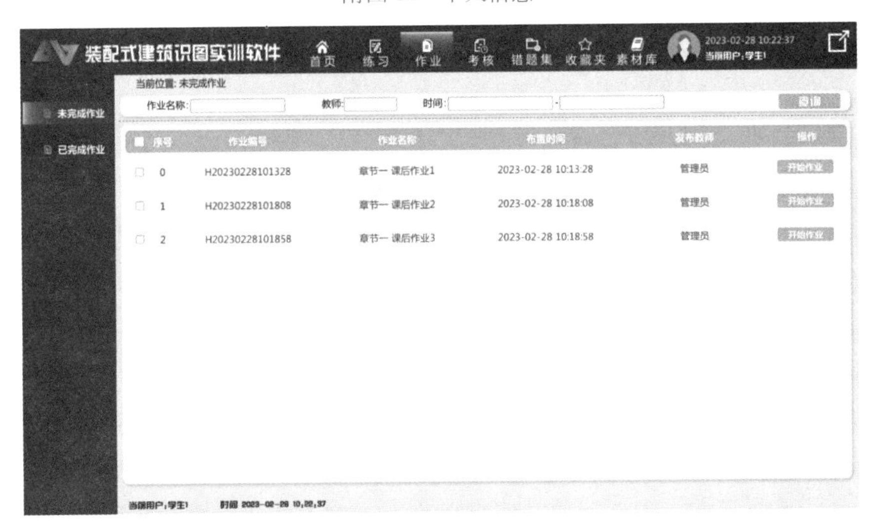

附图 11　作业

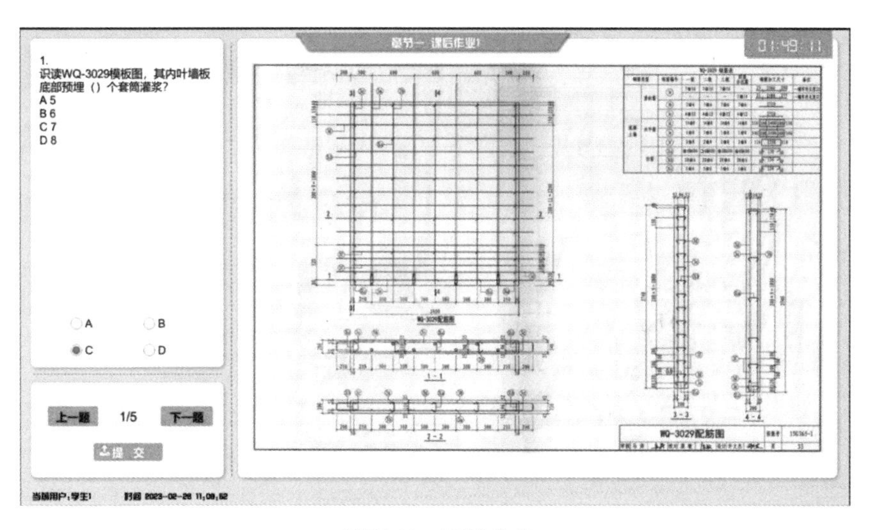

附图 12　开始作业

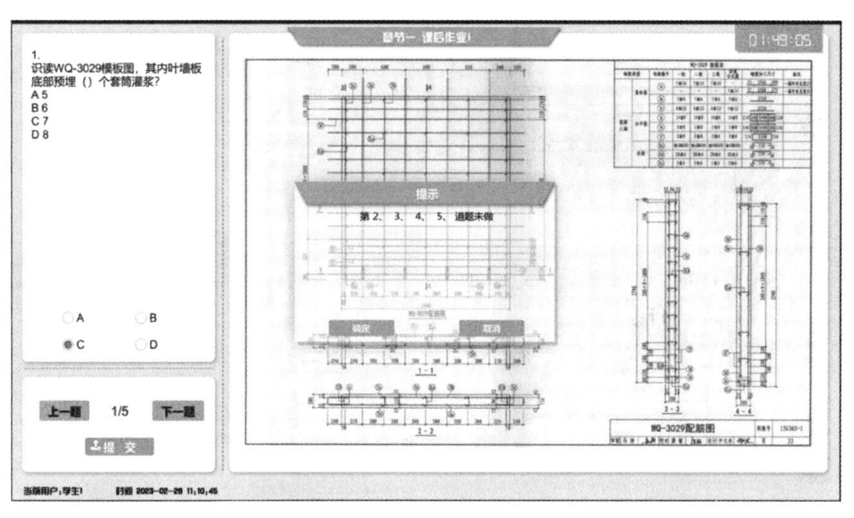

附图 13　提交

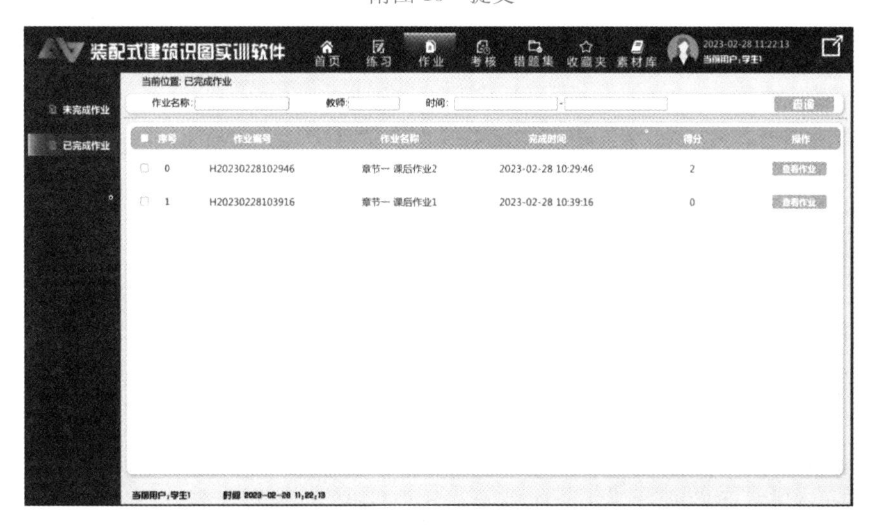

附图 14　已完成作业

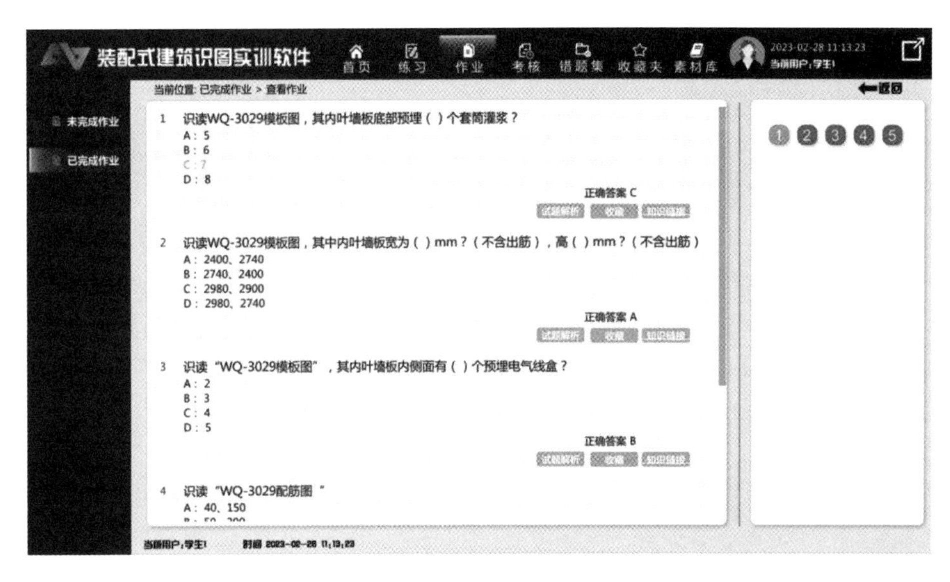

附图 15　查看作业

本处以第 2 道题为例进行解析，如附图 15 所示，操作右侧题目选择栏，切换到讲解部分，可查看本道题的正确答案、试题解析及知识链接。首先点击【试题解析】按钮，进入试题解析界面，如附图 16 所示。

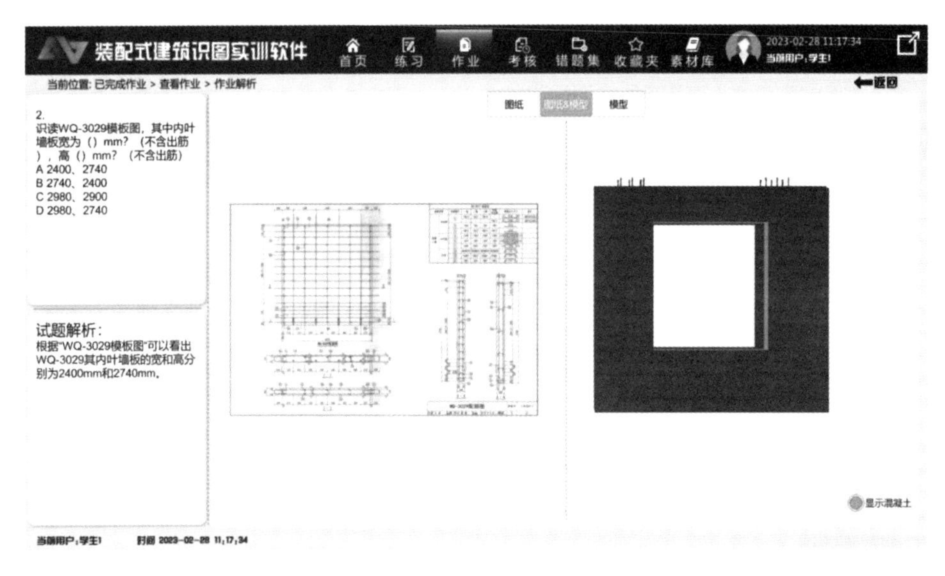

附图 16　试题解析

通过附图 16，可查看到第 2 题的原题目、正确选项、具体的试题解析，同时可查看到右侧相比做题过程中多出了三维模型的做题素材。三维模型可任意旋转查看模型，钢筋骨架透明，具体部件单独显示，结合二维图纸，便于学生理解正确答案，同时也增加了对本图纸设计的构件或结构的整体认知和细节了解，如附图 17 所示。

三维模型具体题目钢筋部件单独显示，如附图 18 所示。

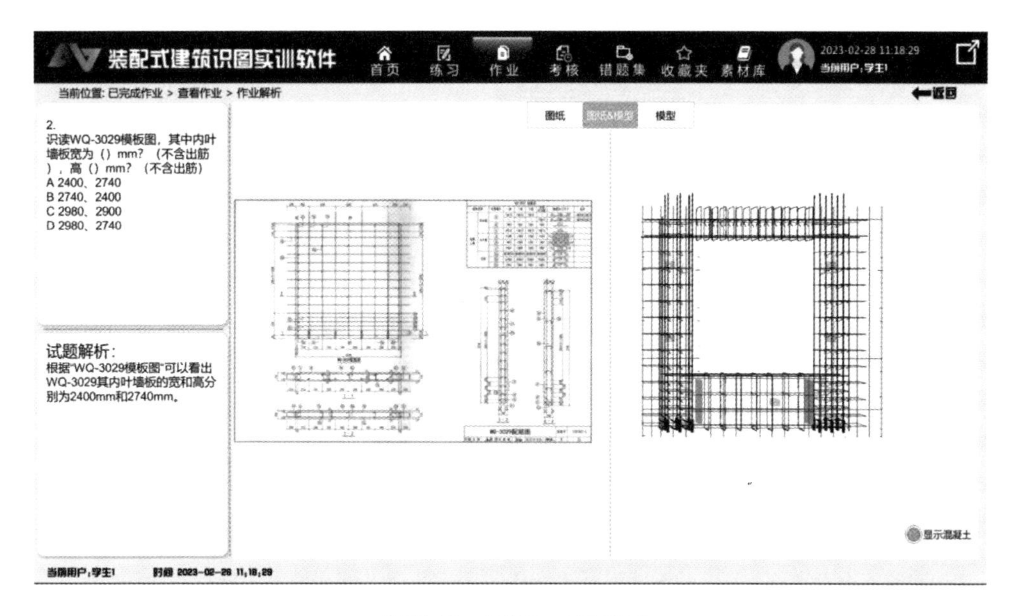

附图 17　图纸和三维模型

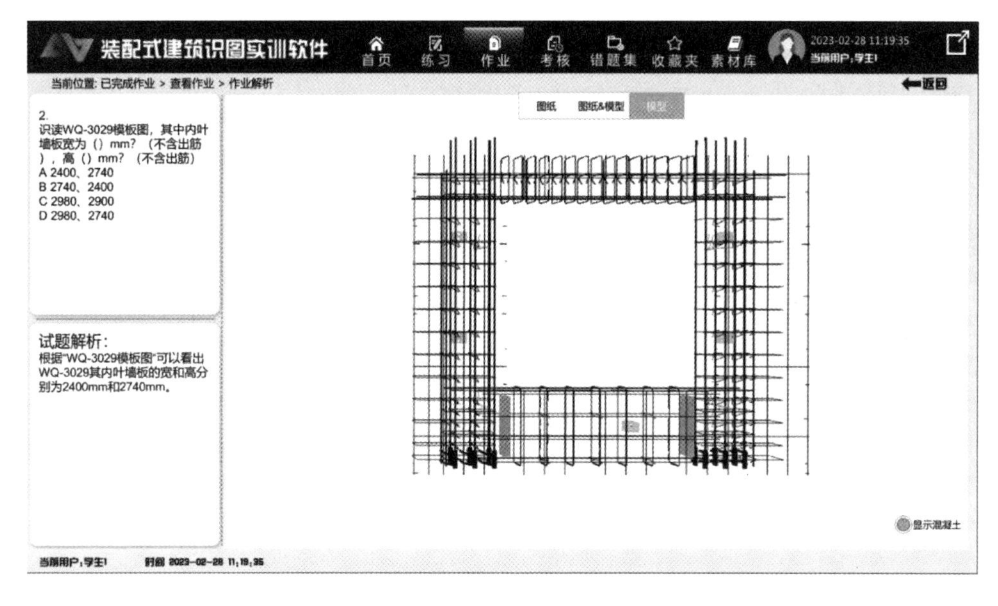

附图 18　三维模型

同理采用如上方法，可查看到所有试题的答案详解。操作完毕后，若无其他操作即可点击程序右上角【关闭】按钮关闭程序。

除了作业试题外，本软件还包括学生认知、自主练习、综合实训及智能化考核等功能，配套识图教材使用，可以全方位多角度训练提升学生的识图能力，减少教师的教学压力，实现理论教学和实操实践相互衔接。

参考文献

［1］ 中华人民共和国住房和城乡建设部．装配式混凝土建筑技术标准：GB/T 51231—2016［S］．北京：中国建筑工业出版社，2017.

［2］ 中华人民共和国住房和城乡建设部．装配式混凝土结构技术规程：JGJ 1—2014［S］．北京：中国建筑工业出版社，2014.

［3］ 中华人民共和国住房和城乡建设部．混凝土结构设计规范：GB 50010—2010［S］．2015年版．北京：中国建筑工业出版社，2016.

［4］ 中华人民共和国住房和城乡建设部．混凝土结构工程施工质量验收规范：GB 50204—2015［S］．北京：中国建筑工业出版社，2015.

［5］ 中国建筑标准设计研究院．装配式混凝土结构住宅建筑设计示例（剪力墙结构）：15G939-1［S］．北京：中国计划出版社，2015.

［6］ 中国建筑标准设计研究院．装配式混凝土结构表示方法及示例（剪力墙结构）：15G107-1［S］．北京：中国计划出版社，2015.

［7］ 中国建筑标准设计研究院．预制混凝土剪力墙外墙板：15G365-1［S］．北京：中国计划出版社，2015.

［8］ 中国建筑标准设计研究院．预制混凝土剪力墙内墙板：15G365-2［S］．北京：中国计划出版社，2015.

［9］ 中国建筑标准设计研究院．桁架钢筋混凝土叠合板（60mm厚底板）：15G366-1［S］．北京：中国计划出版社，2015.

［10］ 中国建筑标准设计研究院．预制钢筋混凝土板式楼梯：15G367-1［S］．北京：中国计划出版社，2015.

［11］ 中国建筑标准设计研究院．预制钢筋混凝土阳台板、空调板及女儿墙：15G368-1［S］．北京：中国计划出版社，2015.

［12］ 中国建筑标准设计研究院．装配式混凝土结构连接节点构造（楼盖结构和楼梯）：15G310-1［S］．北京：中国计划出版社，2015.

［13］ 中国建筑标准设计研究院．装配式混凝土结构连接节点构造（剪力墙结构）：15G310-2［S］．北京：中国计划出版社，2015.

［14］ 中国建筑标准设计研究院．装配式混凝土结构预制构件选用目录（一）（含附册一）：16G116-1［S］．北京：中国计划出版社，2016.

［15］ 中国建筑标准设计研究院．混凝土结构施工图平面整体表示方法制图规则和构造详图（现浇混凝土框架、剪力墙、梁、板）：22G101-1［S］．北京：中国计划出版社，2022.

［16］ 中国建筑标准设计研究院．混凝土结构施工图平面整体表示方法制图规则和构造详图（现浇混凝土板式楼梯）：22G101-2［S］．北京：中国计划出版社，2022.

［17］ 郭学明．装配式混凝土建筑构造与设计［M］．北京：机械工业出版社，2018.

［18］ 张波．装配式混凝土结构工程［M］．北京：北京理工大学出版社，2016.

［19］ 郭学明．装配式混凝土结构建筑实践与管理丛书［M］．北京：机械工业出版社，2018.

［20］ 肖明和，苏洁．装配式建筑混凝土构件生产［M］．北京：中国建筑工业出版社，2018.

［21］ 肖明和，张蓓．装配式建筑施工技术［M］．北京：中国建筑工业出版社，2018.

［22］ 北京市建设教育协会. 装配式混凝土建筑结构安装工（吊装工、灌浆工）［M］. 北京：中国建材工业出版社，2017.
［23］ 北京构力科技有限公司. 装配式剪力墙结构设计方法及案例应用［M］. 北京：中国建筑工业出版社，2018.